Information & Computing—117

やさしい 計算理論

—有限オートマトンからチューリング機械まで—

丸岡　章＝著

サイエンス社

サイエンス社のホームページのご案内

http://www.saiensu.co.jp

ご意見・ご要望は　rikei@saiensu.co.jp　まで.

は じ め に

　この本を手にとってくださった皆さんと一緒にこの魅惑的な計算理論の世界に向けた旅をスタートしたいと思います．この本では，新しい命題を導くための血の滲むような努力や綺羅星のごとく輝く巨匠たちが繰り出した驚くべき成果を辿り，先人たちが着想を得たときの息遣いも感じとってもらいながら，計算理論の基礎を一から学ぶことにします．とかく難しいと言われがちな計算理論を楽しく学び，"なるほど，そういうことか"を繰返し体験してイメージを膨らませながら学んでもらいたいと思います．

　物理学，化学，生物学の起源をたどると，起源の解釈にもよりますが，500年から600年以上も前に遡ることになります．これに対して，計算理論が誕生してから，まだ，100年も経過していません．そんなに若い分野でありながら，計算理論は現代のコンピュータの動作原理を生み出し，そのコンピュータはハードウェア技術の進展とも相まって，世の中に大きな変革をもたらしています．コンピュータは，チェス，将棋，碁のボードゲームでの勝負であっという間に人間を凌駕し，最近では人間とコンピュータの対戦の終息宣言まで出されています．また，コンピュータの進展により，将来人間の仕事の多くが奪われるのではないかと心配され始めるまでになりました．

　計算理論はコンピュータが世の中に現れる前にその動作原理を誕生させました．このように，計算理論が革新的なアイディアを生み出す可能性はいったいどこからくるのでしょうか．それは，想像の及ぶところはすべて研究対象とすることと，想像力により生み出されたアイディアを実際に組み立てて動かすことを目指すというスタンスにあるように思います．したがって，想像力の限界が計算理論の限界といえるのかもしれません．

　この本では，計算理論の主要な成果をすべて盛り込むということと，証明を含めてすべてを初学者でも読み進められることを目指しました．この2つはなかなか両立し得ないことで，私の知る限り和書，洋書を問わずこのような内容の教科書はこれまでのところないように思います．初めてこの分野を学ぶ人が現実の問題を解く場面で計算理論を使いこなせるようになることはそう簡単なことではありませんが，この本の125題（すべてに解答付き）にものぼる問題をじっくりと時間をかけて解くことにより計算理論を身につけてもらいたいと思います．

　2017年6月，仙台にて

丸 岡　　章

目　　次

I　計算理論とは

II　有限オートマトンと正規表現

IV 計算可能性

第Ⅰ部

計算理論とは

1講 系列を操作するしくみ

　記号の並びを操作するしくみは計算理論の土台であり，この本でも中心的な役割を果たすものである．記号の並びを**系列**と呼び，系列を操作するしくみを**計算モデル**と呼ぶ．この講では，計算モデルの具体例を説明し，計算モデルのイメージをもってもらう．例で取り上げる計算モデルは，**状態遷移図**と**生成文法**である．

例 1.1　私はずっとマニュアル車に乗ってきた．今の車の操作マニュアルでは，エンジンの始動が次のように説明されている．

　「以下のペダルを踏みながら，プッシュボタンを押してエンジンを始動させます．

オートマチック車：　ブレーキペダル

マニュアル車：　クラッチペダル」

　エンジンの始動についておおよそのことがわかっている人であれば，この説明でもわかるが，そうではない人はこれだけでは操作の流れがつかめない．そこで，マニュアル車のエンジンの始動と停止の一連の操作を状態遷移図を用いて表してみる．それが図 1.1 である．この図には前提があり，車の状態としては

A: エンジンが停止している，

B: クラッチを踏み込んでいる，

C: エンジンが作動している

の 3 つがあるとし，操作としては

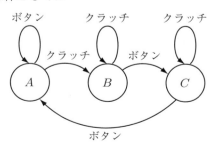

図 1.1　車のエンジンの始動と停止を表す状態遷移図

クラッチ： クラッチを踏み込む,

ボタン： プッシュボタンを押す

の2つがあるとしている．車の状態や操作にはこれ以外にもいろいろあるが，エンジンの始動と停止に関わる操作に限定している．もちろんスマートキー（または，インテリジェントキー）を身につけていることは大前提となる．

　状態 A と B ではエンジンは作動しておらず，状態 C では作動している．たとえば，状態 A でクラッチを踏み込むと状態 B に**状態遷移**するが，これを

$$A \xrightarrow{\text{クラッチ}} B$$

と表す．このようにエンジンの始動と停止に焦点を合わせ，これに関係しないことは省略することにより，状態遷移図はすっきりとしたわかりやすいものになる． ■

例 1.2　図1.2に示すように，0，1，2のいずれかの数字が書き込まれた多数のカードがすべて裏返しにして積み上げられた山をつくり，この山から1枚ずつ表にして取り出しては別の山として積み重ねることを繰り返す．このとき，カードを取り出すたびに，それまでに取り出されたカードの数字の総和が3で割り切れるとき YES と答え，割り切れないとき NO と答えることが求められたとする．これに答えるためには，それまでのカードの数字の総和を計算して3で割り切れるかどうかをチェックすればよい．実際には，総和を3で割ったときの余りを記憶しておけばよい．さらに簡単化を進め，余りを記憶する代りに，図1.3の状態遷移図の状態としてこの余りを記憶しておけばよい．この状態遷移図の状態 q_0，q_1，q_2 はサイクルをつくっているので，状態 q_0 （**開始状態**と呼ばれる）からスタートし，取り出されたカードの

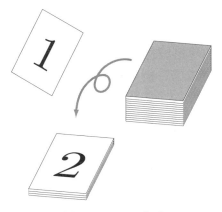

図1.2　カード遊び

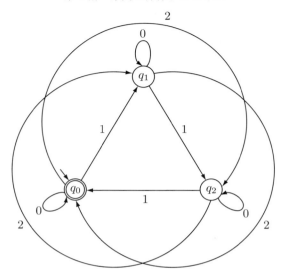

図 1.3　カード遊びの状態遷移図

数字の分だけこのサイクルを時計回りに回ることにすれば，最後に到達した状態 q_i の添え字 i が，それまでの数字の総和を 3 で割ったときの余りとなる．したがって，到達した状態が q_0（**受理状態**と呼ばれる）のときだけ，YES と答えればよい．この状態遷移図の場合は，開始状態と受理状態がたまたま一致した例である．この図のように，開始状態は短い矢印をつけて表し，受理状態は二重の円にして表す．　　■

例 1.3　記号の系列に対して，フレーム条件というものをまず定義して，系列がフレーム条件を満たすかどうかを判定する状態遷移図について説明する．

　系列の記号は a か b とし，n を自然数とする．系列がフレーム条件を満たすとは，系列全体が長さ $2n$ のフレーム（区間）に区切られ，すべてのフレームでどの記号も n 個（したがって，a と b の記号は同数）現れることである．$n = 3$ の場合について説明する．この場合，系列を長さが 6 $(= 2n)$ の区間に区切ると，フレーム条件が満たされるか満たされないかが決まってくる．たとえば，系列

abbaba,

aabbbabbabaaabaabb

はいずれもフレーム条件を満たす．一方，

aabbbabbababababaabb,

aabbbabbabaaabaabbbaaabb

はいずれもフレーム条件を満たさない．というのは，前者は 2 番目のフレームが条件を満たしていないし，後者は最後のフレームが完成していないからである．

　例 1.2 の場合と同様，a か b の記号が書き込まれたカードの山から，1 枚ずつカードを表にして取り出してはフレーム条件が満たされているかどうかを YES，NO で答えることが求められたとする．図 1.4 の状態遷移図はこの問題に答えるものである．

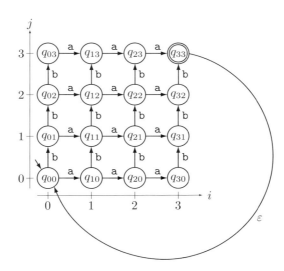

図 1.4 フレーム条件を満たす系列を受理する状態遷移図

　この状態遷移図では，a の個数を横軸にとり，b の個数を縦軸にとっている．a の個数が i で，b の個数が j の状態を q_{ij} と表す．ここに，$0 \leq i$，$j \leq 3$．このような状態 q_{ij} は，「a の個数が i で，b の個数が j であることを覚えている」という言い方をする．明らかに，状態 q_{00} からスタートして状態 q_{33} に到達するということは，フレーム条件を満たす 1 つのフレームがつくられたということになる．

　この状態遷移図のもう 1 つのポイントは，空系列と呼ばれる ε による $q_{33} \xrightarrow{\varepsilon} q_{00}$ の状態遷移である．これは q_{00} から q_{33} に到達した後に次のフレームの条件チェックに備えるための遷移である．この遷移は，直感的には状態 q_{33} から q_{00} に瞬間移動すると解釈される．このように空系列による遷移は，記号 a や b を読み込むことのない特別の遷移である．ここで，**空系列**は，長さ 0 の系列と定義され，ε で表される．ただし，**系列の長さ**とはその系列に現れる記号の個数である．空系列 ε はこの本を通してしばしば現れ，重要な役割を果たすものである．しかし，長さ 0 の系列と定義されてもイメージしにくいので，この状態遷移図の場合などのような実際の

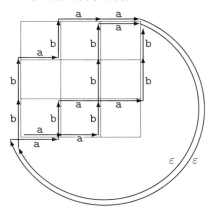

図 1.5　系列 aabbbabbabaaabaabb による状態遷移の軌跡

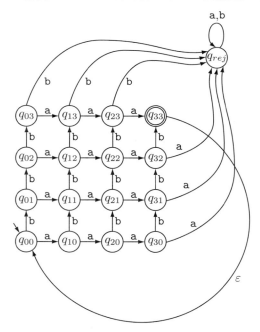

図 1.6　フレーム条件を満たす系列を受理する状態遷移図（図 1.4 修正版）

使われ方を通して理解すると，空系列の働きを直感的につかめるようになる．

　図 1.4 に示すように，状態 q_{00} を開始状態とし，状態 q_{33} を受理状態とすれば，入力の系列がフレーム条件を満たすかどうかは，開始状態からスタートして受理状態に至るかどうかで判定できる．図 1.5 に，系列 aabbbabbabaaabaabb が受理される

までの，状態遷移図上の状態遷移の軌跡を示してある．ところで，この状態遷移図ではフレーム条件に違反する記号に対して状態遷移が定義されていない．たとえば，状態 q_{30}，q_{31}，q_{32} から記号 a による状態遷移は表されていない．このような状態遷移もすべて書き込んだ状態遷移図を図 1.6 に示す． ■

例 1.4 カッコの系列 $((())()$ や $((()))()$ は正しいが，$()((())$ や $((()()$ は正しくない．このようにカッコの系列が与えられるとそれが正しいか正しくないかは簡単に判断できる．しかし，正しいカッコの系列というものを正確に記述しようとすると，そんなに簡単ではない．そこで，**生成文法** と呼ばれる **書き換え規則** のセットを導入すると，正しいカッコの系列を簡潔に表すことができる．

　「正しいカッコの系列とは，次の 3 つの書き換え規則を繰り返し適用してつくられる系列である」と定義することができる．

$$S \to () \tag{1}$$

$$S \to (S) \tag{2}$$

$$S \to SS \tag{3}$$

これらの書き換え規則は → の左辺を右辺で書き換え可能ということを意味している．正しいカッコの系列は，記号 S からスタートして上の 3 つの書き換え規則を適当な順番で繰り返し適用することによりつくられる．ただし，書き換えを繰り返し適用して得られた系列に記号 S が残っている間は（系列をつくる途中の段階で）まだ系列がつくられたとはしない．系列がつくられる過程は **構文木** と呼ばれるもので表すと，直感的にもよくわかる．図 1.7 に系列 $((())()$ の構文木を示す． ■

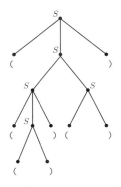

図 1.7　系列 $((())()$ の構文木

この本では第 2 講を除き，各講の最後に問題を載せている．問題には，やさしいもの，少し難しいもの，難しいものの順にそれぞれ無印，♦，♦♦ をつけている．

1.1♦ 例 1.3 のフレーム条件を次のように変更する．まず，n を自然数とする．また，記号 a と b の系列 w 中に現れる a の個数を $N_a(w)$ と表し，b の個数を $N_b(w)$ と表す．系列がフレーム条件を満たすとは，系列全体が長さが $2n$ のフレームに区切られて，すべてのフレーム $w = w_1 w_2 \cdots w_{2n}$ で，次の (1) と (2) の条件が成立することである．

> (1) $w = w_1 w_2 \cdots w_{2n}$ の任意のプレフィックス $w' = w_1 w_2 \cdots w_m$ に対して（$0 \leq m \leq 2n$ は任意），$N_a(w') \geq N_b(w')$（このように，**プレフィックス**とは系列の任意の箇所から後の部分を除去してできる系列である．特に，系列が w の場合，ε（w を除く場合）も w 自身（ε を除く場合）もプレフィックスである）．
>
> (2) $N_a(w) = N_b(w)$.

$n = 3$ として，このように変更されたフレーム条件を満たす系列を受理する状態遷移図を与えよ．

1.2♦ 左岸にいる大人 2 人と子供 2 人が手漕ぎボートで右岸に渡ろうとしている．ボートには子供なら 2 人まで乗れるが，大人なら 1 人しか乗れない．4 人全員が対岸の右岸に渡る手順を求めよ．この問題を，大人を A で，子供を K で表し状態遷移図で定式化し，状態 $\underline{AAKK} - \emptyset$ から状態 $\emptyset - \underline{AAKK}$ に至るパスを探す問題と捉えよ．ここで，アンダーラインはボートのある岸を示し，$\emptyset$ は空集合（誰もいないこと）を表す．たとえば，状態 $\underline{AAKK} - \emptyset$ で，子供 2 人が左岸から右岸へ渡る場合，状態遷移 $\underline{AAKK} - \emptyset \xrightarrow{KK} AA - \underline{KK}$ が起こるとせよ．

2講 計算理論のあらまし

　計算理論の誕生から現在までの流れのあらましを振り返る．この講は，この本全体の流れをたどる際の羅針盤のような役割を果たすものであるので，大まかなイメージをつかむだけと割り切って読み進めてもらいたい．

2.1 計算理論の誕生

　機械的な手順という概念がチューリング機械というシンプルな計算モデルで定式化されるということは，計算理論の幸運に恵まれたミステリーといわれている[21]．一般に，直感的に把握できる概念だからといって，きっちりと定式化できるとは限らない．たとえば，わたし達は「常識ある判断」という概念を共有している．もちろん，一人ひとり常識ある判断をしているか，いないかで分けようとすると，微妙な場合も出てくるかもしれないが，「常識ある判断」という概念自体は漠然とはしているがゆるぎないものがある．しかし，これまでのところ「常識ある判断」の定式化に成功してはいない．チューリング（Alan Turing, 1912 年–1954 年）は幸運にも，深淵な数理の世界に潜んで，長年にわたり科学者の目から逃れてきた核心の一点とでもいうべき "チューリング機械" に遭遇したのだ．

　チューリングは 1936 年に計算理論の誕生を告げる論文 [15] を発表した．この論文でチューリングは機械的な手順で計算できることとは何かという問いに答えている．**機械的な手順**とは，文字通り，手順として書かれていることをステップを刻んで実行していけば，誰が実行しても同じ結果となるような手順のことである．もちろん，実行する上でひらめきも直感も必要としない．チューリングは，上記の論文でチューリング機械と呼ばれる計算モデルを導入し，機械的な手順で実行される計算とは，このチューリング機械で実行される計算のことであると主張した．その後，この主張は**チャーチ・チューリングの提唱**として広く受け入れられている（第 22 講）．

　チューリングの 1936 年の論文の成果は科学史上の革命ともいえる業績と評価されている[16]．この成果がなぜこれほどまでに評価されるのかは，当時の研究の動向をつかんでおかないと理解し難いように思われる．そこで，この本で扱うテーマに焦

点を絞って当時を簡単に振り返ることにする.

　1900 年にパリで開催された第 2 回国際数学者会議の講演でヒルベルト（David Hilbert，1862 年–1943 年）はこれからの数学が挑戦すべき問題として 23 個の問題からなるリストを提示した．その中には第 10 問題と呼ばれる次のようなものがある．第 10 問題は，整数係数の多項式でつくられる方程式に整数解が存在するかしないかを YES/NO で答える機械的な手順が存在するかを問う問題である．たとえば，$x^3 + y^3 + z^3 = 29$ には，$(3, 1, 1)$ という解がある．また，$x^3 + y^3 + z^3 = 30$ に $(-283059965, 2218888517, 2220422932)$ という解があるということがわかったのは 1999 年であり，$x^3 + y^3 + z^3 = 33$ については未解決である[20]．ヒルベルトの第 10 問題は，これらの個々の方程式の整数解を求める問題ではなく，このタイプのどのような方程式に対しても整数解が存在するか，しないかを判定する機械的な手順があるかないかを問う問題だ．対象とする方程式は，係数が整数の任意の多項式 $P(x_1, x_2, \ldots, x_n)$ に対して $P(x_1, x_2, \ldots, x_n) = 0$ と表されるもので，多項式の一般項は $a_{i_1 i_2 \cdots i_n} x_1^{i_1} x_2^{i_2} \cdots x_n^{i_n}$ と与えられる．ここに，$i_1 \geq 0$，$i_2 \geq 0$，…，$i_n \geq 0$，$n \geq 1$ で，$a_{i_1 i_2 \cdots i_n}$ は整数.

　第 10 問題を提起したとき，ヒルベルトはこの決定問題に答える機械的な手順が存在すると考えていたのではないかといわれている[17]．当時，チューリングが 1936 年の論文で機械的な手順をチューリング機械で形式化するまでは，機械的な手順が存在しないというタイプの命題を証明する基盤さえも備わっていなかった．第 10 問題を解く機械的な手順の全体が存在しないことを証明しようとすると，その証明では機械的な手順の全体がセットとして捉えられていて，そのどれひとつとして第 10 問題を解く機械的な手順ではないことが示されなければならない．チャーチ・チューリングの提唱により，そのような手順のセットとしてチューリング機械全体をとればよいことになるので，チューリングの 1936 年の論文によりこのようなタイプの命題を証明する基盤ができたといえる．結局，この問題は提起されてから 70 年後の 1970 年に否定的に解かれた[18]．すなわち，整数係数の多項式からつくられる方程式 $P(x_1, x_2, \ldots, x_n) = 0$ に整数解が存在するかしないかを YES/NO で答える機械的な手順は存在しないことが証明された.

　チューリングは 1936 年の論文で，停止問題と呼ばれる問題を導入した．**停止問題**とは，プログラム P とデータ D が与えられたとき，データ D が入力されたプログラム P がいずれは停止するか，あるいは，無限の繰返しループに入る（停止しない）かを YES/NO で判定する決定問題である．そして，チューリングは，この停止問題を解く機械的な手順は存在しないことを証明した（第 26 講）．ところで，プログラ

ムとデータのペア (P, D) に対して，停止するか，停止しないかのどちらか一方なので，個々の (P, D) に対して YES または NO が対応する．すなわち，この対応は定義可能である．したがって，チューリングのこの成果は，定義可能ではあるが実際には計算はできない実例として停止問題があることを導いたものである．この成果は，定義可能であることと計算可能であることとの間には違いがあるという，深淵な事実を示すものである．

　1936 年のチューリングの論文は，機械的な手順を定式化したものとしてチューリング機械を提案し，停止問題がチューリング機械では計算できないことを証明し，さらに，任意のチューリング機械（したがって，任意の機械的な手順）をシミュレートする**万能チューリング機械**（第 25 講）をつくりあげるもので，当時衝撃的な論文と受け止められた．特に，さまざまな論理の形式化や手順の機械化を進めることに対して楽観的な立場の研究者（たとえば，哲学者のラッセル（Bertrand Russell，1872 年–1970 年）やヒルベルト）にとってチューリングの成果はショッキングなニュースであった．当時既に，論理の形式化に伴う避けることのできない欠陥に関して重要な結果は得られてはいたが，チューリングの論文の論理の運びがクリアでわかりやすいものであったことも当時の衝撃を大きくしているかもしれない．当時，数学を**形式体系**（formal system）と捉え，公理系として規定する研究の流れがあった．形式体系は公理のセットと推論規則のセットとして与えられるものである．この体系は，公理からスタートして推論規則を繰り返し適用して得られるものを定理として導出する．ゲーデル（Kurt Gödel，1906 年–1978 年）は，このような体系では導出（証明）できないものがあるという**不完全性定理**を 1930 年に発表し，形式化に関わる本質的な欠陥を突いた．そのゲーデルも，機械的な手順をチューリング機械で定義するというチューリングの発想を，形式体系の表現形式に依存しない定義を与えたものとして高く評価している．

2.2　問題，手順，計算モデル

　チューリング機械は計算理論の核となる計算モデルであるが，計算モデルにはこれ以外にも第 1 講で取り上げた状態遷移図や書き換え規則のセット（生成文法，形式文法とも呼ばれる）などさまざまなものがある．計算理論では，これらの計算モデルの計算の能力とその限界を明らかにするが，その際に計算モデルを問題と手順という視点から統一して捉える．

　問題とは計算モデルに解かせたいことである．すなわち，計算の目標である．こ

の問題を解く操作を表したものが**手順**で，手順の操作は計算モデルを動かし，その一連の操作が問題を解く**計算**となる．手順は，場面場面に応じてプログラムやアルゴリズムと呼ばれることもある．問題，手順，計算モデルは大雑把にいうとこのように捉えられるが，もう少し詳しく見ていこう．

　初めに具体例として例 1.2 を取り上げる．この例の問題は $\{0, 1, 2\}$ の数字の系列 $w_1 w_2 \cdots w_n$ が与えられたとき，$w_1 + w_2 + \cdots + w_n$ を計算し，この総和が 3 で割り切れるかどうかを判定することである．この場合，$w_1 w_2 \cdots w_n$ の系列を入力，1 または 0 を出力とみなす．ここで，出力の 1 は総和が 3 で割り切れることを，0 は割り切れないことを表す．入力の長さ n は任意なので，入力となり得る系列の集合は $\{\varepsilon, 0, 1, 2, 00, 01, 02, 10, 11, 12, 20, 21, 22, 000, \ldots\}$ となるが，この集合を $\{0, 1, 2\}^*$ と表す．ここに，ε は例 1.3 で説明した空系列である．一般に，記号の集合 S に対して，S^* は S の記号の有限の長さのすべての系列からなる集合を表す．なお，$\{\ \}^*$ の記号については第 10 講で改めて詳しく説明する．例 1.2 の場合は，問題は関数 $f : \{0, 1, 2\}^* \to \{0, 1\}$ と捉えられる．この関数 $f(w_1 w_2 \cdots w_n)$ は，$w_1 + w_2 + \cdots + w_n$ が 3 で割り切れるとき 1 とし，割り切れないとき 0 と定義される．また，この例の場合，手順は図 1.3 の状態遷移図として表される．

　次に，前節で取り上げた停止問題について説明する．停止問題は，チューリング機械 M とその入力 w に対して，M に w を入力して計算したときそれがいずれは停止するか，無限のループに入って永久に動き続けるかを判定する問題であった（プログラム P を M に，データ D を w に置き換えている）．この問題を関数として表してみる．まず，M と w を系列として表す必要がある．チューリング機械はまだ定義すらしていないが，M と w を何らかの記述法で系列として表したものを $\langle M, w \rangle$ と表すものとする．そして，このとき使われる記号のセットを**アルファベット**と呼び Σ と表す．すると，停止問題（Halting problem）は関数 $f_{HALT} : \Sigma^* \to \{0, 1\}$ で表される．ここで，M に w を入力したときいずれは M が停止する場合は $f_{HALT}(\langle M, w \rangle) = 1$ とし，そうでない場合は $f_{HALT}(\langle M, w \rangle) = 0$ と定める．なお，この関数を計算するチューリング機械は存在しないことが証明される（第 26 講）．

　計算モデルには，チューリング機械や有限オートマトン（状態遷移図で表される）のようなオートマトン系の計算モデルの他に，書き換え規則のセットとして表される形式文法系の計算モデルがある．例 1.4 で説明した正しいカッコの系列を生成する書き換え規則はその 1 つの例で，文脈自由文法と呼ばれ，形式文法の例である．次に，オートマトン系の計算モデルと形式文法系の計算モデルの計算の捉え方の違いについて説明する．

状態遷移図は，外から与えられた入力の系列 w に従って状態遷移を繰り返し，この入力 w を**受理**するかしないかを判定する．これに対し，形式文法の場合は，例 1.4 のように，開始記号からスタートして書き換え規則による書き換えを繰り返し，最後に Σ^* の系列 w をつくる．形式文法（書き換え規則）はこの系列 w を**生成**するという．

オートマトン系の計算モデルでは問題は関数 $f : \Sigma^* \to \{0, 1\}$ で表される．計算モデルは $f(w) = 1$ となる系列 w を受理すると言うが，このような系列をすべて集めた集合を L と表すとき，集合 L を受理するとも言う．このように受理という用語は系列に対しても，系列の集合に対しても使われる．この場合の系列の集合を**言語**と呼ぶ．このように受理を二重の意味で用いるのは，生成の場合も同様である．すなわち，生成文法は系列 w を生成し，また，生成する系列を集めた言語を生成する．

問題を表す関数 $f : \Sigma^* \to \{0, 1\}$ から定まる言語 L_f は

$$L_f = \{w \in \Sigma^* \mid f(w) = 1\}$$

と表される．この式は，f から定まる言語 L_f は，$f(w) = 1$ となる Σ^* の系列 w をすべて集めた集合であることを表す．この記法については 4.1 節で説明する．逆に，与えられた言語 $L \subseteq \Sigma^*$ から定まる関数 $f_L : \Sigma^* \to \{0, 1\}$ は次のように定義される．

$$f_L(w) = 1 \Leftrightarrow w \in L$$

上の $\Leftrightarrow$ は左右の条件が等価であることを表し，これについては 4.6 節で説明する．このように，問題を表す関数と言語の間に本質的な違いはなく，あるのは表現上の違いだけである．

この本で扱う問題の多くは関数 $f : \Sigma^* \to \{0, 1\}$ と表される．このように二者択一の場合，問題は**決定問題**と呼ばれ，1 を YES に，0 を NO に対応させ，YES/NO 問題と呼ばれることもある．

停止問題にしろ，ヒルベルトの第 10 問題にしろ，問題は個別問題のセットとして捉えられ，この個別問題は**インスタンス**（instance）と呼ばれる．たとえば，ヒルベルトの第 10 問題の決定問題の場合，$x^3 + y^3 + z^3 = 30$ や $x^3 + y^3 + z^3 = 33$ などはインスタンスである．

決定問題についてはそれを解く機械的な手順が存在するかどうかが問題となる．そのため，決定問題の個別問題は無限個存在することが前提となる．というのは，決定問題の個別問題が有限個の場合，必然的にその決定問題を解く機械的な手順が存在することになるからである．極端な話，個別問題が 1 個の場合，機械的な手順 A と B を考え，A は YES を出力し，B は NO を出力するものとすればどちらかは正しい機械的な手順となる．一般に，m 個の個別問題からなる場合は，2^m 個の YES/NO

の組合せをそれぞれ出力する手順を 2^m 個用意すれば，そのうちのどれかは決定問題を正しく判定することになるので，機械的な手順は存在することになる．

　この本では「問題」を通常の意味の問題と計算理論でいうところの問題の 2 つの意味で使う．どちらを意味するかは前後の文脈から判断してもらいたい．たとえば，ヒルベルトの提起した第 10 問題は後者の意味の問題であるが，これは否定的に解かれた．もしこの問題が肯定的に解かれたのであれば，整数係数の多項式からつくられる方程式に整数解が存在するかしないかという計算理論でいうところの問題を解く手順が与えられていたことになる．

2.3　チューリング機械のロバスト性

　計算モデルが**ロバスト**（頑健，robust）であるとは，その計算モデルの定義に多少変更を加えてもその計算能力は変わらないという性質である．すなわち，変更に対して頑健という性質である．

　まず，有限オートマトンの動きと対比させながら，チューリング機械の動きを簡単に説明する．図 2.1 に有限オートマトンとチューリング機械を描いている．この図の (a) は例 1.2 の状態遷移図 1.3 で表される有限オートマトンを表している．入力 10210122 がテープ上に与えられ，制御部は図 1.3 の状態遷移図で表される動きをする．(a) は制御部が状態 q_1 で記号 2 を読んだ時点を表している．次のステップで $q_1 \xrightarrow{2} q_0$ の状態遷移が起り，制御部の状態は q_0 に遷移すると同時に，テープヘッド（矢印で表されている）は 1 コマ右方向移動し，記号 1 を読むようになる．左端のマスにテープヘッドを置き，開始状態で計算をスタートし，入力を読み切って右端のマスにテープヘッドが置かれた時点で計算は終る．この例の場合は，このとき受理状態 q_0 に遷移しているので入力は受理される．

　一方，図 2.1 の (b) のチューリング機械は有限オートマトンとは異なる点がいくつかある．大きな違いはテープは右方向に無限に続くことと，テープヘッドはマスの

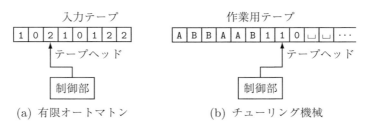

(a) 有限オートマトン　　　(b) チューリング機械

図 2.1　有限オートマトンとチューリング機械

記号を読み込むだけでなく，書き換えることができ，しかも，ヘッドは左右に移動できることである．そのため，状態遷移は $q \xrightarrow{a/a',R} q'$ のように表される．この状態遷移で現在見ているマスの記号 a は a' に書き換えられ，ヘッドは右隣りのマスに移動し，状態は q から q' へ遷移する．この状態遷移は5項組 (q, a, q', a', R) と表されることもあり，q と a から，q', a', R が定まるという関係にある．また，ヘッドの移動方向の R が L の場合は左隣のマスに移動する．開始状態 q_0 と受理状態 q_{accept} と非受理状態 q_{reject} が特別の状態として指定されていて，受理状態と非受理状態に対しては，次の遷移が指定されておらず，これらの状態に遷移するとチューリング機械はそこで状態遷移を停止する．テープヘッドは右方向に無限に続くテープの上を左右に移動するため，開始状態からスタートした計算は最終的には，受理状態で停止する，非受理状態で停止する，あるいは，状態遷移を永久に繰り返すかのいずれかとなる．前節で述べた停止問題は，チューリング機械 M がテープ上に入力 w を置いて計算を開始したとき，最終的に状態遷移を停止する（受理状態か非受理状態に遷移）か永久に遷移を繰り返すかを決定する問題である．したがって，停止問題のインスタンスは (M, w) と表される．なお，チューリング機械が入力を受理するのは，受理状態に遷移して計算を終えるときである．

　次に，このように定められるチューリング機械はロバストであることを説明する．1936年の論文でチューリングは，機械的な手順で計算されることはチューリング機械で計算されることであると主張した．そのため，多くの研究者がチューリング機械の定義を拡張して新しいチューリング機械を定義し，その計算能力が向上することを証明して，チューリングの主張に反論することを試みたが，ことごとく失敗した．たとえば，テープを1本ではなく複数本備えられているモデルを導入することや状態遷移を非決定化することなどの拡張である．これらの拡張で計算能力は変わらないことをそれぞれ第23講と第24講で導く．ここで，非決定化されたチューリング機械とは，簡単にいうと，状態遷移として $q \xrightarrow{a/a',R} q'$ と $q \xrightarrow{a/a'',L} q''$ のようなタイプの指定が可能で，状態 q でテープヘッドが記号 a を見ているとき，2つのチューリング機械に分裂してそれぞれの状態遷移に従って次のステップへ進むようなモデルである．このような計算の分岐が許されるモデルは**非決定性チューリング機械**と呼ばれ，許されないモデルは**決定性チューリング機械**と呼ばれる．一般に，分裂した先でも分裂が起りうるので非決定性チューリング機械は何台かのチューリング機械が並列動作するようなモデルである．その他，テープを2次元に拡張したり，図2.1の (b) の片無限のテープを左右両無限のテープに置き換えても計算能力は変わらない．このように，チューリング機械の定義を拡張しても計算能力が変わらないと

いうことは，チューリング機械で計算できるという概念が頑健で安定したものであるということを示唆しているのだ．

　さらに，チューリング機械とは全く異なる表現形式に基づいて定義された数学モデルがチューリング機械の計算能力に等価となることが導かれている．詳しい説明は省略するが，ゲーデルによる**帰納的関数**やチャーチ（Alonzo Church，1903 年–1995 年）による**λ 定義可能関数**がチューリング機械に等価となる．このようなことから，機械的な手順で計算できることとはチューリング機械で計算できることであるということが提唱され，**チャーチ・チューリングの提唱**として広く受け入れられている（第 22 講）．

　以上，チューリング機械がロバストであることを説明した．最後に，チューリング機械の導入に際し，チューリングが前提とした離散性について説明する．これまで説明したように，チューリング機械では，テープのマスに書き込む記号，制御部がとる状態はどちらも有限種類で，時間軸上のステップの刻みもとびとびのものである．これが必ずしも自明の前提ではないことは，たとえば，万有引力が物体間の距離の逆算の 2 乗に比例することなどを考えれば明らかである．1936 年のチューリングの論文 [15] では，なぜこのような前提を置くのかについて詳しく説明している．たとえば，テープのマスに書き込める記号の種類を有限種類に制限するのは，この制約がないと，決まった面積のマスに書き込まれた 2 つの記号のパタンの違いがいくらでも小さくなり，いずれは人間が区別できなくなるという理由を挙げている．また，1 マスの記号を有限個に限定したとしても複数個のマスを使えばいくらでも記号の種類を等価的に増すことができるので，本質的な制約とはならないということも指摘している．さらに，制御部のとる状態のことを "states of mind" と表現していることからも，また，"いずれは人間が区別できなくなる" としていることからも，チューリングはチューリング機械をモデル化する上で，人間が計算する場合を念頭においていることが窺われ，興味深い．

2.4　この本のあらまし

　この本の第 II，III，IV 部ではそれぞれ有限オートマトン，プッシュダウンオートマトン，チューリング機械を取り上げ，これらの計算モデルの計算能力とその限界を明らかにする．これらの計算モデルの間には計算能力に関して

　　　有限オートマトン < プッシュダウンオートマトン < チューリング機械

の関係がある．この計算能力の違いにより，あるプッシュダウンオートマトンでは受理されるが，どんな有限オートマトンでも受理されない言語が存在する（第 12 講）．同様に，あるチューリング機械では受理されるが，どんなプッシュダウンオートマトンでも受理されない言語も存在する（第 18 講）．チャーチ・チューリングの提唱より，チューリング機械は機械的な手順で計算できるものはすべて計算できるのであるが，停止問題はこの最も計算能力が高い計算モデルであるチューリング機械でも解くことができない（第 26 講）問題である．

　ところで，計算モデルの階層には線形拘束オートマトンという計算モデルが入り，

$$\text{有限オートマトン} < \text{プッシュダウンオートマトン}$$
$$< \text{線形拘束オートマトン} < \text{チューリング機械}$$

となる．また，これら 4 つのオートマトン系の計算モデルにそれぞれ対応して 4 つの形式文法があり，同様に

$$\text{正規文法} < \text{文脈自由文法} < \text{文脈依存文法} < \text{句構造文法}$$

の階層がある（15.4 節）．そして，オートマトン系と形式文法系で対応する計算モデルは等価となり，きれいな 4 階層となる．たとえば，対応するプッシュダウンオートマトンと文脈自由文法を例にとると，プッシュダウンオートマトンで受理される言語の全体（クラス）と文脈自由文法で生成される言語の全体（クラス）が一致する（第 20 講と第 21 講）．この本を通して計算能力は受理，または，生成される言語により評価され，2 つの計算モデルが**等価**ということは，この 2 つの計算モデルで受理，または，生成される言語のクラスが一致するということを意味する．オートマトン系と形式文法系の計算モデルの間の上の 4 階層は**チョムスキーの階層**と呼ばれる．この階層の線形拘束オートマトンと文脈依存文法については，これまでに得られた成果が少ないため，計算理論の教科書で詳しく取り上げられることはない．また，15.3 節ではある文脈依存文法では生成されるが，どんな文脈自由文法でも生成されないような言語が存在することを導く．

　次に，第 II，III，IV 部の順にあらましを説明する．

　第 II 部では，まず，決定性有限オートマトンと非決定性有限オートマトンをそれぞれ第 7 講と第 8 講で定義する．**決定性有限オートマトン**は，例 1.2 のように状態 q と入力の記号 a が与えられれば，遷移先の状態 q' は $q \xrightarrow{a} q'$ と一意に決まる計算モデルである．一方，**非決定性有限オートマトン**は，$q \xrightarrow{a} q'$ と $q \xrightarrow{a} q''$ のように，同じ状態 q から入力の記号 a で異なる状態 q' と q'' への遷移が許されるような計算モデルである．第 9 講では，一般に非決定性有限オートマトンを等価な決定性有限オー

トマトンに変換できることを導く．このことより，有限オートマトンについては，決定性の制約を外して非決定性にしても計算能力は変わらないことになる．

　図 2.2 は，有限オートマトンの状態遷移の枝の張られ方のイメージを描いたものである．入力の記号は省略してある．この図は状態遷移の枝がランダムに張られたような状態遷移図の例である．このような規則性のない状態遷移図も階層構造をもった状態遷移図に等価変換できる（第 11 講）．**階層構造をもった状態遷移図**とは，図 2.3 に示す 3 つの接続方法を繰り返し適用してつくられる状態遷移図のことで，次のように説明される．まず，単純な $q \xrightarrow{a} q'$ の形の状態遷移図からスタートする．次に，このベースとなる状態遷移図を図 2.3 のグレーのボックスにはめ込んで新しい状態遷移図をつくる．以下，この新しい状態遷移図をボックスにはめ込んでさらに新しい状態遷移図をつくるということを繰り返してできるのが，階層構造をもった状態遷移図である．このようにしてつくられる状態遷移図の例を図 10.2 に示してある．図 2.2 の状態遷移図より，図 10.2 のような階層構造をもった状態遷移図の方がその働きははるかにわかりやすい．

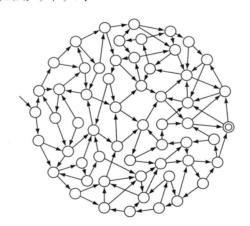

図 2.2　階層構造をもたない状態遷移図の例

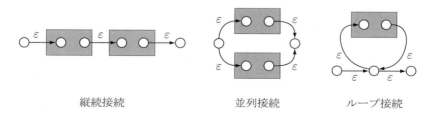

縦続接続　　　　　　　　　並列接続　　　　　　　ループ接続

図 2.3　状態遷移図の 3 つの接続法

次に，このような階層構造を記号の系列として表した**正規表現**と呼ばれる系列を導入する（第10講）．たとえば，図10.2に対応する正規表現は $(((a + b) \cdot a)^* \cdot ((a + b) + (b \cdot b)))$ となる．この正規表現の演算記号 "$\cdot$"，"$+$"，"$*$" はそれぞれ図2.3の縦続接続，並列接続，ループ接続に対応している．正規表現は対応する状態遷移図で受理される言語を表している．

以上，第II部についてあらましを説明した．これらの説明から有限オートマトンはロバストな計算モデルであることがわかる．実際，決定性有限オートマトンは非決定性有限オートマトンに一般化してもその計算能力は変わらない．さらに，状態遷移図は，階層構造をもっていても，もっていなくても計算能力は変わらないという事実も，有限オートマトンのロバスト性を示している．

次に，第III部の説明に入る．ここでは，計算モデルとしてプッシュダウンオートマトン（第19講）の他に文脈自由文法（第14講）を導入する．そして，これらが等価な計算モデルであることを導く（第20講と第21講）．

図2.4は，プッシュダウンオートマトンを描いたものである．この図からわかるように，プッシュダウンオートマトンは有限オートマトンにスタックを加えたものである．入力ヘッドの働きは有限オートマトンの場合と同様で，右移動を繰り返しながら入力テープ上の記号を読み込むだけで，書き換えはできない．スタックは記号の系列を記憶しておく装置である．記号が蓄えられているマスの中で，一番上のマスをトップと呼ぶが，スタックの内容の読み出しと書き込みはトップのポジションに限られる．その操作は，トップの1記号を系列 w で置き換えるタイプに限られる．ここに，w は空系列でもよい．たとえば，図2.4の場合，トップの記号 C を系列 $w = ABB$ で置き換えて，スタックの内容を $ABBAABA$ とすることができる（系列の左がスタックの上に対応）．したがって，$A \to w$ のタイプの置き換えで，スタックの系列は，$|w| = 0$（すなわち，w が空系列）のとき1だけ短くなり，$|w| = 1$ の

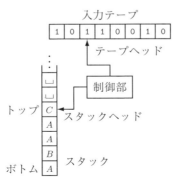

図2.4
プッシュダウンオートマトン

とき長さは変わらず，$|w| \geq 2$ のとき長くなる．ここに，| | は系列の長さを表す．こ
のスタックの書き換えの制約を感覚的につかむには，車 1 台がやっと通れるくらい
の狭い行き止りの道に駐車することをイメージするとよい．上の例だと，トップの
車 C を出した後に，車 A，B，B を代りに駐車するという具合である．このように
スタックの書き換えには制約はあるが，スタックに蓄える系列の長さはいくら長く
なってもよい．

　プッシュダウンオートマトンの場合も，制御部に状態遷移図が書き込まれていて，
これで動きは決まる．状態遷移は，一般に，$q \xrightarrow{a, A \to w} q'$ と表され，状態 q で入力
テープの記号 a を読み，テープヘッドを右隣りのマスに移動し，スタックのトップ
の記号 A を系列 w で置き換え，状態 q' へ遷移することを表している．

　文脈自由文法は，例 1.4 を見てもらえば，おおよそのイメージはつかんでもらえる
が，一般的に説明すると次のようになる．まず，アルファベット Σ の外に，記号の
集合 Γ を指定する．例 1.4 の場合，$\Sigma = \{(,)\}$ で $\Gamma = \{S\}$ である．Σ の記号は**終端
記号**と呼ばれ，Γ の記号は**非終端記号**と呼ばれる．Σ と Γ に共通する記号は存在し
ない．文脈自由文法は，$A \to u$ のタイプの**書き換え規則**のセットで定義される．こ
こに，A は非終端記号で u は終端記号と非終端記号からなる系列である．また，非
終端記号の 1 つが**開始記号**として指定される．通常，開始記号は S で表される．そ
して，文脈自由文法が生成する系列とは，S から始めて書き換え規則を繰り返し適
用して得られる系列の中で，終端記号のみからなる系列（非終端記号はすべて書き
換えられた系列）である．

　第 III 部では，プッシュダウンオートマトンと文脈自由文法は等価となるというこ
とを導く．これが第 III 部の主要な命題である．この等価性を導くため，第 20 講で，
任意の文脈自由文法に対して，その文法の系列の導出をシミュレートするプッシュ
ダウンオートマトンをつくり，第 21 講では逆に，任意のプッシュダウンオートマト
ンに対して，そのプッシュダウンオートマトンの系列の受理をシミュレートする文
脈自由文法をつくる．これらの両方向のシミュレーションにより，プッシュダウン
オートマトンと文脈自由文法は等価であることが導かれる．プッシュダウンオート
マトンと文脈自由文法という見掛け上は全く異なる 2 つの計算モデルが等価となる
ということは，これらの計算モデルがロバストであることを示唆している．これら
2 つの計算モデルが等価となることは，計算モデルとして全く異なっていても，計
算プロセスを切り刻み再構成すると，一方が他方を模倣することを示すことにより
導く．

　次に，第 IV 部に進む．第 IV 部では，まずチューリング機械の定義（第 22 講）を

与えた後，決定性チューリング機械と非決定性チューリング機械が等価であること
を導く（第24講）．第IV部の主要な内容は，万能チューリング機械をつくる（第
25講）ことと，停止問題が決定不能である，すなわち，停止問題を解くチューリン
グ機械は存在しない（第26講）ことを導くことである．次に，これらの成果を簡単
に説明する．

　万能チューリング機械とは，1つの具体的なチューリング機械 U のことで，任意
のチューリング機械 M と任意の系列 w の計算を模倣するものである．U に M と w
の組（を表した系列）を入力として与えると，チューリング機械 M に系列 w を入力
したときの M の動きを忠実に実行（シミュレート）するものである．U は，M と
w を任意に与えたとしてもこのシミュレーションを実行するので，万能という言葉
が使われている．U によるシミュレーションのイメージをつかむため，チューリン
グ機械 M に系列 $w = w_1 w_2 \cdots w_n$ が入力されたとして，思考実験することにする．
この思考実験のために3つ用意するものがある．入力 $w = w_1 w_2 \cdots w_n$ とそれに続
く無限個の空白記号␣の系列を書き込むための M のテープ，M の状態を書き込む
カード，それに M を記述するメモ用紙である．たとえば，$q_0 \xrightarrow{w_1/a',R} q'$ の状態遷
移は5項組 (q_0, w_1, q', a', R) で表すとして，M の記述とはこのような5項組のリス
トで，これがメモ用紙に書き込まれている．シミュレーションの最初のステップは，
開始状態 q_0 と記号 w_1 のペア (q_0, w_1) を M の記述のリストから探し，その5項組
（最初の2項が (q_0, w_1) と一致するもの）を (q_0, w_1, q', a', R) とするとき，(q', a', R)
に従って M の状態とテープ内容を更新する．この場合は，図2.5の (b) に示すよ
うに，左端のマスの w_1 を a' に書き換え，カードの状態を q_0 から q' に書き換えて，
カードを右隣りのマスの下に移動する．以下，このような更新を繰り返せばよい．こ
のように，カードには M の状態が書き込まれ，M のテープヘッドのポジションの
ところに置かれる．

　以上説明した M の模倣は明らかに機械的な手順で実行できる．したがって，チャー

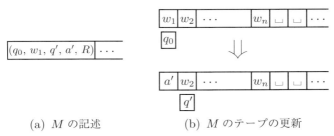

(a) M の記述　　　　(b) M のテープの更新

図2.5　チューリング機械 M の最初のステップのシミュレート

チ・チューリングの提唱によれば，この模倣はチューリング機械で実行できる．第25 講では，この思考実験と同じことを実行するチューリング機械を具体的に構成する．構成されたチューリング機械は万能チューリング機械そのものである．

　次に，停止問題の決定不能性の説明に入る．停止問題は，チューリング機械 M とその入力 w の任意のペアに対して，M に w を入力して計算を開始したとき，この計算がいずれは停止するか，それとも永久に状態遷移を繰り返す（停止しない）かをYES/NO で答えよという問題である．この問題を関数 $f_{HALT} : \Sigma^* \to \{0,1\}$ として表す．ここで，f_{HALT} は，M と w のペアを系列として表したものを $\langle M, w \rangle$ と表すと，停止するとき $f_{HALT}(\langle M, w \rangle) = 1$ とし，停止しないとき $f_{HALT}(\langle M, w \rangle) = 0$ と定義される．ここに，Σ は $\langle M, w \rangle$ を系列として表すときの記号の集合（アルファベット）である．第 26 講では，この関数 f_{HALT} を計算する（すなわち，停止問題を判定する）チューリング機械は存在しないことを導く．

　最後の第 27 講では，停止問題の外に**ポストの対応問題**と呼ばれる問題も決定不能であることを導く．停止問題と異なり，ポストの対応問題は問題自体は簡単に説明できる問題である．インスタンスは系列のペアのリスト $(u_1, v_1), \ldots, (u_m, v_m)$ として与えられ（各系列のペア (u_i, v_i) も，ペアの個数 m も任意），ポストの対応問題は，このリストがある種の組合せ論的条件を満たすかどうかを YES/NO で答えよという問題である．この問題は停止問題を解くことの難しさが組み込まれているような種類の問題である．

2.5　この本の構成

　この本は 27 講からなり，第 I，II，III，IV 部の 4 部に構成されている．各講は章の場合より短く，特定のテーマに絞った内容となっている．第 I 部で，計算理論を大まかに説明するとともに，この本を学ぶための準備をする．第 II，III，IV 部はそれぞれ有限オートマトン，プッシュダウンオートマトンと文脈自由文法，チューリング機械について説明する．

　27 講を通して学べば計算理論をしっかりと身につけることができる．あるいは，各講は特定のテーマに焦点を合わせた内容となっているので，第 I 部を学んだ後は，残りの部や講を自由に選んで読み進み，必要に応じてスキップした箇所を参照するという学び方もできる．各講の終りに問題を載せ，問題は全部で 125 題に及んでいる．この本の最後ですべての問題に解答している．第 1 講の問題のところで説明したように，問題には ♦，♦♦ の印をつけて難易度を表している．

3講 再 帰

再帰的定義は，ロシアのマトリョーシカ人形のような入れ子構造をもったものを定義するのに向いているものである．再帰的定義は情報系の講義の最初の方で学ぶもので，ここでつまずくこともあり，これでおもしろさに目ざめるテーマでもある．再帰的定義のコツをつかみ，強力な武器としてしっかりと身につけてほしい．

3.1 再帰的定義と組み立てルール

この節では，再帰的定義の具体例を，組み立てルール，書き換え規則，それに文章として表して説明する．

図 3.1 は，正しいカッコの系列をつくる組み立てルールをまとめたものである．まず，() を組み立てのベースとする．これをタイプ A のボックスに入れると (()) がつくられる．この時点で，() と (()) がつくられているので，これをタイプ B の 2 つのボックスに入れてさらに新しい系列をつくる．2 つのボックスにすべての入れ方に渡ってはめ込むとすると，()()，(())(())，()(())，(())() の 4 つの系列が新しくつくられる．以下，同様に続く．同じように，図 3.2 は階層構造をもった状態遷移図をつくる組み立てルールである．ただし，アルファベットは $\Sigma = \{a, b\}$ としている．この場合はグレーのボックスに状態遷移図をはめ込むときに注意が必要で，ボックス内の左の状態と右の状態に，はめ込む状態遷移図の左端の状態と右端の状態をそれぞれ合わせなければならない．

第 1 講では，正しいカッコの系列は次の書き換え規則で定義した．

$$S \to () \tag{1}$$

$$S \to (S) \tag{2}$$

$$S \to SS \tag{3}$$

正しいカッコの系列の再帰的定義を文章として表してみると，次のようになる．

1. () は正しいカッコの系列である．
2. w が正しいカッコの系列のとき，(w) は正しいカッコの系列である．
3. w と w' が正しいカッコの系列であるとき，ww' は正しいカッコの系列である．

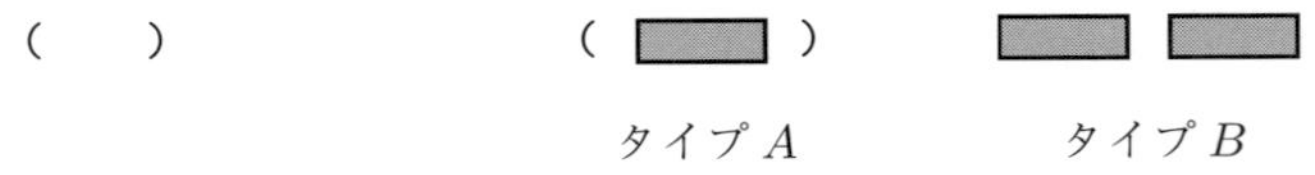

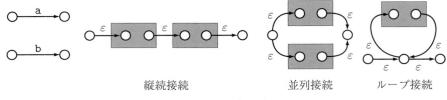

( ) (▨) ▨ ▨
タイプA タイプB

(1) 組み立てのベース (2) 組み立てルール

図 3.1 正しいカッコをつくる組み立て

縦続接続 並列接続 ループ接続

(1) 組み立てのベース (2) 組み立てルール

図 3.2 階層構造をもつ状態遷移図をつくる組み立て

この **1**, **2**, **3** がそれぞれ書き換え規則の (1), (2), (3) に対応している.

　組み立てルールにしろ,書き換えルールにしろ,あるいは,文章によるものにしろ,再帰的定義は次のように (1) と (2) とから構成される.

---

(1) **ベース**:前提なしで定義する.

(2) **再帰ステップ**:これまで定義したものを用いて,新しいものを定義する.

　初めて学ぶ人が再帰的定義でなぜつまずくのだろうか.一番大きな理由は,再帰的な定義は,日本語として書くと,意味のとれないようなものになるからと思われる.このことを集合の分割の例を挙げて説明しよう.集合の**分割**とは集合全体をブロックと呼ばれるグループに分けることである.ちょうどピザをピザカッターで切り分けるイメージである.集合は有限個の要素からなるものとする.各ブロックが1つの要素からなる分割(最も細かな分割)を最小分割と呼ぶことにしよう.集合を「最小分割する」ことの再帰的な定義は次のようになる.「集合を最小分割するとは,可能ならば2つに分け,それぞれを最小分割することである」.この定義文では,最小分割を定義している文の中に最小分割という言葉が現れていて日本語として意味がとれない.再帰的定義では,この文中の最小分割は,定義文全体を適用して解釈される.このように,その定義文そのものに再び帰ることから再帰的と呼ばれる.このように解釈して,定義文を繰り返し適用すると「2つに分ける」ことが繰り返され,一つひとつバラバラになるまで分割される.バラバラになると,もはや2つに分けることはできなくなるので,定義文の適用はそこで終る.このように日本語として

意味がとれない定義文に再帰的定義では特別の意味を与えるのだ．このような特別の解釈が再帰的定義をわかりにくくしている．

　ところで，再帰的な定義が適用できるような対象はどのようなものであろうか．たとえば，長方形や素数が再帰的に定義されることはない．これは長方形にも素数にもそれ自身に再帰的な構造が含まれていないからである．これに対し，正しいカッコの系列や階層構造をもつ状態遷移図は，自身の中により小さいサイズのそれ自身の構造が埋め込まれており，元々再帰的定義に向いた対象なのだ．

　次の例の説明に入る前に，再帰的定義の解釈には 2 つのタイプがあることを説明する．**ボトムアップの解釈**と**トップダウンの解釈**である．図 3.1 や図 3.2 による再帰的定義は，組み立てルールという呼び方からも，ボトムアップ解釈が自然である．構文木でいえば下から上に登りながらの解釈で，サイズの小さいものを組み込んでサイズの大きいものを定義することを繰り返す．一方，トップダウンの解釈というものもある．正しいカッコの系列の場合でいえば，正しいカッコの系列全体は (□) か □□ かどちらかの形をとり，これらの形に現れる □ も正しいカッコの系列となっているので，それぞれどちらかの形をとるというように，構文木を上から下に降りながらの解釈である．再帰的に定義されたものは，どちらの解釈でも捉えられる．場合に応じて都合のよい解釈をすればよい．

例 3.1　取り上げるのはタケヤブヤケタのように，右から読んでも左から読んでも同じになる**回文**である．話を簡単にするため，記号は a と b の 2 種類とする．回文の再帰的定義は

1.　a, b, aa, bb は回文である，

2.　w が回文であるとき，awa, bwb は回文である

となり，書き換え規則は

$$S \to a,\ S \to b,\ S \to aa,\ S \to bb,$$
$$S \to aSa,\ S \to bSb$$

となる．また，組み立てルールとしては a□a か b□b の 2 つのタイプを用意すればよい．また，最後に適用する規則が $S \to a$, $S \to b$ であるか，$S \to aa$, $S \to bb$ であるかにより，生成される系列の長さはそれぞれ奇数か偶数となる．なお，この生成規則は少しだけ簡単にすることができる（問題 3.2）．

3.2　ハノイの塔問題を解く手順の再帰的定義

　3つのポール X, Y, Z と中心に穴の開いた n 枚のディスクが用意されている．初めポール X に図3.3の(a)のように n 枚のディスクが重ねられている．図では，$n=5$ としている．**ハノイの塔問題**とは，(a)の初期状態から始めて，(b)の最終状態にするための手順を求めよというものである．この手順で許される操作は，1つのポールの一番上のディスク1枚を他のポールの一番上に移動することである．ただし，この移動には制約があって，移動先でディスクの大きさの逆転が起らないことが条件となる．すなわち，移動するディスクは移動先の一番上のディスクより小さくなければならない．ただし，移動先のポールにディスクが存在しない場合は，無条件に移動できる．

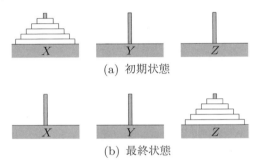

(a)　初期状態

(b)　最終状態

図 3.3　ハノイの塔問題の初期状態と最終状態

　図3.4は，ディスクを1, 2, 3の数字で表し，$n=3$ の場合のハノイの塔問題を解く手順を与えたものである．右の列の7個の命令（ディスクの移動）の実行で，ディスクの配置は左の列のように変わる．$n=3$ のハノイの塔問題で求められるのは，ディスク $\{1,2,3\}$ を Y を中継ポールとして初期ポール X から最終ポール Z に移すことで，この目標を

$$\{1,2,3\} : X \underset{Y}{\longrightarrow} Z$$

と表す．一見複雑に見えるディスクの動きであるが，この手順を読み解くポイントは，最初の3個の命令の実行で，ディスク $\{1,2\}$ を Z を中継ポールとして初期ポール X から最終ポール Y に移動させていること，したがって，$n=2$ の場合のハノイの塔問題を解いていることに気づくことだ．この操作の間ディスク3はポール X の底に置かれたままなので，扱うディスクは $\{1,2\}$ だけと考える．また，初期ポールを X とし，中継ポールを Z とし，最終ポールを Y とするというポールの入れ換

ステップ	ディスクの配置 X	Y	Z	手順の分解	命令
0	$\frac{1}{2}\frac{}{3}$	—	—		
1	$\frac{2}{3}$	—	1		$1 : X \to Z$
2	3	2	1	$\{1,2\} : X \underset{Z}{\to} Y$	$2 : X \to Y$
3	3	$\frac{1}{2}$	—		$1 : Z \to Y$
4	—	$\frac{1}{2}$	3	$3 : X \to Z$	$3 : X \to Z$
5	1	2	3		$1 : Y \to X$
6	1	—	$\frac{2}{3}$	$\{1,2\} : Y \underset{X}{\to} Z$	$2 : Y \to Z$
7	—	—	$\frac{1}{2}\frac{}{3}$		$1 : X \to Z$

図 3.4　$n = 3$ のときのハノイの塔問題を解く手順

えも行っている．この最初の 3 個の命令で実行することを $\{1,2\} : X \underset{Z}{\to} Y$ と表す．その後，ディスク 3 をポール X からポール Z に移動（$3 : X \to Z$ と表す）し，その後，最初の 3 個の命令でポール Y に待避させてあった $\{1,2\}$ をポール X を中継ポールとしてポール Z に移動している．これは $\{1,2\} : Y \underset{X}{\to} Z$ と表される．このように，$n = 3$ のハノイの塔問題を解く手順は，命令 $3 : X \to Z$ の前と後に $n = 2$ のハノイの塔問題を解く手順を埋め込んだ構造となっている．以上が図 3.4 の中央の列の 3 つのステージの説明である．$n = 3$ のときの初めの目標 $\{1,2,3\} : X \underset{Y}{\to} Z$ を，中央の列の 3 ステージに置き換えることを次のように表す．

$$\left(\{1,2,3\} : X \underset{Y}{\to} Z \right) \to \begin{pmatrix} \{1,2\} : X \underset{Z}{\to} Y \\ 3 : X \to Z \\ \{1,2\} : Y \underset{X}{\to} Z \end{pmatrix} \quad (1)$$

　一般のハノイの塔問題を解く手順は図 3.5 に示す基本手順を繰り返し適用することにより得られる．なお，この基本手順では，ディスクの集合 $\{1,\ldots,n\}$ を $\{1,\ldots,n-1\}$ と $\{n\}$ に分け，$\{1,\ldots,n-1\}$ を**ボディ**と呼び，$\{n\}$ は**テイル**と呼ぶ．

　ハノイの塔問題を解く基本手順：

1. ボディを初期ポールから中継ポールに移動する．

2. テイルを初期ポールから最終ポールに移動する．

3. ボディを中継ポールから最終ポールに移動する．

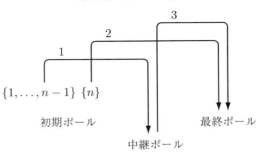

図 3.5　ハノイの塔問題を解く基本手順によるディスクの移動

この基本手順はディスクのセットが $\{1, \ldots, n\}$ の場合の組み立てルールとみなすことができ，**1** と **3** にディスクの個数を 1 つ減らした $\{1, \ldots, n-1\}$ に対する手順が埋め込まれ，以下この埋め込みが繰り返し実行される．すなわち，埋め込まれた先でも，$\{1, \ldots, n-1\}$ がボディ $\{1, \ldots, n-2\}$ とテイル $\{n-1\}$ に分割され基本手順が適用されるというように繰り返される．

　$n = 3$ の場合について基本手順を実際に適用してみる．$\{1, 2, 3\} : X \underset{Y}{\to} Z$ に対して基本手順を適用すると (1) となる．同様に，(1) の右辺に現れる $\{1, 2\} : X \underset{Z}{\to} Y$ と $\{1, 2\} : Y \underset{X}{\to} Z$ に適用するとそれぞれ次のようになる．

$$\left(\{1, 2\} : X \underset{Z}{\to} Y \right) \to \begin{pmatrix} 1 : X \to Z \\ 2 : X \to Y \\ 1 : Z \to Y \end{pmatrix} \tag{2}$$

$$\left(\{1, 2\} : Y \underset{X}{\to} Z \right) \to \begin{pmatrix} 1 : Y \to X \\ 2 : Y \to Z \\ 1 : X \to Z \end{pmatrix} \tag{3}$$

ここで，対象とするディスクの枚数が 1 枚となったら集合を表すカッコ {} と中継ポールを除いている．その場合は直接初期ポールから最終ポールへディスクを移動すればよいので命令として扱われる．図 3.6 は (1)，(2)，(3) による展開を構文木として表したもので，$\{1, 2, 3\} : X \underset{Y}{\to} Z$ から命令の系列が得られる過程が表されている．

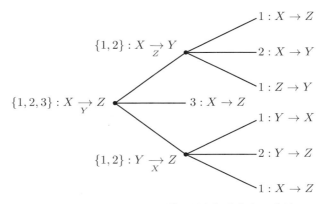

図 3.6　$n = 3$ のハノイの塔問題を解く命令の系列

問　　題

3.1 階乗 $F(n) = 1 \times 2 \times \cdots \times n$ の再帰的定義をベースと再帰ステップに分けて与えよ．ただし，$n \geq 0$ とする．

3.2 長さ n の系列 $w = w_1 w_2 \cdots w_n$ に対して，$w^R = w_n \cdots w_2 w_1$ で系列の左右を逆転する演算 R を定義する．また，系列 w が回文であるとは，$w = w^R$ が成立することと定義する．系列の記号は a と b とし，回文を生成する 5 つの書き換え規則を与えよ．

3.3 3.2 節で与えられた n 枚のディスクのハノイの塔問題を解く手順で，ディスクを移動する動作の回数 $T(n)$ を求めよ．

3.4♦♦　正方形の白紙にペンで線を引き，線同士がぶつからないように，しかもペン先を紙から離さないで白紙を塗りつぶすことができるか．ヒルベルトはこのような線（**ヒルベルトカーブ**と呼ばれる）の引き方を考案した．この問題はヒルベルトカーブの再帰的定義を求めるものである．ヒルベルトカーブには次数がつけられており，n 次のヒルベルトカーブを H_n と表す．下図に次数が 1，2，3 のヒルベルトカーブを示す．このように H_n の次数 n が大きくなると，いずれは塗りつぶされてしまう（ただし，線巾は仮定する）．

　　(1)　H_2 と H_3 の間の関係を見ると，回転させたりした H_2 を 4 個つないで H_3 が

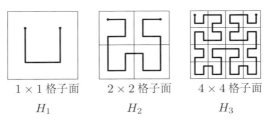

1×1 格子面　　　　2×2 格子面　　　　4×4 格子面

H_1　　　　　　　　H_2　　　　　　　　H_3

構成されていることがわかる．その構成の仕方と同様，4 つの H_3 を基にして H_4 をつくり，下の格子面に描け．

(2) (1) の構成法を一般化して，4 つの H_n から H_{n+1} を組み立てるルールを 3.2 節の (1) のような形式で与えよ．ただし，その組み立ての際に次の操作を用いよ．

$(\ )^{\mathrm{L}}$ ： 反時計回りに 90° 回転する．

$(\ )^{\mathrm{R}}$ ： 時計回りに 90° 回転する．

$(\ )^{\mathrm{C}}$ ： 全体が 1 本の折れ線となるようにヒルベルトカーブの間をつなぐ．

$1/2(\ )$： 相似比 1/2 で縮小する．

たとえば，$H_1 = \sqcup$ なので，$\sqcup^{\mathrm{L}} = \sqsupset$，$\sqcup^{\mathrm{R}} = \sqsubset$ より，$H_1^{\mathrm{L}} = \sqsupset$，$H_1^{\mathrm{R}} = \sqsubset$ となる．また，$(\ )^{\mathrm{C}}$ は 4 つのヒルベルトカーブを下図のように結ぶ．

$(\ )^{\mathrm{C}}$ のつなぎ方

(ヒント．H_2 から H_3 をつくる操作を一般化せよ．)

4講　数学的準備

この講ではこの本を通して必要となる数学的概念や用語について簡単に説明する.

4.1　集　　合

集合は "もの" の集りである. "もの" は**要素**と呼ばれ, 一つひとつ識別できるものであれば何でもいい. 有限個の要素からなる集合を**有限集合**といい, 無限個の要素からなる集合を**無限集合**という. 有限集合は, たとえば $\{2, 3, 5, 7, 11\}$ のようにその要素を並べ, 中カッコで囲んで表すことができる. 有限集合 A の要素の個数を $|A|$ で表す. $|A| = 0$ となる集合 A を**空集合**といい, $\emptyset$ と表す. すなわち, $\emptyset$ は要素を1つももたない空の集合である. a が集合 A の要素であることを $a \in A$ と表し, 要素ではないことを $a \notin A$ と表す.

A と B を集合とする. A の任意の要素が B の要素でもあるとき, A は B の**部分集合**である, あるいは, A は B に**含まれる**といい, $A \subseteq B$ と表す. 特に, A と B が等しいときも $A \subseteq B$ となる. $A \subseteq B$ でかつ $A \neq B$ のとき, A は B の**真の部分集合**といい, $A \subsetneq B$ と表す.

集合 A, B に対して, A の要素と B の要素を集めて1つの集合としたものを A と B の**和集合**といい, $A \cup B$ と表す. また, 集合 A と B のどちらにも属する要素からなる集合を A と B の**積集合**または**共通集合**といい, $A \cap B$ と表す. A に属すが, B には属さない要素からなる集合を A から B を引いた**差集合**といい, $A - B$ と表す. 上に述べたことを, 図 4.1 に示す. 集合 A が集合 U の部分集合であるとき, U から A を引いた差集合を U における A の**補集合**という. 特に, 前提とされる U が明らかなときは, これを $\overline{A}$ と表し, 単に A の補集合と呼ぶ.

集合 A のすべての部分集合からなる集合を A の**冪集合**といい, $\mathcal{P}(A)$ と表す. たとえば, $A = \{1, 2, 3\}$ の場合,

$$\mathcal{P}(\{1, 2, 3\}) = \{\emptyset, \{1\}, \{2\}, \{3\}, \{1, 2\}, \{2, 3\}, \{1, 3\}, \{1, 2, 3\}\}$$

となる. 集合はすべて中カッコで囲って表すが, ただ1つの例外は空集合で, $\emptyset$ と書

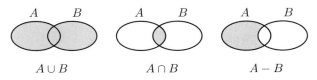

図 4.1　和集合，積集合，差集合

くだけでよい．では，$\{\emptyset\}$ は何を表すのだろうか．これは，空集合だけからなる集合を表す．$\emptyset$ は要素をもたない集合を表し，$\{\emptyset\}$ は空集合 1 個からなる集合を表す．少しわかりにくいのであるが，$\{\emptyset\}$ のように {} で囲まれた途端，$\emptyset$ には集合を構成する 1 つの要素という立場が与えられる．

　これまで挙げた例のように，具体的に集合を表すには，その要素をすべて並べるのが 1 つの方法である．しかし，要素をすべて羅列しなくても集合を表すことができる．$P(x)$ を x に関する条件を表すとして，条件 $P(x)$ を満たす x をすべて集めた集合を

$$\{x \mid P(x)\}$$

と表す．たとえば，$P(n)$ として「n は 2 で割り切れる自然数である」をとったとしよう．すると，$\{x \mid P(x)\}$ は，$\{n \mid n$ は 2 で割り切れる自然数である$\}$ となり，これは $\{2, 4, 6, \ldots\}$ を表す．なお，一般に，要素 x は集合 D から選ばれる場合は，$\{x \in D \mid P(x)\}$ というように表すこともある．たとえば，上に述べた例は，N で自然数の集合を表すとすると，$\{n \in N \mid n$ は 2 で割り切れる$\}$ と表される．この表し方を使うと，冪集合 $\mathcal{P}(\{1, 2, 3\})$ は，$\{B \mid B \subseteq \{1, 2, 3\}\}$ と表される．一般に，冪集合 $\mathcal{P}(A)$ は

$$\mathcal{P}(A) = \{B \mid B \subseteq A\}$$

と表すことができる．この式では集合を表す変数 A と B の取り得る範囲について注意してほしい．左辺の $\mathcal{P}(A)$ では，A はどのような集合でもよいのであるが，いったん，集合 A が決められると，右辺の $\{B \mid B \subseteq A\}$ では A はその集合に固定される．一方，B はすべての集合にわたって動くのであるが，その中の $B \subseteq A$ の条件が満たされるものだけがピックアップされる．

　条件を用いて集合を表す記法に従って，直積と呼ばれる集合を定義する．集合 A と B の**直積**とは，$\{(a, b) \mid a \in A, b \in B\}$ と表されるペア (a, b) の集合で，$A \times B$ と表される．A から要素を 1 つ選び，B から 1 つ選びペアをつくるが，その選び方がすべて尽くされる．たとえば，$A = \{x, y\}$，$B = \{1, 2, 3\}$ の場合は $A \times B$ は

$$\{(x, 1), (x, 2), (x, 3), (y, 1), (y, 2), (y, 3)\}$$

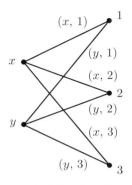

図 4.2　直積 $\{x, y\} \times \{1, 2, 3\}$

を表す．図 4.2 では，A からの 1 点と B からの 1 点を結ぶラインの張り方がすべて尽くされる．直積は，この本を通してしばしば用いられるので，この図の具体例で直積のイメージをしっかりつかんでほしい．直積は，一般化して任意の個数の集合に対して定義することができる．たとえば，$A \times B \times C = \{(a, b, c) \mid a \in A,\ b \in B,\ c \in C\}$ となる．同じ集合 A の k 個の直積 $A \times A \times \cdots \times A$ を A^k とも表す．

4.2　系列と言語

　系列とは記号を並べたもので，この本を通して対象とするものである．有限個の記号からなる集合を定めておき，系列をつくる記号はこの集合から選ばれるものとする．この集合のことを**アルファベット**と呼び，Σ や Γ などで表す．系列 w に現れる記号の個数を w の**長さ**といい，$|w|$ と表す．アルファベット Σ 上の**系列**とは，Σ から選ばれた記号からなる，長さが有限の系列である．長さ 0 の系列を**空系列**といい，ε と表す．空系列はその長さが 0 であるため，直接目にすることはできないので，特別の記号 ε を用いて表している．この系列は少し考えにくいところもあるが，たとえば，図 1.4 の $q_{33} \overset{\varepsilon}{\to} q_{00}$ のような実際の使われ方からしっかりイメージできるようにしておこう．系列に対する基本的な演算に 2 つの系列をつなぐ連接と呼ばれるものがある．長さ m の系列 $u_1 u_2 \cdots u_m$ と長さ n の系列 $v_1 v_2 \cdots v_n$ を**連接**すると，長さ $m + n$ の系列 $u_1 u_2 \cdots u_m v_1 v_2 \cdots v_n$ となる．単に系列をつなげるだけなのに，連接を演算としてとらえるということをしっかりと押さえておこう．連接の演算は "$\cdot$" で表され，$u_1 \cdots u_m \cdot v_1 \cdots v_n$ は $u_1 \cdots u_m v_1 \cdots v_n$ と表す．また，系列 $u_1 \cdots u_n$ の連続する一部を抜き出した $u_i u_{i+1} \cdots u_j (i \leq j)$ を元の系列の**部分系列**と呼ぶ．特に，空系列 ε は任意の系列に対してその部分系列となる．

言語とは，あるアルファベットの上の系列からなる集合である．形式言語理論の分野では系列の集合を慣用的に言語と呼んでいるので，この本でもそれに従う．たとえば，アルファベットを $\{a, b, \ldots, z, \text{\_}\}$ とし，_ はスペースを表すものとする．英語という言語 L は，正しい英語の文を表す系列からなる集合と捉えられる．たとえば，

> the_net_is_a_fantastic_world,
> i_got_a_job,
> wait_a_minute

はいずれも L に属するが，

> the_net_isa_fantasticworld,
> job_a_got_i,
> itwa_a_utemin

はいずれも L に属さない．L に属する系列だけをすべて生成するルールをつくりあげることを目指すという経緯から，言語をこのように捉えるのであるが，この本では，慣用的な用法に従い，言語という用語を単に "系列の集合" という意味で用いることにする．

アルファベット Σ 上のすべての系列からなる集合を Σ^* と表す．たとえば，$\Sigma = \{0, 1\}$ のときは

$$\Sigma^* = \{\varepsilon, 0, 1, 00, 01, 10, 11, 000, \ldots\}$$

となる．Σ 上の言語とは Σ^* の部分集合のことである．

4.3 関数と問題

関数は，集合の要素と要素の間の対応づけを指定するものである．集合 A の要素を B の要素に対応づける関数 f を，$f : A \to B$ と表し，A の要素 a に対応づけられる B の要素を $f(a)$ と表す．関数が $f : A \to B$ と表されるとき，A を f の**定義域**といい，B を**値域**という．関数 $f : A \to B$ が $a \neq a'$ となる任意の a，$a' \in A$ に対して $f(a) \neq f(a')$ となるとき，**1 対 1 関数**という．また，B の任意の要素 b に対して，$f(a) = b$ となる A の要素 a が存在するとき，$f : A \to B$ を B の**上への関数**という．

関数の例として，自然数の足し算を表す関数 $f_{add} : N \times N \to N$ と掛け算を表す関数 $f_{mult} : N \times N \to N$ を取り上げる．これらの関数は，それぞれ $f_{add}(m, n) = m + n$

表 4.3　$f_{add}(m,n)$

m \ n	1	2	3	4	$\cdots$
1	2	3	4	5	
2	3	4	5	6	
3	4	5	6	7	$\cdots$
4	5	6	7	8	
$\vdots$			$\vdots$		

表 4.4　$f_{mult}(m,n)$

m \ n	1	2	3	4	$\cdots$
1	1	2	3	4	
2	2	4	6	8	
3	3	6	9	12	$\cdots$
4	4	8	12	16	
$\vdots$			$\vdots$		

と $f_{mult}(m,n) = m \times n$ と定義される．ここに，N は自然数の集合を表し，$N \times N$ は N と N の直積を表す．これらの関数を表として表すと，表 4.3 や表 4.4 のようになる．ここで，たとえば，足し算の場合，$f(a)$ の a に相当するものは (m,n) となるので，$f(a)$ に相当するものは正確には $f_{add}((m,n))$ と表すべきであるが，簡単のために単に $f_{add}(m,n)$ と表している．

　計算理論では，計算の目標を関数と捉え，これを**問題**と呼ぶ．問題という言葉を専門用語として用い，これを関数として表すのだ．一般に，関数は，なんらかのアルファベット Σ,Γ に対して $f : \Sigma^* \to \Gamma^*$ と表され，入力 $w \in \Sigma^*$ に対して出力 $f(w) \in \Gamma^*$ を求めることが計算の目標となる．ただし，この本で扱う関数は大部分が値域が $\{0,1\}$ となる関数 $f : \Sigma^* \to \{0,1\}$ である．値域の 1 と 0 は，真と偽，YES と NO，あるいは受理と非受理などに対応させることもあるが，いずれも同じことを意味する．いずれにしろ結果は 2 通りのうちの 1 つである場合，対応する問題は**決定問題**と呼ばれる．

　2.2 節で説明した言語 $L \subseteq \Sigma^*$ から定まる関数を例として挙げておく．

例 4.1　部分集合 $L \subseteq \Sigma^*$ が与えられ，この L から関数 $f_L : \Sigma^* \to \{0,1\}$ を

$$f_L(w) = \begin{cases} 1 & w \in L \text{ のとき}, \\ 0 & w \notin L \text{ のとき} \end{cases}$$

と定義する．　　　　　　　　　　　　　　　　　　　　　　　　　　　　　　■

4.4　グ ラ フ

　第 1 講では，状態遷移図や構文木など，点（または，円）が枝で結ばれている図がしばしば用いられた．これらの図は，一般にグラフと呼ばれるものの具体例である．この節では，グラフについて簡単に説明する．

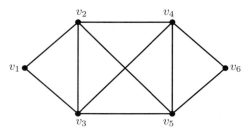

図 4.5　グラフの例

　一般に，**グラフ**とは**点集合**と**辺集合**で表されるものである．図 4.5 にグラフの例
を与える．この例の場合，点集合 V と辺集合 E はそれぞれ

$$V = \{v_1, v_2, v_3, v_4, v_5, v_6\},$$
$$E = \{(v_1, v_2), (v_1, v_3), (v_2, v_3), (v_2, v_4), (v_2, v_5),$$
$$(v_3, v_4), (v_3, v_5), (v_4, v_5), (v_4, v_6), (v_5, v_6)\}$$

と与えられる．このように，グラフとは，点の集合を与えて，その点の間が辺でどの
ようにつながっているかを辺の集合で表したものである．グラフの点の系列で，隣
り合う点は辺で結ばれているようなものを**パス**と呼ぶ．**シンプルなパス**とは，同じ
点が 2 回以上現れることはないパスである．**サイクル**とは，最初の点と最後の点が
同じ点となるパスである．**シンプルなサイクル**とは，少なくとも 3 点を含むサイク
ルで，同じ点が 2 回現れるのは最初の点と最後の点だけで，それ以外は同じ点が 2
回以上現れることはないものである．どの 2 点の間もパスでつながれているグラフ
は**連結**していると呼ばれる．グラフの点の**次数**とは，その点を端点とする辺の本数
である．たとえば，図 4.5 のグラフの場合，点 v_1 の次数は 2 で，点 v_2 の次数は 4
である．

　グラフに制約をつけて，対象とするグラフを絞ることもある．そのような制約し
たグラフに木と呼ばれるグラフがある．**木**とは，サイクルを含まない，連結したグ
ラフである．図 4.6 に木の 1 つの例を与える．木では，**根**と呼ばれる点を 1 つ指定
しておく．根以外の点で次数が 1 のものを**葉**と呼ぶ．図 4.6 の木で根として v_1 を指
定すると，葉は v_4，v_5，v_7，v_8，v_9 となる．この図のように，根を上方に，葉を下
方に置くことが多い．このグラフを上下逆転して置くと，空に向かって葉を広げる
木の様子を表しているとみなすことができる．

　これまでは，辺は向きをもたないとしてきた．これに対し，辺は向きをもつとし
てグラフを定義することもある．向きをもった辺を**枝**と呼ぶことにする．また，向
きのないグラフを**無向グラフ**と呼び，向きのあるグラフを**有向グラフ**と呼ぶ．有向

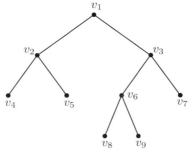

図 4.6　木の例

グラフの場合，枝 (u, v) を $u \to v$ と表したり，パスを $v_1 \to v_2 \to v_3 \to \cdots \to v_m$ などと表したりすることもある.

4.5　論理演算とド・モルガンの法則

　命題論理は日常の会話や文書における論理の基本となるところを抜き出し，数学的体系としてまとめたものである. また，これはコンピュータのハードウェアの組み立ての基本となる体系でもある. この節では命題論理で使われる論理演算の基本とド・モルガンの法則について説明する.

　命題と論理演算　値 1 で「成立する」ことや「真である」ことを意味し，値 0 で「成立しない」ことや「偽である」ことを意味することとする. これらの 1 や 0 の値を**真理値**と呼ぶ. 真理値の 1 と 0 はそれぞれ T（True）と F（False）と表されることもある. 真理値を値としてとる変数を**論理変数**と呼ぶ. 真理値に対して**論理和, 論理積, 否定**と呼ばれる論理演算を導入する. 論理演算を表す特別の記号が決められており，論理和は "$\vee$" で表され，論理積は "$\wedge$" で表され，否定は "$\overline{}$" や "$\neg$" で表される. 真理値に論理演算を適用するとどんな真理値となるかを表したものが表 4.7 である. たとえば，論理和 $\vee$ の場合について見てみよう. 論理変数を x と y で表すとしよう. 真理値をとる x と y に論理和 $\vee$ を適用した結果が $x \vee y$ の真理値である.

　表 4.7 は，x と y のとる真理値のペア $(1,1)$, $(1,0)$, $(0,1)$, $(0,0)$ に対して $x \vee y$ の値（真理値）を示している. 他の論理演算についても同様である. 論理演算はそもそもは日常の論理を説明するものとして導入されているので，これらの演算には解釈がある. 論理和は「または」と解釈され，論理積は「かつ」と解釈され，否定は真理値の反転（すなわち，1 は 0 にし，0 は 1 にする）と解釈される.

　論理式とは，論理変数に論理演算を何回か適用して得られる式である. たとえば，

表 4.7　論理演算 ∨, ∧, ‾ の真理値表

x	y	$x \vee y$	$x \wedge y$		x	$\overline{x}$
1	1	1	1		1	0
1	0	1	0		0	1
0	1	1	0			
0	0	0	0			

表 4.8　$(x \wedge y) \vee (y \wedge z) \vee (x \wedge z)$ の真理値表

x	y	z	$x \wedge y$	$y \wedge z$	$x \wedge z$	$(x \wedge y) \vee (y \wedge z) \vee (x \wedge z)$
1	1	1	1	1	1	1
1	1	0	1	0	0	1
1	0	1	0	0	1	1
1	0	0	0	0	0	0
0	1	1	0	1	0	1
0	1	0	0	0	0	0
0	0	1	0	0	0	0
0	0	0	0	0	0	0

　表 4.8 に示すように，論理式 $(x \wedge y) \vee (y \wedge z) \vee (x \wedge z)$ は，論理変数 x, y, z の
うち 2 個以上の変数が値 1 をとるとき，真理値 1 の値をとる．確かに，2 個以上の
変数の値が 1 であれば，$x \wedge y$, $y \wedge z$, $x \wedge z$ の少なくとも 1 つは値 1 をとり，した
がって，この論理式は 1 となる．一方，値 1 をとる変数の個数が高々1 個であれば，
$x \wedge y$, $y \wedge z$, $x \wedge z$ のどれもが 0 となって，全体も 0 となる．表 4.7 や表 4.8 のよ
うに，論理変数の真理値のすべての組合せに対して，論理式のとる値を表として表
したものを**真理値表**という．

　命題とは，なんらかの主張で，「あるものがある条件を満たす」という形が典型的
な例である．たとえば，「明日は晴れる」，「7 は素数である」，「111 は 11 で割り切れ
る」はすべて命題である．初めの例は，「明日」になってみないとこの命題の真偽は
わからない．次の例は真の命題であり，最後の例は偽の命題である．このように，命
題とは何かの言明であり，何を主張するものでも真偽がいずれははっきりするもの
であればよい．命題を P, Q, R などで表すことにする．すると，$P \vee Q$ や $P \wedge Q$
はそれぞれ新しく定義される命題を表す．前者は「P と Q の少なくともどちらかは
真である」という命題で，後者は「P と Q はともに真である」という命題である．
P, Q, $P \vee Q$, $P \wedge Q$ は命題を表すだけでなく，それぞれの命題の真偽を意味する
1 や 0 の真理値も表すとしよう．すると，$P \vee Q$ や $P \wedge Q$ に関しては，P と Q の真
偽の組合せに応じて，$P \vee Q$ や $P \wedge Q$ の真偽も決まることになる．$P \vee Q$ や $P \wedge Q$

が命題を表すのか，それとも命題の真偽を表す真理値を表すのかは，前後の文脈から決まる．この $P \lor Q$ や $P \land Q$ の真偽を決めるのは，論理演算 $\lor$ や $\land$ の定義そのものである．すなわち，表 4.7 の論理変数 x と y をそれぞれ P と Q に置き換えた真理値表で決まる．x, y と P, Q との相違は，これらの記号を変数と見るか命題と見るかの違いだけである．

ド・モルガンの法則　命題に論理演算を適用すると新しい命題がつくられるが，このようにしてつくられる命題の間に次のような等式が成立することがわかる．これが**ド・モルガンの法則**と呼ばれる等式である．

$$\overline{P \land Q} = \overline{P} \lor \overline{Q}, \tag{1}$$

$$\overline{P \lor Q} = \overline{P} \land \overline{Q} \tag{2}$$

表 4.7 に示す論理演算 $\lor$, $\land$, $\overline{}$ の真理値表を適用すると，(1) と (2) の等式を導くことができる．そのことを表 4.9 と 4.10 に示しておく．

表 4.9　$\overline{P \land Q} = \overline{P} \lor \overline{Q}$ を導く真理値表

P	Q	$P \land Q$	$\overline{P \land Q}$	$\overline{P}$	$\overline{Q}$	$\overline{P} \lor \overline{Q}$
1	1	1	0	0	0	0
1	0	0	1	0	1	1
0	1	0	1	1	0	1
0	0	0	1	1	1	1

表 4.10　$\overline{P \lor Q} = \overline{P} \land \overline{Q}$ を導く真理値表

P	Q	$P \lor Q$	$\overline{P \lor Q}$	$\overline{P}$	$\overline{Q}$	$\overline{P} \land \overline{Q}$
1	1	1	0	0	0	0
1	0	1	0	0	1	0
0	1	1	0	1	0	0
0	0	0	1	1	1	1

　実はド・モルガンの法則は，わたし達が日常の論理でも使っていることを次に説明する．イメージをもってもらうために，命題 P と Q として次のような具体的なものを取り上げる．

P：　「和夫はフランス語を話せる」

Q：　「和夫はドイツ語を話せる」

すると，命題 $\overline{P \land Q}$ は「『和夫はフランス語もドイツ語も話せる』というわけではない」となる．この命題 $\overline{P \land Q}$ は，日常の論理で，「和夫はフランス語を話せないか，ドイツ語を話せないかのいずれかである」と言い換えることができる．この言い換え

たことを命題として表すと，$\overline{P} \vee \overline{Q}$ となる．まとめると，$\overline{P \wedge Q}$ は $\overline{P} \vee \overline{Q}$ に書き換えられる．これは (1) の等式に他ならない．等式 (2) についても同様である．$\overline{P \vee Q}$ は「『和夫はフランス語かドイツ語のどちらかは話せる』というわけではない」ということになり，これは「和夫はフランス語は話せないし，ドイツ語も話せない」と言い換えられる．これは $\overline{P} \wedge \overline{Q}$ に他ならない．このように，ド・モルガンの法則は日常の論理のレベルで用いられる法則である．

　表 4.9，4.10 では真理値表によりド・モルガンの法則を導出している．ド・モルガンの法則については高校の数学で既に学んでいる方が多いと思う．論理ではなく，次のように集合に基づいて学んでいるかもしれない．ド・モルガンの法則の (1) と (2) で，P と Q を集合と捉え，$\vee$，$\wedge$，$\overline{}$ をそれぞれ集合に対する演算，$\cup$，$\cap$，$\overline{}$ で置き換えると，$\overline{P \cap Q} = \overline{P} \cup \overline{Q}$ と $\overline{P \cup Q} = \overline{P} \cap \overline{Q}$ の等式が得られる．ここで，$\overline{}$ は補集合をとる演算である．集合 P と Q をそれぞれ命題 P と Q が成立する事例の集合と捉えると，これらはそのまま (1) と (2) のド・モルガンの法則に対応する．これらの集合に関する 2 つの等式がなぜ成立するかは，図 4.11 の図を使うと，表 4.9，4.10 の真理値表を使って (1) と (2) を説明したのと同じように説明できる．この図で U は対象とするすべての事例からなる集合を表す．詳しくは問題 4.4 を参照してもらいたい．

　ド・モルガンの法則に関しては，命題論理（具体的には真理値表）と日常の論理がうまく整合したが，両者の間にはズレが生まれることもあることを注意しておく．たとえば，$P \vee Q$ は日常論理では「P または Q」という解釈で P と Q のどちらか一方（だけ）が成立するということが多いが，真理値表では表 4.7 からわかるように「P または Q の少なくとも一方（両方の場合を含む）は成立する」が正しい解釈となる．さらに，次の節では，新しく論理演算 $\Rightarrow$ を導入して，$P \Rightarrow Q$ を「P ならば Q」と解釈する．$\Rightarrow$ に関しても真理値表と日常の論理との違いに注意する必要がある．

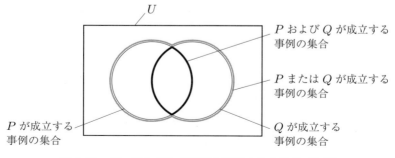

図 4.11　ド・モルガンの法則を説明するためのベン図

4.6 定理と証明

数学的な内容の命題で重要なものは定理として扱われ，証明の対象となる．しかし，世の中には，たとえば，リーマン予想のように数学者が 150 年ほども血のにじむような努力を重ねても証明できていないものもある．このような難問に限らず，この本で扱う定理に関してもその証明を見つける一般的な方法はない．しかし，証明の筋立てにはいろいろな形があり，それを理解すると，論理の流れがくっきり浮かび上がり，証明をしっかりと理解することができる．この節では，この本の証明で用いられる 2 つの証明のタイプ，背理法と数学的帰納法について説明する．最初の背理法は，定理となる命題が $P \Rightarrow Q$ という構造になっていることと密接に関係してくるので，まずその構造について説明した後に，背理法の説明に入る．

等価（同値）と含意　「ならば」という言葉は日常しばしば使われる．初めに，「ならば」と解釈される $\Rightarrow$ や，等価の関係 $\Leftrightarrow$ についてしっかりとイメージをもつことにしよう．

例 4.2　3 つの命題 $C_2(n)$, $C_3(n)$, $C_6(n)$ をそれぞれ次のように定める．

$$C_2(n): \quad \text{自然数 } n \text{ は 2 で割り切れる，}$$
$$C_3(n): \quad \text{自然数 } n \text{ は 3 で割り切れる，}$$
$$C_6(n): \quad \text{自然数 } n \text{ は 6 で割り切れる．}$$

このように，$C_m(n)$ は「自然数 n が m で割り切れる」という命題である．$C_m(n)$ は C_m とも表される．$\Rightarrow$ を「ならば」と解釈し，$\Leftrightarrow$ を「等価である」と解釈すれば，これらの命題の条件から

$$C_6 \Rightarrow C_2,$$
$$C_6 \Rightarrow C_3,$$
$$C_6 \Leftrightarrow C_2 \wedge C_3$$

が成立する．　　　　　　　　　　　　　　　　　　　　　　　　　　　■

C_2 の命題の条件を満たす自然数の集合を $D(C_2)$ と表す．同じように $D(C_3)$ と $D(C_6)$ を定義する．すると，これらの集合の間の関係は図 4.12 のように表される．この図のように，集合を円で表し，さまざまな集合の間の包含関係を図として表したものをベン図（Venn diagram）という．背景の長方形は対象とするすべてのものからなる集合を表し，この例の場合は自然数の集合である．**自然数の集合** $\{1, 2, 3, \ldots\}$ を N で表す．これで，$\Rightarrow$ や $\Leftrightarrow$ を定義する準備ができた．$C_6 \Rightarrow C_2$ は，$D(C_6) \subseteq D(C_2)$

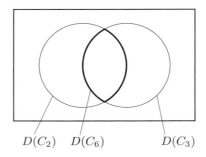

$D(C_2)$ $D(C_6)$ $D(C_3)$

図 4.12 $D(C_2)$, $D(C_3)$, $D(C_6)$ の間の関係を表すベン図

となることと定義する．同様に，$C_6 \Rightarrow C_3$ は，$D(C_6) \subseteq D(C_3)$ となることと定義する．また，$C_6 \Leftrightarrow C_2 \wedge C_3$ は，$C_6 \Rightarrow C_2 \wedge C_3$ かつ $C_6 \Leftarrow C_2 \wedge C_3$ となることと定義する．このように定義すると，

$$C_6 \Leftrightarrow C_2 \wedge C_3 \quad と \quad D(C_6) = D(C_2 \wedge C_3)$$

とは等価な条件となる．

　この例のように，一般に，条件を抽象的なものとして捉えるのではなく，その条件を満たす要素の集合として捉えると，条件の間の関係がはっきりイメージできるようになる．その上で，等価な関係を表す $\Leftrightarrow$ はこれからもしばしば使うので，

$$6 で割り切れる \Leftrightarrow 2 で割り切れ，かつ，3 で割り切れる$$

のような具体的な例で，その意味するところを感覚的につかんでおいてもらいたい．

　これらの $\Rightarrow$ や $\Leftrightarrow$ を論理演算とみなすと，P と Q から新しい命題 $P \vee Q$ や $P \wedge Q$ をつくったように，新しい命題 $P \Rightarrow Q$ や $P \Leftrightarrow Q$ をつくることができる．命題 P，Q の真偽を決める要素の集合を D で表す．これは上の例 $C_m(n)$ の場合の自然数の集合 N に相当する．D の要素で P が成立するものの集合を $D(P)$ と表し，Q が成立するものの集合を $D(Q)$ と表す．「$P \Rightarrow Q$ が成立する」とは，「$D(P) \subseteq D(Q)$ となる」ことと定義する．なお，論理演算とみなしたとき $\Rightarrow$ は**含意**と呼ばれる．また，「$P \Leftrightarrow Q$ が成立する」とは，「$P \Rightarrow Q$ が成立し，かつ，$P \Leftarrow Q$ が成立する」ことと定義する．ここで，$P \Leftarrow Q$ とは $Q \Rightarrow P$ のことである．$P \Leftrightarrow Q$ が成立するとき，P と Q は**等価**，または，**同値**という．$P \Leftrightarrow Q$ と $D(P) = D(Q)$ は等価である．一方，条件 P，Q に対して，$P \Rightarrow Q$ が成立するとき，条件 Q は条件 P の**必要条件**ともいい，条件 P は条件 Q の**十分条件**ともいう．また，$P \Leftrightarrow Q$ のとき，一方の条件が他方の条件の**必要十分条件**ともいう．

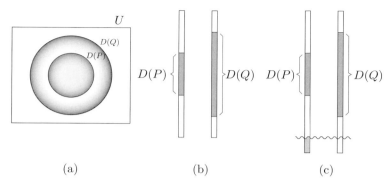

図 4.13　$P \Rightarrow Q$ が成立するときの $D(P)$ と $D(Q)$ の関係

　図 4.13 には，$P \Rightarrow Q$ が成立するときの $D(P)$ と $D(Q)$ の関係を表している．この図の (a) には，$D(P) \subseteq D(Q)$ の関係をベン図で表している．(b) と (c) の縦のラインでは，命題 P が要素 x で成立する（$P(x) = 1$）ときグレーで表し，成立しない（$P(x) = 0$）のとき白で表している．命題 Q についても同様である．これらのラインには，U の要素 x を同じ順序で並べて，$P(x)$ と $Q(x)$ の成立/不成立の関係が図で示されている．ポイントは，$P \Rightarrow Q$ が成立しているときは，$(P(x), Q(x))$ として可能性のあるのは，$(1, 1)$，$(0, 1)$，$(0, 0)$ だけで，$(1, 0)$ となることはないことである．このことをはっきりと表しているのが (c) の図である．(c) の図は，命題 $P \Rightarrow Q$ が成立するということは，$(P(x), Q(x))$ の真理値のペアとして $(1, 0)$ は除外される（波線より下の領域を除外）ということを表している．

　また，$P \Leftrightarrow Q$ が成立するときは定義より $D(P) = D(Q)$ となり，$(P(x), Q(x))$ が $(1, 0)$ や $(0, 1)$ となることはない．図 4.14 は，$P \Leftrightarrow Q$ のときの $(P(x), Q(x))$ の真理値のペアを表している．図 4.13 の (c) の場合と同様，波線より下の領域は除外される．

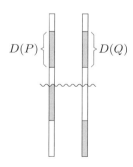

図 4.14　$P \Leftrightarrow Q$ が成立するときの $D(P)$ と $D(Q)$ の関係

ところで，図 4.13 から $P \Rightarrow Q$ と $\overline{Q} \Rightarrow \overline{P}$ は等価となることは明らかであろう．すなわち，

$$(P \Rightarrow Q) \Leftrightarrow (\overline{Q} \Rightarrow \overline{P}).$$

この $\overline{Q} \Rightarrow \overline{P}$ を $P \Rightarrow Q$ の**対偶**と呼ぶ．これらの命題は同値なので，$P \Rightarrow Q$ を証明する代りに，$\overline{Q} \Rightarrow \overline{P}$ を証明してもよい．

例 4.3　クラスで先生が明日晴れたら遠足に行く，と約束したとする．P を「明日は晴れる」とし，Q を「明日遠足に行く」としたとき，$P \Rightarrow Q$ の約束である．こう約束したにもかかわらず，好天なのに遠足に行かなかった（$(P(x), Q(x)) = (1, 0)$ に相当）とすると，先生は約束を破ったことになる．しかし，常識が疑われるかもしれないが，どしゃ降りの中遠足を決行した（$(P(x), Q(x)) = (0, 1)$ に相当）としても約束違反にはならないのだ．このように，日常の論理と $P \Rightarrow Q$ の定義に基づいた論理の間には解釈に時としてズレがあることに注意してほしい．　　　　■

背理法　背理法はこの本でもしばしば用いられる証明法である．原理はシンプルであるが，腑に落ちないという感覚の残る論法でもある．この論法を身につけると，背理法による証明が感覚的にも受け入れられるようになる．

背理法は，$P \Rightarrow Q$ というタイプの命題を証明するときに使われる証明法である．**背理法**とは，$P \Rightarrow Q$ を証明するために，$(P, Q) = (1, 0)$ を仮定すると矛盾が導かれることを示すことにより，$(P, Q) = (1, 0)$ というケースはない，すなわち，$P \Rightarrow Q$ が成立すると結論づける論法である．実際，$(P, Q) = (1, 0)$ というケースはあり得ないということは，(P, Q) の真理値のペアとして，$(1, 1)$，$(0, 1)$，$(0, 0)$ の可能性しかなくなるからである．

この背理法による証明を背理法によらない通常の証明と比べてみよう．たとえば，$C_6 \Rightarrow C_2$ の証明は次のように進む．$C_6(n) = 1$（n は 6 で割り切れる）とすると，適当な自然数 m をとると n は $n = 6m$ と表され，この n は $2 \times 3m$ と表されるので，$C_2(n) = 1$（n は 2 で割り切れる）が導かれる．この証明はあり得ないことを仮定している訳ではなく，すっきりと受け入れられる．しかし，次の例のように日常生活でもわたし達は背理法の論理を無意識のうちに使っている．

例 4.4　キノコ狩りが趣味の和夫さんは採ったキノコを奥さんの恵子さんに調理してもらうのをいつも楽しみにしていた．キノコ狩りに出かけたその日も採ってきたキノコを調理してもらい，大満足の夕食となった．しかし，その後少し気になっていたキノコのことを食用キノコ図鑑でくまなく調べたが食べたキノコは載っておらず，

心配しながら一週間が過ぎた．こんなときの恵子さんの一言「大丈夫よ」は背理法によっているのだ．P を「体調良好」，Q を「食べたのは毒キノコではない」とする．このとき，恵子さんは $P \Rightarrow Q$ が成立すると確信している．この確信の根拠は，$(P, Q) = (1, 0)$ と仮定し，$P = 1$（「体調良好」）かつ $Q = 0$（「食べたのは毒キノコである」）とすると，矛盾することからくる．背理法により，この矛盾から $P \Rightarrow Q$ が導かれたことになる．この例の場合，「体調良好」はキノコを食べた後の状態なので，「$P = 1$」が原因で「$Q = 1$」の結果が生じたという説明はできない．この点が上で説明した「$C_6 \Rightarrow C_2$」の証明のように，C_6 の条件から C_2 の条件を導ける場合とは違うところである．　■

次に，背理法による $P \Rightarrow Q$ のタイプの命題の証明の例を挙げる．

例 4.5 x, y, z を実数とし，P と Q の命題を次のように定めるとする．

$$P: \quad x + y + z \geq 0,$$
$$Q: \quad x,\ y,\ z \text{ の少なくとも 1 つは 0 以上である．}$$

このとき，命題 $P \Rightarrow Q$ は背理法により次のように導かれる．

【証明】 $(P, Q) = (1, 0)$ と仮定する．$\overline{Q}$ は「x, y, z はすべて 0 より小さい」となる（問題 4.3）ので，これは P に矛盾する．なぜならば，$x < 0$，かつ，$y < 0$，かつ，$z < 0$ ならば，$x + y + z < 0$ となるからである．　■

これまでは，$P \Rightarrow Q$ と表される命題を背理法で証明することについて説明した．この背理法の論法は証明したい命題が単に P と表すしかない場合にも適用できる．証明したい命題を P と表す．これを背理法で証明するには，$\overline{P}$ を仮定して矛盾を導けばよい．矛盾が導かれれば，$\overline{P}$（すなわち，$P = 0$）という場合はないことになり，「P が成立する（$P = 1$）」ことが証明される．

例 4.6 P を次のような命題とし，これを背理法で証明する．

$$P: \quad \text{素数は無限個存在する．}$$

【証明】 $\overline{P}$，すなわち，「素数の個数は有限個である」ことを仮定する．そこで，これらの素数を p_1, p_2, $\ldots$, p_m とおく．すると，自然数 $p_1 p_2 \cdots p_m + 1$ を素因数分解すると $p_1 p_2 \cdots p_m + 1 = p_1^{k_1} p_2^{k_2} \cdots p_m^{k_m}$ となる．ここに $k_1, \ldots, k_m$ は非負整数．しかし，$p_1 p_2 \cdots p_m + 1$ は $p_1, \ldots, p_m$ のどの素数で割っても余りが 1 となり，これは素因数分解したときの表現（どの素数でも割り切れる）と矛盾する．　■

最後に，$P \Rightarrow Q$，$P \Leftrightarrow Q$，P のタイプの命題の背理法による証明法をまとめて
おく．表 4.15 は $\Rightarrow$ や $\Leftrightarrow$ を論理演算と捉え，P，Q の真理値から決まる $P \Rightarrow Q$，
$P \Leftrightarrow Q$ の真理値を真理値表として取りまとめたものである．ところで，「$P \Rightarrow Q$ が
成立する」ということは，

$$\text{「}P \Rightarrow Q \text{ が成立する」} \quad \Leftrightarrow \quad \begin{array}{l}\text{「表 4.15 の真理値表の 2 行目に} \\ \text{相当するケースは起り得ない」}\end{array}$$

の右辺の等価な条件で言い換えることができる．背理法とは「あるケースが起り得
ないこと」を，そのケース（この場合は，$(P, Q) = (1, 0)$ となるケース）が起り得
ると仮定して矛盾を導くことにより証明する方法である．証明したい命題が $P \Leftrightarrow Q$
の場合は，「起り得ないケース」は，表 4.15 の 2 行目と 3 行目であるし，証明したい
命題が P の場合は，$P = 0$ の場合である．

表 4.15　論理演算 $\Rightarrow$ と $\Leftrightarrow$ の真理値表

P	Q	$P \Rightarrow Q$	$P \Leftrightarrow Q$
1	1	1	1
1	0	0	0
0	1	1	0
0	0	1	1

数学的帰納法　数学的帰納法とは，命題がある無限集合のすべての要素に対して
成立することを証明するときに使われる証明法である．ここでは，無限集合が自然
数からなる集合の場合について説明する．

「命題 $P(n)$ がすべての自然数 n に対して成立する」ことを導くのが証明の目標と
する．この証明法を直感的に捉えるためには，$P(1)$，$P(2)$，$\dots$ をドミノのコマの無
限の並びとみなし，ドミノ倒しを対応させるとよい．「コマ $P(n)$ が倒れる」ことを，
「命題 $P(n)$ が成立する」ことに対応させることにする．この対応のもとで，「すべて
のコマ $P(1)$，$P(2)$，$\dots$ が倒れる」ことが導かれれば，目標とする「すべての命題
$P(1)$，$P(2)$，$\dots$ が成立する」ことが証明されたことになる．一方，ドミノ倒しで，
「$P(1)$ が倒れる」ことと，「任意の自然数 n に対して，$P(n)$ が倒れれば，$P(n + 1)$
も倒れる」ことの 2 つが保証されれば，直感的には，すべてのコマ $P(1)$，$P(2)$，$\dots$
が倒れると結論づけていい．数学的帰納法とはこの直感に基づいた証明法である．

数学的帰納法による証明：
　ベース：$P(1)$ は成立する，
　帰納ステップ：任意の自然数 n に対して，$P(n)$ が成立すれば，$P(n + 1)$ も成
　　立する．

この本では，数学的帰納法による証明は省略することが多い．数学的帰納法による証明は厳密ではあるが，形式的で，イメージがつかみ難い．それよりも，わかりやすさを優先させ，厳密な証明がなくとも直感的につかんで納得してもらえるようにしたいからである．

例 4.7 命題 $P(n)$ は「$n^3 - n$ は 3 で割り切れる」を表すものとしたうえで，すべての自然数 n に対して $P(n)$ が成立することを数学的帰納法で証明する．

【証明】 ベース：$n = 1$ のとき，$n^3 - n = 1^3 - 1 = 0$ となり，これは 3 で割り切れる．すなわち，$P(1)$ が成立する．

帰納ステップ：任意の自然数 n に対して，$P(n)$ が成立することを仮定して，$P(n+1)$ が成立することを導く．ところで，

$$(n+1)^3 - (n+1) = (n^3 + 3n^2 + 3n + 1) - (n+1) = (n^3 - n) + 3n^2 + 3n$$

となるので，$n^3 - n$ が 3 で割り切れる（すなわち，$P(n)$ が成立する）ならば，$(n+1)^3 - (n+1)$ は 3 で割り切れる（すなわち，$P(n+1)$ が成立する）．　　■

4.7　アルゴリズムの記述

アルゴリズムとは，問題を解くための機械的に実行可能な手順のことである．この節ではアルゴリズムをどう記述するかを例を挙げて説明する．

まず，系列に現れる 1 の個数と 0 の個数とが一致するかどうかを判定する問題を取り上げ，この問題を解くアルゴリズムを記述する．

例 4.8 1 と 0 からなる長さが n の系列 $w = w_1 \cdots w_n$ が与えられたとき，w に現れる 1 の個数と 0 の個数が等しいかどうかを判定する問題を取り上げる．系列は配列 A として与えられるものとする．ここに，**配列**とは複数のデータを入れられるもので，添え字（サフィックスともいう）i により i 番目を $A[i]$ と指定できるようになっている．$A[i]$ は通常の変数のように扱われる．この例では，系列 $w_1 \cdots w_n$ を 1 から n の添え字を使って，$A[1] = w_1$, ..., $A[n] = w_n$ と入れておく．系列の終りを識別できるように，$A[n+1] = \#$ と指定しておくとする．

この問題を解くアルゴリズムの動きは単純である．まず，変数 d を用意し，それまでに読み込んだ系列に現れる 1 の個数から 0 の個数を引いた値を変数 d に入れておく．変数 d は 0 に初期設定しておく．系列の記号 $A[1]$, ..., $A[n]$ を 1 記号ずつ読み込んでいき，記号を 1 つ読み込むごとにその記号が 1 か 0 かに応じて変数 d の値を更新する．系列をすべて読み込んだかどうかは，そのときの配列の要素 $A[i]$ が $\#$

かどうかで判断し，すべて読み込んだら，$d = 0$ のときは YES を出力し，そうではないときは NO を出力すればよい．

　図 4.16 は，上に述べたアルゴリズムの動きを図として表したものである．この図は，**フローチャート**（**流れ図**ともいう）と呼ばれ，さまざまな形のボックスが向きのあるラインで結ばれている．各ボックスは，その形により役割が決まっており，処理や条件判定が実行される．アルゴリズムは各ボックスの中に書かれていることを実行しながら，ボックスの間をラインの向きに沿って動く．このアルゴリズムでは変数を2つ使っており，変数 d は読み込んだ系列に現れる 1 の個数から 0 の個数を引いた値をとり，変数 i は新しく読み込む記号を指す添え字の値をとる．フローチャートの4つのボックス A，B，C，D で実行されることは次の通りである．A で変数 d と i の初期設定を行い，B で読み込んだ記号 $A[i]$ の値が 1 か 0 かに応じて変数 d の値を更新し，変数 i の値も更新する．一般に，$x \leftarrow y$ は代入で，変数 x に変数 y の値を代入することを表す．したがって，$i \leftarrow i + 1$ の代入で変数 i の値が 1 だけ大きくなる．ひし形の C は**条件判定**を表しており，$A[i] \neq \#$ が成立するときは右側の YES のラインに沿って更新のボックス B に進み，$A[i] \neq \#$ が成立しない（$A[i] = \#$）ときは左側の NO のラインに沿って出力のボックス D に進む．出力の D では，$d = 0$（系列中の 1 の個数と 0 の個数が等しい）のときは YES を出力し，そうでないときは NO を出力する．たとえば，系列の長さが 4 のときは，その実行の流れは図 4.17 に示すようになる．　　　　　　　　　　　　　　　　　　　　　　　　　　　■

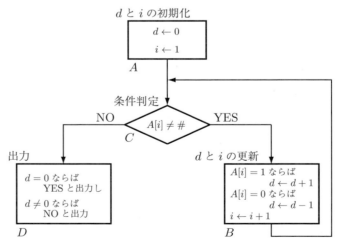

図 4.16　系列中の 1 と 0 の個数が等しいかどうかを判定するアルゴリズムのフローチャート

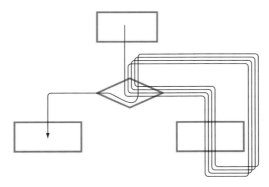

図 4.17 系列の長さが 4 のときの，図 4.16 のフローチャート上の実行の流れ

図 4.16 のフローチャートで表されるアルゴリズムを，この本では次のように記述する．

この記述の形式は，まずアルゴリズムの名前として *SameNumberoffTimes* があり，次に入力形式について書かれ，最後に**ステージ**と呼ばれる部分に分けられたアルゴリズムの本体がくる．この例の場合，3 つのステージからなり，それぞれ番号 **1**，**2**，**3** がつけられている．

アルゴリズム *SameNumberofTimes* が図 4.16 のフローチャートと同じ動作をすることを見ていこう．ステージ **1** はボックス *A* に対応し，ステージ **2** は条件判定 *C* とボックス *B* に対応し，ステージ **3** はボックス *D* に対応する．ステージ **2** の最初の行は条件判定 *C* に対応し，残りの 3 行はボックス *B* に対応することは明らかである．ここで注意したいのは，初めの行の「次を実行する」の "次" が残りの 3 行を指すのはなぜかということである．これは，各行の始まりの位置をずらす，**段下げ**（**字下げ**，indent）と呼ばれる書き方による．段下げにはレベルがあり，この例の場合は①と②の 2 つのレベルがある．ステージ **2** の初めの行はレベル①で，残りの 3 行はレベル②となっている．すると，レベル①の 1 行より，レベル②の 3 行は 1 段下のレベルとみなされ，これら 3 行はまとめて 1 つのかたまりとして扱われる．また，もしレベル②でさらに何行分かをまとめたいというときは，それらの行をレベル③としてさらに段下げすればよい．なお，このアルゴリズムの①と②のレベル表示は説明のためのもので，実際のアルゴリズムの記述では，各行の始まりの位置をレベルに応じてずらすだけで，①や②やレベルのラインは現れない．

ここで取り上げた例でこの本に出てくるアルゴリズムの記述方法がすべて説明し尽くされているわけではない．詳しいことは個々の記述で説明していく．

アルゴリズム *SameNumberofTimes*:

入力：　2 進系列 $A[1] \cdots A[n+1]$,

　　　　ただし，$A[n+1] = \#$.

1. | $d \leftarrow 0$,
   | $i \leftarrow 1$.

2. | $A[i] \neq \#$ である間，次を実行する.
   | 　| $A[i] = 1$ ならば，$d \leftarrow d+1$,
   | 　| $A[i] = 0$ ならば，$d \leftarrow d-1$,
   | 　| $i \leftarrow i+1$.

3. | $d = 0$ ならば，YES を出力し，
   | $d \neq 0$ ならば，NO を出力する.

① |

　② |

例 4.9　図 1.3 の状態遷移図では，状態 q_0, q_1, q_2 が円を描くように置かれている. 各入力は 0, 1, 2 のうちのどれかで，入力が読み込まれるたびに数字の分だけ時計回りに円を進む. したがって，入力系列により遷移を繰り返すと，入力された数の合計が 3 の倍数となるたびに，開始状態 q_0 に戻るようになっている. そこで，上に取り上げた例と同様に，入力のカード n 枚 w_1, ..., w_n を配列 A を使って，$A[1] = w_1$, ..., $A[n] = w_n$ と表す. ここに，$1 \leq i \leq n$ に対して，$A[i]$ は 0, 1 または 2 のいずれかである. また，$A[n+1] = \#$ としておく.

　図 1.3 のカード遊びの状態遷移図の判定をアルゴリズムとして記述すると次のアルゴリズム *Modular3* のようになる.

　このアルゴリズムは 4 つのステージからなり，ステージ **1** では配列 A の添え字を表す変数 i の初期設定を行い，ステージ **2**, **3**, **4** では，それぞれ図 1.3 の状態遷移図の状態 q_0, q_1, q_2 に対応する動作を実行する. また，アルゴリズム *SameNumberofTimes* では，系列に現れる 1 の個数から 0 の個数を引いた数を変数 d に記憶しておく必要があったが，この例の場合はどの状態にいるかにより受理するか，しないかが決まるので，このアルゴリズムでは d に相当する変数は必要なくなる. $A[i] = \#$ となった時点で，1 つ前の記号までの系列 $A[1] \cdots A[n]$ で入力をすべて取り込んでいる. この時点で，受理状態に相当するステージ **2** では YES を出力し，それ以外のステージでは NO を出力すればよい. ■

アルゴリズム *Modular3*:

入力： 0，1，2 の系列 $A[1] \cdots A[n+1]$,
　　　　ただし，$A[n+1] = \#$.

1. $i \leftarrow 0$.

2. $i \leftarrow i+1$,
　　$A[i] = 0$ ならば，**2** に飛ぶ，
　　$A[i] = 1$ ならば，**3** に飛ぶ，
　　$A[i] = 2$ ならば，**4** に飛ぶ，
　　$A[i] = \#$ ならば，YES を出力する．

3. $i \leftarrow i+1$,
　　$A[i] = 0$ ならば，**3** に飛ぶ，
　　$A[i] = 1$ ならば，**4** に飛ぶ，
　　$A[i] = 2$ ならば，**2** に飛ぶ，
　　$A[i] = \#$ ならば，NO を出力する．

4. $i \leftarrow i+1$,
　　$A[i] = 0$ ならば，**4** に飛ぶ，
　　$A[i] = 1$ ならば，**2** に飛ぶ，
　　$A[i] = 2$ ならば，**3** に飛ぶ，
　　$A[i] = \#$ ならば，NO を出力する．

問　　題

4.1 集合 A が n 個の要素からなるとき，冪集合 $\mathcal{P}(A)$ に属する部分集合の個数を与えよ．

4.2♦ 集合 $\{1, 2, \ldots, n\}$ を A で表すとする．f を関数 $f : A \to A$ とし，f から定まるグラフ G_f を，$f(i) = j$ となるすべての i，j に対して，点 i と点 j を結ぶ (i, j) を辺とする無向グラフと定義する．すなわち，G_f は点集合 $V = \{1, 2, \ldots, n\}$ と辺集合 $\{(i, j) \in V \times V \mid f(i) = j\}$ で定義される．$i \in \{1, 2, \ldots, n\}$ に対して，$f^k(i)$ は i に f を k 回適用した点 $f(f(\cdots f(i) \cdots))$ を表すとする．f が任意の $k \geq 1$ と任意の $i \in \{1, 2, \ldots, n\}$ に対して $f^k(i) = i$ ならば $k \geq 3$ となる関数とするとき，G_f はシンプルなサイクルをもつことを導け．

4.3 ド・モルガンの法則は命題の個数が 3 個の場合は

$$\overline{F \vee G \vee H} = \overline{F} \wedge \overline{G} \wedge \overline{H}$$

と表される．例 4.5 の説明では

　　　　「x，y，z の少なくとも 1 つは 0 以上である」の否定
　　　⇔ x，y，z はすべて 0 より小さい

という等価関係が成立するものとして話を進めた．この等価関係を上のド・モルガンの法則から導け．

4.4◆　(1)　P と Q は命題を表すものとする．$D(P)$ は命題 P が成立する要素からなる集合を表し，$D(Q)$ も同様とする．表 4.15 の $P \Rightarrow Q$ の真理値表より

$$P \Rightarrow Q \quad \Leftrightarrow \quad D(P) \subseteq D(Q)$$

となることを導け．

(2)　命題 P と Q に関するド・モルガンの法則 $\overline{P \wedge Q} = \overline{P} \vee \overline{Q}$ を図 4.11 のベン図を使って解釈せよ．

4.5◆　和夫さんが所属しているパズル研究会の部屋で雑談していると，5 人の部員全員の血液型が O 型であることがわかった．5 人の部員の血液型が一致する確率は 0 ではないので，こういうことも起り得ないわけではないと一件落着となったところでサークルの先輩が妙なことを言い出した．血液型が一致するという命題は数学的帰納法で証明できるというのだ．証明は次の通り．

「集団の人数 n に関する帰納法で証明する．$n = 1$ とすると，命題は成立する．n 人の集団まで命題は成立すると仮定（帰納法の仮定）して，$n + 1$ 人のときも成立することは，次のように導かれる．$n + 1$ 人の集団の中から 1 人を除き，n 人からなる集団 S をつくる．同様に，別の 1 人を除き n 人からなる別の集団 S' をつくる．帰納法の仮定から S も S' も同じ血液型の集団なので，それらを合わせた $S \cup S'$ も同じ血液型の $n + 1$ 人の集団となる．」

この証明が正しいとすると，この論法で全人類の血液型も一致してしまうのでどこかに誤りがある．その誤りを指摘せよ．

第 II 部

有限オートマトンと
正規表現

5講 有限オートマトンの動き

　有限オートマトンからチューリング機械までの計算モデルの核心部分にあるのが状態遷移図である．そのため状態遷移図を見るだけでその動きがイメージできるようになることがどうしても必要となる．動きが思い描けるようになるためには具体的に動きを追ってみるしかない．この講では具体的な 8 例についてその動きをたどることにする．

例 5.1　一見複雑に見える図 5.1 の状態遷移図 M_1 の動きはポイントを押さえさえすれば簡単につかむことができる．ポイントは次の 2 つである．

(1)　最初の記号が a であるか，b であるかにより，状態遷移図の上半分か下半分かに遷移する．

(2)　上半分では，最後の記号が a であるか b であるかにより，それぞれ状態 q_1 か q_2 に遷移する．一方，下半分では，最後の記号が b であるか a であるかにより，それぞれ状態 q_3 か q_4 に遷移する．

したがって，受理状態 q_2 に至る系列は最初が a で最後が b の系列，すなわち，a☐b と表される系列である．同様に，受理状態 q_4 に至る系列は b☐a と表される系列である．ここに，☐ のボックスには $\{a, b\}^*$ の任意の系列が入り，特に，ボックスに空系列 ε が入るときは，a☐b は ab となる．以上のことより，M_1 は最初の記号と最後の記号が異なる系列を受理する．　■

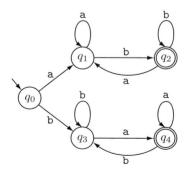

図 5.1　最初と最後の記号が異なる系列を受理する M_1

例 5.2 図5.2の状態遷移図 M_2 は，aaa を部分系列として含む系列を受理する．すなわち，□aaa□ と表される系列である．入力の系列中に最初に現れる部分系列 aaa で

$$q_0 \xrightarrow{\text{a}} q_1 \xrightarrow{\text{a}} q_2 \xrightarrow{\text{a}} q_3$$

と遷移した後，状態 q_3 にいったん到達すると，それ以降はどんな記号 a, b が入力されても状態 q_3 に留まり続ける．このような蟻地獄のような状態はこれからもたびたび現れる． ■

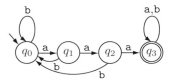

図 5.2　部分系列 aaa を含む系列を受理する M_2

例 5.3 図5.3の状態遷移図 M_3 は，図5.2の M_2 の $q_3 \xrightarrow{\text{b}} q_3$ の遷移を，$q_3 \xrightarrow{\text{b}} q_0$ の遷移で置き換えたものである．この M_3 は，aaa で終る系列を受理する．すなわち，□aaa と表される系列である． ■

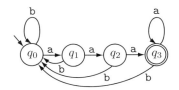

図 5.3　aaa で終る系列を受理する M_3

例 5.4 図5.4の状態遷移図 M_4 は，含まれている a の個数が奇数個であるような系列を受理する．M_4 では，開始状態 q_0 からスタートしたとして，q_1 に遷移させる系列は a が奇数個現れる系列であり，q_0 に遷移させる系列は a が偶数個現れる系列である．このような場合，「状態 q_1 は a の個数が奇数個であることを覚えており，状態 q_0 は偶数個であることを覚えている」という． ■

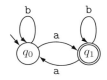

図 5.4　a が奇数個現れる系列を受理する M_4

例 5.5　図 5.5 の状態遷移図 M_5 は，図 5.4 の M_4 において遷移の枝のラベルの a と b を交換したものである．したがって，M_5 は系列に現れる b の個数が奇数個である系列を受理する．それでは，a が奇数個現れ，かつ，b も奇数個現れる系列を受理する状態遷移図はつくれるであろうか．図 5.6 の M_6 はそのような状態遷移図である．

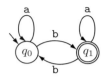

図 5.5　b が奇数個現れる系列を受理する M_5

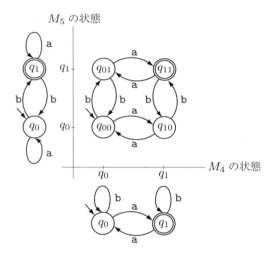

図 5.6　a と b が共に奇数個現れる系列を受理する M_6

　一見複雑に見えるこの状態遷移図 M_6 の動きはシンプルである．図 5.4 の M_4 と図 5.5 の M_5 を同じ系列で同時に動かし，両者が共に受理状態に遷移したとき，新しい状態遷移図 M_6 で受理状態に遷移するようにする．もちろん，M_4 と M_5 は共にそれぞれの開始状態から動作をスタートする．

　図 5.6 に示すように，横軸は M_4 の状態を表し，縦軸は M_5 の状態を表す．M_4 と M_5 を開始状態からスタートして同じ系列で動かす．すると，M_6 の状態は，M_4 の状態 q_i と M_5 の状態 q_j のサフィックスのペア (i, j) をサフィックスとする状態 q_{ij} と表される．この例の状態遷移図の構成法は一般化されるが，それについては第 13 講の定理 13.3 で説明する．

例 **5.6** 図 5.7 に示す状態遷移図 M_7 を取り上げる．M_7 の**受理条件**を導くため，図
5.8 に，系列 aababbab について，系列に現れる a の個数から b の個数を引いた数が
どう変化していくかをプロットしている．すなわち，x 軸には系列 aababbab を並
べ，y 軸にはこの系列のプレフィックス（最初の記号から始まる部分系列）を w' と
表すとき，$N_a(w') - N_b(w')$ をとっている．ここで，$N_a(w')$ は系列 w' に現れる a
の個数を表す．$N_b(w')$ も同様に b の個数を表す．なお，プレフィックスは次のよう
に定義される．長さ n の系列 $w_1 w_2 \cdots w_n$ の**プレフィックス**とは $w_1 w_2 \cdots w_m$ と表
される系列である．ここに，$0 \leq m \leq n$．図 5.8 の折れ線を参照しながら，M_7 の動
きをたどると，系列の受理条件がはっきりしてくる．すなわち，「(1) 折れ線が $y = 0$
と $y = 2$ の 2 つの直線にはさまれる領域に留まり，かつ，(2) $y = 0$ の直線の上で終
る」ことが受理条件となる．この受理条件は次のようにまとめることができる．系
列 w の任意のプレフィックス w' に対して

$$0 \leq N_a(w') - N_b(w') \leq 2 \tag{1}$$

かつ

$$N_a(w) = N_b(w). \tag{2}$$

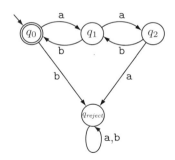

図 5.7　受理条件が系列中の a の出現個数と b の出現個数の差で表される M_7

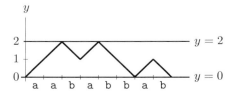

図 5.8　aababbab のプレフィックス w' に対して $N_a(w') - N_b(w')$ をプロットした折れ線

　ところで，図 5.7 の状態 q_0，q_1，q_2 からなる部分は，図 5.9 の M_8 の一部分を切り取ったものと捉えるとわかりやすい．M_8 は，どの状態においても記号 a で右隣りの状態に遷移し，記号 b で左隣りの状態に遷移する．したがって，状態 q_0 からスタートして系列 w を入力したときの遷移先の状態 q_i のサフィックス i は，w の a の個数から b の個数を引いた数 $N_a(w) - N_b(w)$ を示している．

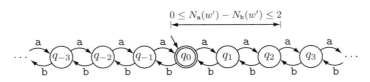

$$0 \le N_a(w') - N_b(w') \le 2$$

図 5.9　a の個数と b の個数が等しい系列を受理する無限個の状態からなる M_8

　このように，M_8 の動きがイメージできると，この例の M_7 の動きははっきりする．すなわち，M_7 は，M_8 において状態 q_0，q_1，q_2 からなる範囲に留まっていて（上の (1) が成立し），最後に状態 q_0 に遷移すれば（(2) が成立し）受理し，この範囲を飛び出すと蟻地獄に相当する q_{reject} に遷移し，抜け出せなくなると解釈される．

　ところで，M_8 は a の個数と b の個数が等しい系列（すなわち，(2) を満たす系列 w）を受理する．直感的には，a と b の個数が等しい系列を受理するためには，この M_8 のようにどうしても状態が無限個必要となり，有限個の状態からなる状態遷移図では受理できないように感じられる．この直感が正しいことは，第 12 講で説明される．　　　　　　　　　　　　　　　　　　　　　　　　　　　　　　　■

例 5.7　図 5.10 の状態遷移図 M_9 を取り上げる．M_9 は部分系列として aaa を含まない系列を受理することは，さまざまな系列についてその動きをたどることによりわかる．一方，このことは，部分系列 aaa を含む系列を受理する図 5.2 の M_2 の受理状態と非受理状態を入れ換えたものが M_9 となっていることからもわかる．　　■

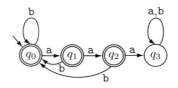

図 5.10　部分系列 aaa を含まない系列を受理する M_9

例 5.8　図5.11の状態遷移図 M_{10} は {a, aab, abb, ba, baa, bba} の系列を受理する。このようにすれば，どのような系列の集合であろうと，それが有限個の系列からなるものであれば，それらの系列を受理する状態遷移図が M_{10} と同じようにつくれる。状態 q_0 からスタートして受理したい系列で遷移する先を受理状態と指定すればよいからである。　■

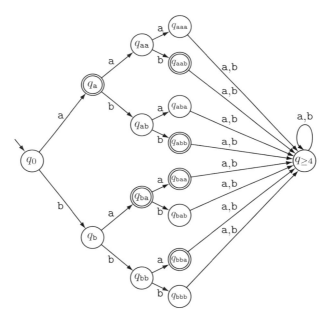

図 5.11　{a, aab, abb, ba, baa, bba} を受理する M_{10}

問　　題

5.1　次の (a) から (g) の状態遷移図で受理される系列を日本語で説明せよ。ただし，いずれの場合もアルファベットは状態遷移図に現れる記号からなるとする。また，状態を表す記号は省略している（以降でも同様に省略することがある）。

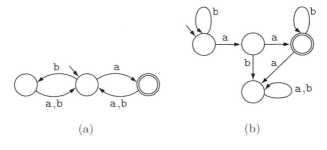

(a)　　　　　　　　　　　(b)

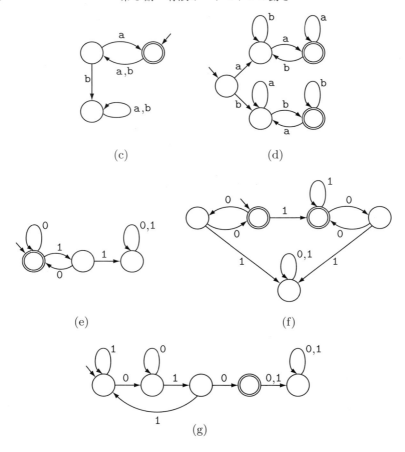

(c)　　　　　　　　　　　　　(d)

(e)　　　　　　　　　　　　　(f)

(g)

5.2 次の状態遷移図で受理される系列を日本語で説明せよ.

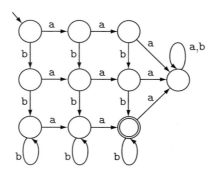

5.3♦ アルファベットを $\{0,1,2,\ldots,9\}$ とする. 長さ n の系列 $a_0a_1\cdots a_{n-1} \in \{0,1,2,\ldots,9\}^*$ を n 桁の 10 進数とみなしたとき, この系列が次の状態遷移図で受理される条件を日本語で説明せよ.（ヒント. $a_0 + a_1 + \cdots + a_{n-1}$ に関する条件に注目せよ.）

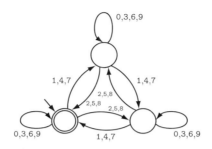

5.4♦ 系列 0100110101111000 には長さ 4 の 2 進系列がすべて 1 回ずつ現れる. ただし, 系列の最後と最初は隣接していると解釈する. このような系列を 4 次のデ・ブルーイン系列と呼ぶ. 次の状態遷移図（4 次のデ・ブルーイングラフ（De Bruijn graph）と呼ばれる）を用いて, 系列が 4 次のデ・ブルーイン系列となる条件を与えよ. ただし, この状態遷移図には開始状態と受理状態は指定されていない.

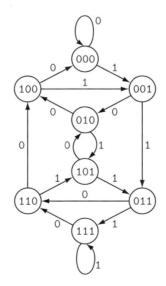

5.5 次の状態遷移図が受理する系列を日本語で説明せよ.

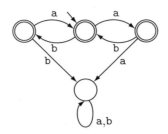

5.6♦♦ アルファベットを {a, b, c} とする. 次の状態遷移図を M とし, その状態集合を Q とする. この M の受理状態の指定を変更して, 状態遷移図 M_q を次のように定義する. すなわち, M_q の受理状態として M の 1 つの状態 $q \in Q$ を指定し, M_q の開始状態や状態遷移は M と同じとする.

   (1)　M の 6 個の状態 $q \in Q$ に対して, 状態遷移図 M_q が受理する系列を日本語で表せ.

   (2)　状態遷移図 M が受理する系列を日本語で表せ.

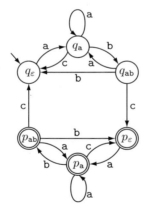

6講　**有限オートマトンの設計**

　第5講では，状態遷移図からそれが受理する系列が満たす条件を導いた．この講では，その逆の問題を解く．すなわち，受理させたい系列の条件が受理条件として与えられたとき，その受理条件から状態遷移図を導く．

　受理条件とその条件を満たす系列を受理する状態遷移図の間のギャップは少なくない．そのため，受理条件から状態遷移図を導くためには，このギャップを乗り越える思いつきが求められる．そこで，この状態遷移図を着想するための拠り所として，第1講の例1.2のカードゲーム（図1.2）を取り上げ，**有限オートマトンのカードモデル**と呼ばれたものを考えることにする．このカードモデルを構成するのは，次の(1)と(2)である．

(1)　入力される系列は，各カードに1記号ずつ書き込まれて束にして裏返しに積み重ねられており，束から1枚ずつカードをめくり，カードの記号を見た後，捨てるということを繰り返して読み進む．

(2)　書き換えができるメモ用紙が使えるようになっていて，メモ用紙に書かれている内容とめくったカードの記号から，その記号までの系列の受理/非受理の判定をした後，メモ用紙の内容を書き換える．ただし，メモ用紙の大きさは決まっているので，書き込める内容は有限と限定される．

　有限オートマトンの設計で重要なことは設計の方針である．カードやメモ用紙などのなじみのものを用いて，実際に受理/非受理の判定を下す立場になったつもりになると，設計方針を思い描きやすい．設計方針さえ決まれば，これから状態遷移図をつくるのは機械的な作業となる．

例 6.1　アルファベットを $\Sigma = \{a, b, c\}$ とする．受理条件を「系列には3つの記号 a，b，c がいずれも奇数回現れる」として，状態遷移図を求める問題を取り上げる．この問題を解く前に，問題を少し複雑にしたものを考えてみよう．アルファベットを $\{a, b, c\}$ から $\{a, b, \ldots, z\}$ の26文字に変更するのである．いずれの記号も奇数回現れるという受理条件はそのままとする．この受理条件のもとで間違いなく判定するためには，系列に各記号が現れる回数のパリティ（偶数か奇数かということ）を記録

せざるを得ないということがわかるのではないだろうか. このことに気づけば, 偶数を 0 で, 奇数を 1 で表すことにし, 26 記号分のパリティをメモ用紙に $x_1 x_2 \cdots x_{26}$ と記録することになる.

ここで, アルファベットを $\Sigma = \{\mathsf{a}, \mathsf{b}, \mathsf{c}\}$ に戻し, $x_1 x_2 x_3$ を状態 $q_{x_1 x_2 x_3}$ に対応させる. 開始状態は q_{000} として, 受理状態は q_{111} とする. たとえば, 系列 baaca を受理するまでの状態遷移は

$$q_{000} \xrightarrow{\mathsf{b}} q_{010} \xrightarrow{\mathsf{a}} q_{110} \xrightarrow{\mathsf{a}} q_{010} \xrightarrow{\mathsf{c}} q_{011} \xrightarrow{\mathsf{a}} q_{111}$$

となる. 図 6.1 にこの受理条件を判定する状態遷移図を与える.　　　　■

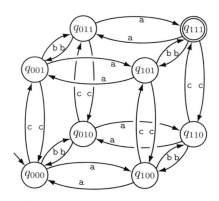

図 6.1　a, b, c の個数がすべて奇数であるような系列を受理する状態遷移図

例 6.2　アルファベットを $\Sigma = \{\mathsf{a}, \mathsf{b}\}$ とする. 受理条件「系列に a が 3 回以上現れる」を判定する状態遷移図を求める. この場合は, 系列に現れる "a" の個数を数えなければならない. したがって, $i = 0, 1, 2, 3$ に対して C_i は「系列に "a" が i 回現れる」を意味するとして, メモ用紙には C_0, C_1, C_2, C_3 のいずれかを書き込み, いったん C_3 になったら, それ以降は C_3 のままで受理し続ければよい (したがって, 正しくは, C_3 は「"a" が 3 回以上現れる」を表す). C_i を状態 q_i に対応させれば, 図 6.2 の状態遷移図が導かれる.　　　　■

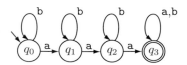

図 6.2　a が 3 回以上現れる系列を受理する状態遷移図

例 **6.3** アルファベットを $\Sigma = \{a, b\}$ とする．受理条件「系列は部分系列として aaa または bbb を含む」を判定する状態遷移図を導く．この受理条件の場合，入力系列に aaa も bbb も現れていない時点では，aaa か bbb が完成するまでの過程をたどることになる．そこで，メモ用紙に書き込む内容を次の6種類とする．

$$s, \quad a, \quad aa, \quad b, \quad bb, \quad f$$

f は，aaa か bbb が入力の系列に既に現れていることを意味し，残りの5つの時点ではまだ現れていないことを意味する．この5つについては，s はまだ記号が入力されていない最初の時点であることを意味する．残りの a, aa, b, bb は同じような条件であるので，aa について説明する．この aa は，ちょうど aa まで読まれた時点，ということを意味し，正確に言うと，入力の系列全体が，aa と表されるか，□baa と表される（しかも，aaa も bbb も含まない）ことを表す．6種類のメモ用紙の内容を w と表すとき，これを状態 q_w に対応させる．すると，aababbb が受理されるまでの状態遷移は次のようになる．

$$q_s \xrightarrow{a} q_a \xrightarrow{a} q_{aa} \xrightarrow{b} q_b \xrightarrow{a} q_a \xrightarrow{b} q_b \xrightarrow{b} q_{bb} \xrightarrow{b} q_f$$

図 6.3 に求める状態遷移図を与えるとともに，上の状態遷移の流れも書き込んでおく．　■

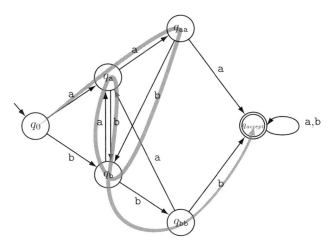

図 6.3　部分系列として aaa または bbb を含む系列を受理する状態遷移と aababbb を受理する状態遷移の流れ

6.1 アルファベットを $\{0, 1\}$ とする．次の (a) から (f) の系列をそれぞれ受理する状態遷移図を与えよ．

(a)　01 で終る系列

(b)　長さが 3 以上の系列

(c)　0 で始まる長さが奇数の系列と 1 で始まる長さが偶数の系列

(d)　奇数番目は常に 1 の系列

(e)　1 がちょうど 4 個現れる系列

(f)　部分系列として 00 か，または，11 を含む系列

6.2 アルファベットを $\{a, b\}$ として，abab を部分系列として含む系列を受理する状態遷移図を与えよ．

6.3 abab を部分系列として含まない系列を受理する状態遷移図を与えよ．

6.4♦♦ アルファベットを $\{0, 1\}$ とする．入力の系列の，長さが 3 の任意の部分系列中の 1 の個数が 2 以上の系列を受理する状態遷移図を与えよ．この条件は，「w が長さが 3 の部分系列 (P) であれば，w に現れる "1" の個数は 2 以上 (Q)」と解釈すると，$P \Rightarrow Q$ と表される．そのため，この条件は，P が偽のときは自動的に成立することに注意（表 4.15 参照）．したがって，入力の系列の長さが 3 未満のとき，この条件は成立する．（ヒント．長さ 2 の部分系列の内容，10，01，11，00 を状態とみなし，これに適当に状態を追加して状態遷移図を構成せよ．）

6.5 アルファベットを $\{a, b, c\}$ とする．隣接する記号が同じとなることはないような系列を受理する状態遷移図を与えよ．

6.6♦♦ 5 で割り切れる 2 進系列を受理する状態遷移図を与えよ．ただし，入力の 2 進系列は左右逆転して，上位の桁から入力されるものとする．（ヒント．5 で割った余りが i の状態を q_i と表し，状態 q_0, q_1, ..., q_4 からなる状態遷移図を構成せよ．）

7講 有限オートマトンの定義

これまでは有限オートマトンを直感的にわかりやすい状態遷移図として表してきた．しかし，有限オートマトンを表すのは状態遷移図だけではない．形式的定義と呼ばれる書式に従って定義することもできる．どちらの定義を用いるかは，扱う問題によって決めればよい．

7.1 有限オートマトンの形式的定義

たとえば入学願書を例にとると，記入すべき項目が並んだ様式が決められていて，各項目に指定された内容を記入すれば願書が完成するようになっている．有限オートマトンの**形式的定義**もこれと同じように，記入すべき項目が決められているもので，指定された内容を書き込めば，1つの有限オートマトンが指定される．

次に，有限オートマトンの形式的定義を与える．

定義 7.1 有限オートマトン（次の講で説明するように正確には**決定性有限オートマトン**と呼ばれる）とは5項組 $(Q, \Sigma, \delta, q_0, F)$ である．ここで，

- (1) Q は状態の有限集合，
- (2) Σ は有限のアルファベット，
- (3) $\delta : Q \times \Sigma \to Q$ は状態遷移関数，
- (4) $q_0 \in Q$ は開始状態，
- (5) $F \subseteq Q$ は受理状態の集合

である．入力の記号の集合のことをアルファベット（あるいは，入力アルファベット）と呼ぶ．なお，状態遷移関数は単に遷移関数と呼ぶこともある． ■

有限オートマトンの "有限" は，状態の個数が有限であることを意味する．たとえば，第5講の例5.6で取り上げた無限の状態をもつ M_8 は有限オートマトンではない．

上で形式的定義を書類の様式にたとえたが，有限オートマトンの形式的定義には5つの項目があり，その5項目として書き入れる内容を仮に $Q, \Sigma, \delta, q_0, F$ と表している．(4) では，開始状態として Q の状態の1つを指定するように指示されており，

(5) では，受理状態のセットとして Q の部分集合 F を指定するように指示されている．Q の状態すべてを受理状態として指定（$F = Q$）してもいいし，どの状態も受理状態とはしない（$F = \emptyset$）ことも許される．しかし，これでは有限オートマトンが意味のある受理/非受理の判定をすることはないので，普通このように指定されることはない．

定義 7.1 の他の項目については，次に有限オートマトンの具体例を挙げて説明する．

例 7.2 図 7.1 の状態遷移図として表される有限オートマトン M_1 を定義 7.1 の形式的定義に基づいて定義する．(1) から (5) の項目は次のように指定される．

(1)　状態の有限集合 Q は $\{q_0, q_1\}$，

(2)　有限アルファベット Σ は $\{0, 1\}$，

(3)　状態遷移関数 $\delta : Q \times \Sigma \to Q$ は表 7.2 で表される関数である．この表のように状態遷移関数を表として表したものを**状態遷移表**と呼ぶ．

(4)　開始状態は $q_0 \in Q$，

(5)　受理状態の集合 $F \subseteq Q$ は $\{q_1\}$．

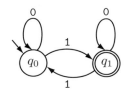

図 7.1　状態遷移図 M_1

表 7.2　M_1 の状態遷移関数 δ を表す状態遷移表

状態 q	入力 u	$\delta(q, u)$
q_0	0	q_0
q_0	1	q_1
q_1	0	q_1
q_1	1	q_0

7.2　受理の定義

　この節では，形式的定義として定義された有限オートマトンが受理する系列や言語を定義する．

　状態遷移図の場合の状態遷移と形式的定義の場合の状態遷移は，次の等価な条件で関連づけられる．

$$q \xrightarrow{u} q' \quad \Leftrightarrow \quad \delta(q, u) = q'$$

　次に，この等価な関係を踏まえた上で，状態遷移図と有限オートマトンについて系列の受理を定義する．

　状態遷移図 M が長さが n の系列 $w_1 w_2 \cdots w_n$ を受理するのは，状態 p_0, p_1, ..., p_n が存在して

- (1)　p_0 は開始状態，
- (2)　$p_0 \xrightarrow{w_1} p_1 \xrightarrow{w_2} \cdots \xrightarrow{w_n} p_n$,
- (3)　p_n は受理状態

の 3 つの条件を満たすときである．同様に，有限オートマトン M が形式的定義で与えられたとき，$M = (Q, \Sigma, \delta, q_0, F)$ が系列 $w_1 w_2 \cdots w_n$ を受理するのは，$p_0, p_1, \ldots, p_n \in Q$ が存在して

- (1)′　$p_0 = q_0$,
- (2)′　$\delta(p_0, w_1) = p_1$, $\delta(p_1, w_2) = p_2$, ..., $\delta(p_{n-1}, w_n) = p_n$,
- (3)′　$p_n \in F$

の 3 つの条件を満たすときである．

　次に，$q \xrightarrow{u} q'$ や $\delta(q, u) = q'$ の $u \in \Sigma$ を長さ n の系列 $w = w_1 w_2 \cdots w_n$ に一般化する．状態遷移図の場合は

$$p_0 \xrightarrow{w} p_n \quad \Leftrightarrow \quad p_0 \xrightarrow{w_1} p_1 \xrightarrow{w_2} p_2 \xrightarrow{w_3} \cdots \xrightarrow{w_n} p_n$$

と定義し，状態遷移関数の場合は，一般化した状態遷移関数 δ' を

$$\delta'(p_0, w_1 w_2 \cdots w_n) = p_n \quad \Leftrightarrow \quad \left(\begin{array}{l} p_1, \ldots, p_{n-1} \in Q \text{ が存在して} \\ \delta(p_0, w_1) = p_1, \ \delta(p_1, w_2) = p_2, \\ \ldots, \ \delta(p_{n-1}, w_n) = p_n \end{array} \right)$$

と定義する．また，$w = w_1 \cdots w_n$ の長さが 0 のときは，任意の $q \in Q$ に対して

$$q \xrightarrow{\varepsilon} q,$$
$$\delta'(q, \varepsilon) = \varepsilon$$

と定義する.

　状態遷移関数 δ を一般化した関数は, δ とは異なる関数であることをはっきりさせるために, ここでは δ' と表している. この定義では, 状態 p_0 にある M に長さ n の系列 $w_1 w_2 \cdots w_n$ を入力したときの遷移先 $\delta'(p_0, w_1 w_2 \cdots w_n)$ を, 入力の記号 w_1, w_2, ..., w_n で δ を n 回繰り返し適用したときの遷移先と定義している. したがって, 系列の長さ n が 1 のときは, $\delta'(p_0, w_1)$ は $\delta(p_0, w_1)$ と同じ状態と定義される. このように, $\delta(q, w)$ と $\delta'(q, w)$ の関係が, $\delta(q, w)$ が定義されている q と w に対して $\delta(q, w) = \delta'(q, w)$ となり, $\delta(q, w)$ が定義されていない q と w に対して $\delta'(q, w)$ の値が, 新たに指定されている場合, δ' を δ の**拡張**と呼ぶ. この拡張された関数 δ' を用いると, $M = (Q, \Sigma, \delta, q_0, F)$ が系列 w を受理する条件は

$$M \text{ が } w \text{ を受理する} \quad \Leftrightarrow \quad \delta'(q_0, w) \in F$$

と表すことができる. このように $\delta' : Q \times \Sigma^* \to Q$ を定義した上で, δ' を元の δ と同じ記号で表すことにする. δ が, $Q \times \Sigma \to Q$ を表すのか, $Q \times \Sigma^* \to Q$ を表すのかは, 前後の文脈からわかるようにする. 明らかに, 任意の $w \in \Sigma^*$ と任意の q, $q' \in Q$ に対して

$$q \xrightarrow{w} q' \quad \Leftrightarrow \quad \delta(q, w) = q'$$

が成立する.

　有限オートマトンが受理する系列を定義したが, この定義に基づいて, 有限オートマトン $M = (Q, \Sigma, \delta, q_0, F)$ が**受理する言語**を $L(M)$ と表し, 次のように定義する.

$$L(M) = \{ w \in \Sigma^* \mid \delta(q_0, w) \in F \}$$

すなわち, M が**受理するすべての系列**からなる言語が, M が受理する言語である. 有限オートマトンが受理するのは系列なのか言語なのかは区別する必要があるが, どちらの場合も同じ "受理" という用語を用いるので, どちらであるかは前後の文脈からわかるようにする.

　ここで, 系列の受理と言語の受理の視点の違いについて注意しておきたい. 有限オートマトン M が正しく定義されているのであれば, M がどの言語も受理しないということはなくなる. たとえば, 系列という視点では M はどの系列も受理しない

としても，言語という視点に立つと M は空集合 $\emptyset$ を受理することになる．なぜならば，M が受理する言語 $L(M)$ は，M が受理する系列をすべて集めた集合と定義されているので，集めるべき系列がない場合は，その集合は空集合となるからである．このように話のつじつまは合っているのであるが，釈然としないところが残るかもしれない．理論特有の言い回しと割り切ってほしい．

これまで説明してきたように，有限オートマトンは，状態遷移図で表すこともできるし，形式的定義で指定することもできる．また，状態遷移関数も数学的に定義された関数と捉えるのではなく，状態遷移表として具体的に表すこともできる．同じ有限オートマトンを表すものであっても，何を議論するのかに応じて最もよい表し方を選べばよい．図 7.1 の状態遷移図と表 7.2 の状態遷移表を比べると，動作のわかりやすさという観点からは状態遷移図の方がわかりやすい．しかし，一方で，第 9 講で説明する非決定性有限オートマトンから決定性有限オートマトンへの等価変換を実行するには，状態遷移表の方が扱いやすい．また，たとえば，有限オートマトン $M = (Q, \Sigma, \delta, q_0, F)$ の受理状態と非受理状態を逆転させた有限オートマトン M' の表現としては，

$$M' = (Q, \Sigma, \delta, q_0, Q - F)$$

はすっきりしている．このように本質的には同じものを表している場合でも，議論をスムーズに進めるためには何がベストかの視点は常にもっていてほしい．

問　　題

7.1 (1) 図 5.1 の状態遷移図で与えられる有限オートマトンの形式的定義を与えよ．ただし，状態遷移関数は表として表せ．

(2) (1) で求めた有限オートマトンを $M = (Q, \Sigma, \delta, q_0, F)$ と表すことにするとき，有限オートマトン $M' = (Q, \Sigma, \delta, q_0, Q - F)$ が受理する系列を日本語で表せ．

8講 非決定性有限オートマトンの定義

一般に，計算モデルには次の動作が一意に決まる決定性モデルと一意に決まるとは限らない非決定性モデルとがある．この講では，非決定性有限オートマトンの動きを例を用いて説明した後，その形式的定義を与える．

8.1 非決定性有限オートマトンの形式的定義

非決定性有限オートマトンの形式的定義に進む前に，例によりイメージをつかんでもらう．

例 8.1 アルファベットを $\Sigma = \{0, 1\}$ とする．系列を指定するのに，部分系列として 100 を含む系列という代りに，□100□ と表される系列という方がわかりやすい．ここで，ボックスには任意の系列が入ってよいとする．このような系列を受理する非決定性有限オートマトンは，図 8.1 の状態遷移図 N_1 として表される．上の □100□ と N_1 との関係は明らかであろう．2 つのボックスはそれぞれ状態 q_0 と q_3 の自己ループに対応し，中央の 100 は $q_0 \xrightarrow{1} q_1 \xrightarrow{0} q_2 \xrightarrow{0} q_3$ に対応する．図 8.1 の状態遷移図の自己ループ $q_0 \xrightarrow{0,1} q_0$ の枝は，$q_0 \xrightarrow{0} q_0$ と $q_0 \xrightarrow{1} q_0$ をまとめて表したもので，$q_3 \xrightarrow{0,1} q_3$ についても同様である．この省略の記法は，さまざまな計算モデルで状態遷移図を描く際に用いることにする．

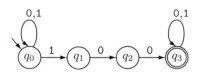

図 8.1 100 を部分系列として含む系列を受理する非決定性の状態遷移図 N_1

この N_1 は，各状態から 0 と 1 の枝がそれぞれ 1 本ずつ出ているという条件を満たしていないので，決定性有限オートマトンではない．状態 q_0 から入力 1 で $q_0 \xrightarrow{1} q_0$ と $q_0 \xrightarrow{1} q_1$ の遷移の枝で状態 q_0 にも q_1 にも遷移できるし，また，状態 q_1 と q_2 からはラベルが 1 の枝は出ていない．たとえば，入力の系列が

ポジション： 1 2 3 4 5 6 7 8 9 10 11 12

系列： 0 1 1 0 0 1 0 1 0 0 0 1

の場合，$q_0 \xrightarrow{1} q_1 \xrightarrow{0} q_2 \xrightarrow{0} q_3$ の遷移をポジション 3 や 8 でスタートすると，受理状態に遷移するが，それ以外のポジションからスタートすると，受理状態に至る状態遷移にはならない．非決定性有限オートマトンでは，$q_0 \xrightarrow{1} q_0$ と $q_0 \xrightarrow{1} q_1$ のように次の遷移が一意ではないとき，どの遷移を選択するかという問題が生じる．非決定性有限オートマトンが系列を受理するのは，このような選択肢をすべてうまく選ぶと受理状態に至る遷移が存在するときと定義し，受理しないのは，どのように選んでも受理状態に至る遷移が存在しないときと定義する． ■

例 8.2 図 8.2 で与えられる非決定性の状態遷移図 N_2 を取り上げる．この N_2 は，記号 0 と 1 と 2 がこの順番で現れる系列を受理する．ここで，各記号は 0 個を含む任意の個数現れてよいとする．たとえば，001222, 011, 00022, 222 はいずれも受理される．系列 001222 は $0^2 1^1 2^3$ と表し，00022 は $0^3 1^0 2^2$ と表すというように，肩の数字で繰り返し現れる回数を表すとする．すると，N_2 で受理される系列は，一般に，$0^i 1^j 2^k$ と表される．ここに，$i \geq 0$, $j \geq 0$, $k \geq 0$. たとえば，001222 は

$$q_0 \xrightarrow{0} q_0 \xrightarrow{0} q_0 \xrightarrow{\varepsilon} q_1 \xrightarrow{1} q_1 \xrightarrow{\varepsilon} q_2 \xrightarrow{2} q_2 \xrightarrow{2} q_2 \xrightarrow{2} q_2$$

の遷移により受理される．この一連の状態遷移で通る枝につけられたラベルの系列は $00\varepsilon1\varepsilon222$ となるが，これは系列 001222 を表す．空系列 ε は入力の系列に現れることはない．ただ 1 つの例外は，入力の系列の長さが 0 のときで，この場合は ε と表される．N_2 は，空系列 ε（$0^0 1^0 2^0$ と表される）を $q_0 \xrightarrow{\varepsilon} q_1 \xrightarrow{\varepsilon} q_2$ の遷移で受理する． ■

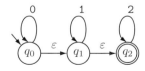

図 8.2 $0^i 1^j 2^k$ と表される系列を受理する非決定性の状態遷移図 N_2.
ここに，$i \geq 0$, $j \geq 0$, $k \geq 0$.

$q_0 \xrightarrow{\varepsilon} q_1$ や $q_1 \xrightarrow{\varepsilon} q_2$ のようにラベルが ε の枝に沿った状態遷移を **ε 遷移**と呼ぶ．一般に，非決定性有限オートマトンに $q \xrightarrow{a} q'$ と $q \xrightarrow{\varepsilon} q''$ の遷移が存在するとき，入力の記号 a を読み込んで状態 q' へ遷移するか，記号を読み込むことなしに状態 q''

へ遷移するかを非決定的に選択できる．このように ε 遷移は入力記号の読み込みなしの遷移で，瞬間移動のイメージの状態遷移である．

　これまで説明してきたように，非決定性有限オートマトンの動作が非決定的になる要因には次の 2 つのタイプがある．

タイプ 1：　状態から同じ記号のラベルの枝が複数本出ているときは，それらのうちのどの枝に沿った遷移も許される．

タイプ 2：　状態から ε のラベルの枝と入力記号のラベルの枝とが出ているときは，記号を入力することなしに，ε のラベルの枝に沿って遷移することも，記号のラベルの枝に沿って遷移することも許される．

　次に非決定性有限オートマトンの形式的定義を与える．

定義 8.3　**非決定性有限オートマトン**とは 5 項組 $(Q, \Sigma, \delta, q_0, F)$ である．ここに，

(1)　Q は状態の有限集合，

(2)　Σ は有限のアルファベット，

(3)　$\delta : Q \times \Sigma_\varepsilon \to \mathcal{P}(Q)$ は状態遷移関数，

(4)　$q_0 \in Q$ は開始状態，

(5)　$F \subseteq Q$ は受理状態の集合

である．ここで，

$$\Sigma_\varepsilon = \Sigma \cup \{\varepsilon\}$$

とする．この記法 Σ_ε はこれ以降も用いる．　　　　　　　　　　　　■

　この定義を定義 7.1 の決定性有限オートマトンの定義と比べてもらいたい．2 つの定義で違っているのは (3) の項目だけで，残りの 4 項目は決定性有限オートマトンの場合と同じである．(3) の項目では，決定性の場合の $\delta : Q \times \Sigma \to Q$ が $\delta : Q \times \Sigma_\varepsilon \to \mathcal{P}(Q)$ に変わっている．Σ の代りに Σ_ε とするのは，非決定性有限オートマトンでは，状態遷移の枝のラベルとしてアルファベット Σ の記号だけでなく，空系列 ε も用いられるからである．また，$\mathcal{P}(Q)$ は Q の冪集合で，Q のすべての部分集合からなる集合である．たとえば，状態 q で $u \in \Sigma_\varepsilon$ による遷移先が $\{p_1, \ldots, p_m\}$ の m 個の状態であった場合，非決定性有限オートマトンの状態遷移関数 $\delta : Q \times \Sigma_\varepsilon \to \mathcal{P}(Q)$ は，$\delta(q, u) = \{p_1, \ldots, p_m\}$ と指定される．δ がこのように指定されるとき，状態遷移図では状態 q から状態 p_1, ..., p_m に向かうラベルが u の枝を張って表す．したがって，非決定性有限オートマトンの場合，

$$q \xrightarrow{u} q' \quad \Leftrightarrow \quad q' \in \delta(q, u)$$

が成立する．ここに，$u \in \Sigma_\varepsilon$．この等価関係は決定性有限オートマトンの場合の

$$q \xrightarrow{u} q' \quad \Leftrightarrow \quad \delta(q, u) = q'$$

に対応する．また，非決定性有限オートマトンの場合，上の等価関係より

$$\text{状態 } q \text{ から } u \text{ のラベルの枝は出ていない} \quad \Leftrightarrow \quad \delta(q, u) = \emptyset$$

となる．

　このように，非決定性有限オートマトンでは，$\delta(q, u) = \{p_1, \ldots, p_m\} \subseteq Q$ となるため，状態 q から入力の記号 u による遷移がないこと（$m = 0$）も，遷移が一意に決まること（$m = 1$）も，2 つ以上の遷移先がある（$m \geq 2$）ことも，状態遷移関数をそれぞれに応じて指定することにより表すことができる．

　上に説明したように，$q \xrightarrow{u} q' \Leftrightarrow q' \in \delta(q, u)$ の関係により，状態遷移関数 δ に基づいて対応する状態遷移図をつくることができる．開始状態や受理状態については，決定性有限オートマトンの場合と同様に矢印や二重丸で表す．したがって，非決定性有限オートマトンは，形式的定義によっても，状態遷移図を用いても指定することができる．

　非決定性有限オートマトンと決定性有限オートマトンの用語の使い方で注意してもらいたいのは，決定性有限オートマトンは自動的に非決定性有限オートマトンであり，したがって，非決定性有限オートマトンの全体（クラス）は決定性有限オートマトンの全体（クラス）を含んでいるということである．これは，定義より，次の動作が，決定性有限オートマトンでは "一意に決まらなければならない" のに対し，非決定性有限オートマトンでは "一意に決まらなくてもよい（したがって，一意に決まってもよい）" としているからである．

　これまでは有限オートマトンは決定性であることを前提としていたため，定義 7.1 では単に有限オートマトンと呼び，決定性有限オートマトンはカッコ書きで表しただけである．これからは，はっきりさせる必要のある場合は，"決定性" や "非決定性" をつけて呼ぶこととする．また，**決定性有限オートマトン**（Deterministic Finite Automaton）のことを **DFA** と略記し，**非決定性有限オートマトン**（Nondeterministic Finite Automaton）のことを **NFA** と略記することもある．

8.2　受理の定義

定義 8.3 の形式的定義により非決定性有限オートマトン N が与えられているとして，N が受理する系列と言語を定義する．

非決定性有限オートマトン $N = (Q, \Sigma, \delta, q_0, F)$ が系列 $w \in \Sigma^*$ を受理するとは，$p_0, p_1, \ldots, p_m \in Q$ と $w = y_1 y_2 \cdots y_m$ となる $y_1, y_2, \ldots, y_m \in \Sigma_\varepsilon$ が存在して次の 3 つの条件

(1)　$p_0 = q_0$,

(2)　$i = 0, 1, \ldots, m-1$ に対して，$p_{i+1} \in \delta(p_i, y_{i+1})$,

(3)　$p_m \in F$

を満たすことである．ここで，$w = w_1 \cdots w_n$ の記号の間に適当に空系列 ε を $m-n$ 個挿入したものが，$y_1 y_2 \cdots y_m$ となっている．

この定義は少しわかりにくいので，説明を補足しよう．この定義の 3 つの条件により，系列 $y_1 y_2 \cdots y_m$ による状態遷移 p_0, p_1, $\ldots$, p_m の各状態は遷移先として許される状態の集合に含まれていて（(2) の条件），状態遷移は開始状態で始まり（(1) の条件），受理状態で終る（(3) の条件）．図 8.3 はこのうちの (2) の条件を説明している．状態の系列 p_0, $\ldots$, p_m は状態遷移図のパスとなる．系列 $w_1 \cdots w_n$ が受理されないのは，どのように p_0, $\ldots$, p_m と y_1, $\ldots$, y_m を選んでも（どのような m とどのようなパスを選んでも）(1), (2), (3) の条件を満たすことができないときである．

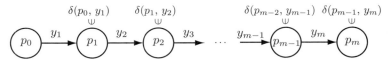

図 8.3　受理の条件 (2)

$w = w_1 w_2 \cdots w_n \in \Sigma^*$ と $y_1 y_2 \cdots y_m \in \Sigma_\varepsilon^*$ との関係は，y_1, y_2, $\ldots$, y_m に現れる ε を取り除くと $w_1 w_2 \cdots w_n$ となるという関係である（$n \geq 0$ とする）．したがって，$m-n$ は y_1, y_2, $\ldots$, y_m に現れる ε の個数となる．特に，$n = 0$ で w が空系列の場合は，y_1, y_2, $\ldots$, y_m はすべて空系列となる．状態の系列 p_0, p_1, $\ldots$, p_m は状態遷移図でパスを形成しているが，このパスは系列 $y_1 y_2 \cdots y_m$ を**つづる**（綴る）という．すなわち，パスはパス上の枝のラベルをつないだものをつづる．この場合，$y_1 y_2 \cdots y_m$ は $w_1 w_2 \cdots w_n$ を表すので，このパスは $w_1 w_2 \cdots w_n$ をつづるともいう．

上に述べたパスとラベルの系列と入力の系列の関係は重要なので，次の例でしっかり押さえておいてほしい．

例 8.4 図 8.4 の状態遷移図 N_3 は「$i \geq 1$ かつ $j \geq 1$」または「$j \geq 1$ かつ $k \geq 1$」であるような系列 $0^i 1^j 2^k$ を受理する. 系列 012 はこれら 2 つの条件を満たすが, 次の 2 通りのパスがこの系列 012 をつづる.

$$q_0 \quad q_1 \quad q_2 \quad q_3 \quad q_3 \quad q_7$$

$$q_0 \quad q_4 \quad q_4 \quad q_5 \quad q_6 \quad q_7$$

また, これらのパスがつづるラベルの系列はどちらの場合も $\varepsilon 012 \varepsilon$ である. ■

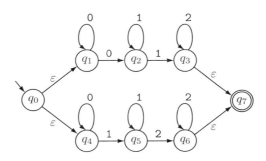

図 8.4 「$i \geq 1$ かつ $j \geq 1$」または「$j \geq 1$ かつ $k \geq 1$」となる系列 $0^i 1^j 2^k$ を受理する N_3

決定性有限オートマトンの場合と同様に, 非決定性有限オートマトンが受理する系列の定義から非決定性有限オートマトンが受理する言語を定義する. 非決定性有限オートマトン N が受理する言語を $L(N)$ と表し,

$$L(N) = \{ w \in \Sigma^* \mid N \text{ が } w \text{ を受理する} \}$$

と定義する. すなわち, N が受理する言語とは, N が受理する系列をすべて集めた集合である.

8.1 アルファベットを $\{a, b\}$ とする．次の (a) から (f) の系列を受理する NFA を状態遷移図で与えよ．ただし，状態数は指定されたものとする．

(a) a⬚a と b⬚b と表される系列を受理する，状態数が 4 個の NFA．ここに，⬚は任意の系列を表す．

(b) 記号 a で始まる系列を受理する，状態数が 2 個の NFA．

(c) $\{aaa, bbb, abb, baa\}$ の系列を受理する，状態数が 5 個の NFA．

(d)◆ a のつらなりの長さが 1 または 2 であるような系列を受理する，状態数が 3 個の NFA．ここで，つらなり（run，連ともいう）とは，同じ記号からなる部分系列で，その部分系列のすぐ前にもすぐ後にもその記号が現れないものである．簡単に言うと，この例の場合，記号 a と b の境で系列を切ってできる部分系列のこと．

(e)◆ a のつらなりの個数と b のつらなりの個数の合計が奇数であるような，状態数が 5 個の NFA．（ヒント．この条件を満たす系列が a で終る場合，次の (1) または (2) により伸ばしても，得られる系列はこの系列を満たす：(1) a を追加，(2) $b^i a$ を追加（$i \geq 1$ は任意）．b で終る場合も同様（ただし，(1) と (2) として，a と b を交換した条件を使う）．）

(f) 奇数番目には常に a が現れるか，偶数番目には常に b が現れる系列を受理する，状態数が 5 個の NFA．受理される系列に関する 2 番目の条件を $P \Rightarrow Q$ の形で表すと，「w の偶数番目のポジション (P) であれば，w のそのポジションの記号は b (Q)」となる．したがって，P が偽のときこの条件は成立する（表 4.15 参照）ことより，$w = b$ はこの条件を満たす系列であることに注意．

8.2 アルファベットを $\{a, b\}$ とする．

(1) ⬚aaa⬚bbb⬚ と表される系列を受理する状態数が 7 個の NFA を与えよ．

(2)◆ ⬚aaa⬚bbb⬚ と表され，かつ，左端の⬚には bbb が現れないような系列を受理する状態数が 9 個の NFA を与えよ．

8.3 アルファベットを $\{a, b, c\}$ とする．系列に現れる記号はアルファベットの 3 記号のうち高々 2 記号であるような系列を受理する 4 状態の NFA を与えよ．

　任意に与えられた非決定性有限オートマトン N に対しその動きを模倣する決定性有限オートマトン M（すなわち，N に等価な M）をつくる.

　このような N と M は，任意の入力系列 w に対して同じ受理/非受理の判定を下す. NFA N は系列 w を入力すると，w をつづるパスは一般に複数存在し，そのようなパスで到達する状態に受理状態が 1 つでも存在すれば受理と判定される. 一方，N に等価な DFA M は w を入力すると遷移先が一意に決まる. 一般に，遷移先が一意に決まらない N を，遷移先が一意に決まる M で模倣することが果たして可能であろうか. この講ではこれが可能であることを導く.

9.1　非決定性有限オートマトンを模倣する
　　　決定性有限オートマトンの例

　非決定性有限オートマトンを決定性有限オートマトンで模倣するイメージをつかんでもらうために例を 2 つ挙げる.

例 9.1　非決定性有限オートマトンとして図 9.1 の N_1 を取り上げ，これを模倣する決定性有限オートマトンをつくる. この N_1 が受理する系列は明らかであろう. N_1 を，状態 q_0 と周期 2 のサイクルの状態 q_1 と q_2 からなる部分（N_1' で表す）と状態 q_0 と周期 3 のサイクルの状態 q_3，q_4，q_5 からなる部分（N_1'' で表す）に分けて考えると，系列中の "1" の個数が 2 の倍数か 3 の倍数となるとき受理することがわかる.

　この受理/非受理の判定をするのは簡単である. 始め q_0 にペブル（小石，pebble）を 1 個置き，最初の記号が入力されたら，その記号に応じて 2 つのサイクルでそれぞれ 1 つの状態にペブルを置く（このとき，ペブルの個数は 1 個から 2 個に増える）. その後は，それぞれのサイクルで入力の記号に応じて遷移先の状態にペブルを移動する. そして，最後に少なくとも 1 つのサイクルで受理状態にペブルが置かれていたら受理する. ただし，空系列 ε は受理するものとし，開始状態は受理状態とする. ポイントは，N_1 に系列 w が入力されたとき，このようなペブルの移動で開始状態から w で遷移可能なすべての状態にペブルが置かれるということである.

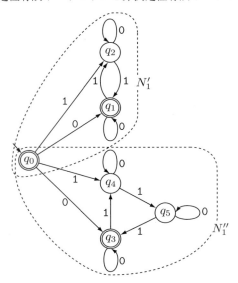

図 9.1　状態遷移図 N_1

　このように非決定性有限オートマトンの動きを状態遷移図上のペブルの配置の変化と捉えるモデルを**ペブルモデル**と呼ぶことにする．このペブルモデルでは，ペブルの配置の更新や受理/非受理の判定がペブルの配置から一意に定まるので，ペブルモデルの配置更新の手順は決定的とみなしてよい．非決定性の動きを決定性の動きで模倣するときの根底にあるのがこのペブルモデルの考え方である．

　これまでに説明したペブルモデルにより，非決定性有限オートマトン N_1 から等価な決定性有限オートマトン M_1 への変換のエッセンスはつかんでもらえたと思う．あと残っているのは，ペブルの配置を状態とみなして，等価な DFA を具体的につくることである．ペブルの置かれた状態のセットを $\{q_0, q_1, \ldots, q_5\}$ の部分集合と見なし，NFA N_1 を模倣する DFA M_1 の状態集合を $\mathcal{P}(\{q_0, q_1, \ldots, q_5\})$ とする．このように NFA の状態のセットをまとめて 1 つの状態と見なすことを**一括化**と呼ぶことにする．

　NFA N_1 から DFA M_1 への等価変換は状態遷移表を用いるとすっきりと説明できる．N_1 の状態遷移表は表 9.2 に示してある．この表から M_1 の状態遷移表 9.3 を求める方法を説明する．まず，表 9.2 の第 1 行はそのまま表 9.3 の第 1 行とする．ただし，M_1 の状態は $\{q_0, q_1, \ldots, q_5\}$ の部分集合としているので，q_0 の代りに $\{q_0\}$ と表し，これを M_1 の開始状態とする．$\{q_0\}$ の行（第 1 行）は，開始状態 $\{q_0\}$ に置かれたペブルが入力が 0 のときは $\{q_1, q_3\}$ に置き換えられ，入力が 1 のときは $\{q_2, q_4\}$

表 9.2　N_1 の状態遷移表

記号 状態	0	1
q_0	$\{q_1, q_3\}$	$\{q_2, q_4\}$
q_1	$\{q_1\}$	$\{q_2\}$
q_2	$\{q_2\}$	$\{q_1\}$
q_3	$\{q_3\}$	$\{q_4\}$
q_4	$\{q_4\}$	$\{q_5\}$
q_5	$\{q_5\}$	$\{q_3\}$

表 9.3　M_1 の状態遷移表

記号 状態	0	1
$\{q_0\}$	$\{q_1, q_3\}$	$\{q_2, q_4\}$
$\{q_1, q_3\}$	$\{q_1, q_3\}$	$\{q_2, q_4\}$
$\{q_2, q_4\}$	$\{q_2, q_4\}$	$\{q_1, q_5\}$
$\{q_1, q_5\}$	$\{q_1, q_5\}$	$\{q_2, q_3\}$
$\{q_2, q_3\}$	$\{q_2, q_3\}$	$\{q_1, q_4\}$
$\{q_1, q_4\}$	$\{q_1, q_4\}$	$\{q_2, q_5\}$
$\{q_2, q_5\}$	$\{q_2, q_5\}$	$\{q_1, q_3\}$

に置き換えられることを表している．ここで，$\{q_1, q_3\}$ と $\{q_2, q_4\}$ を新しく M_1 の状態とみなす．そのため，表 9.3 に新しく $\{q_1, q_3\}$ の行（第 2 行）と $\{q_2, q_4\}$ の行（第 3 行）をつくる．$\{q_1, q_3\}$ の行は，$\{q_1, q_3\}$ に置かれたペブルは入力が 0 のときはそのまま動かず（$\{q_1, q_3\}$），入力が 1 のときはそれぞれのサイクルを 1 だけ進む（$\{q_2, q_4\}$）ことを表している．この $\{q_1, q_3\}$ の行のつくり方は，表 9.2 の q_1 の行（第 2 行）の（$\{q_1\}$, $\{q_2\}$）と q_3 の行（第 4 行）の（$\{q_3\}$, $\{q_4\}$）を要素ごとにまとめて（$\{q_1, q_3\}$, $\{q_2, q_4\}$）とするものである．このように続けていくと，N_1 の表 9.2 から M_1 の表 9.3 をつくることができる．その表 9.3 を状態遷移図として表したものが図

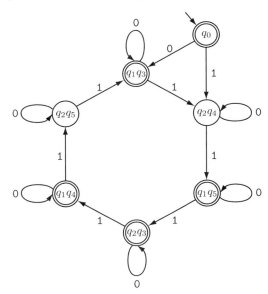

図 9.4　N_1 を模倣する状態遷移図 M_1

9.4 である.

ところで, 図 9.4 の M_1 の $\{q_1\} \xrightarrow{0} \{q_1, q_3\}$ や $\{q_0\} \xrightarrow{1} \{q_2, q_5\}$ の状態遷移で, N_1 の非決定的な動作が M_1 では決定的な動作となったと説明されても遷移先が 2 つの状態の組となっているので, 腑に落ちないという感じが残るかもしれない. しかし, この状態遷移図の 7 個の状態の表し方を変更して, 新しく q_0, q_1, ..., q_6 で表したらどうであろうか. このように状態を表すことにすると, M_1 は決定性有限オートマトンそのものであることがわかる.

実際, 図 9.1 の状態遷移図 N_1 では, 入力の系列中の "1" の個数が「2 で割り切れるか, または, 3 で割り切れる」という条件で受理の判定をするのに対し, 図 9.4 の状態遷移図 M_1 では「6 で割ったときの余りが 0 か 2 か 3 か 4 となる」という条件で受理の判定をしており, M_1 は N_1 に等価な別の決定性有限オートマトンと見なしていい. なお, M_1 の状態集合 $\mathcal{P}(\{q_0, q_1, \ldots, q_5\})$ は 64 $(= 2^6)$ 個の状態からなるが, 開始状態 $\{q_0\}$ から遷移可能な図 9.4 の 7 状態だけで済む. ■

例 9.2　図 9.5 に示す NFA N_2 を模倣する DFA M_2 をつくる. この例では, ε 遷移のある N_2 を ε 遷移のない M_2 でどのように模倣するかについて説明する. ポイントは, M_2 では ε 遷移が現れないようにするため, N_2 で ε 遷移で結ばれている状態をグループとしてまとめて 1 つの状態とみなして, ε 遷移する必要がなくなるようにすることである. これは ε 遷移における状態の一括化である. まず, 開始状態 q_0 から ε 遷移で移る状態 q_1 と q_2 をグループに取り込み (q_1 と q_2 はちょうど彗星の尾を引いた部分のようなイメージ), $\{q_0, q_1, q_2\}$ を一括化し 1 つの状態とみなす. 同様に, q_1 には ε 遷移先の q_2 を取り込み $\{q_1, q_2\}$ とし, q_2 には ε 遷移先がないので $\{q_2\}$ とする. このように M_2 の状態として $\{q_0, q_1, q_2\}$, $\{q_1, q_2\}$, $\{q_2\}$, および $\emptyset$ を考えることにすると, 図 9.6 に示すように M_2 の各状態から 0, 1, 2 による遷移先がそれぞれ一意に決まる. 図 9.7 には系列 0112 が入力されたときの状態遷移軌跡を N_2 と M_2 について模式的に表している. 状態の一括化により, M_2 では点線で表される ε 遷移が不要となる様子を見てもらいたい. 一般に, ε 遷移のある NFA に等価な DFA の状態遷移をどのように指定するかについては次の節で説明する. ■

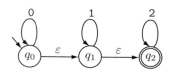

図 9.5　状態遷移図 N_2

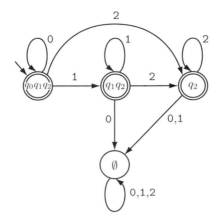

図 9.6　状態遷移図 M_2

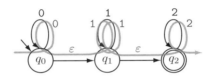

(a) N_2 の状態遷移

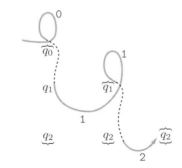

(b) M_2 の状態遷移

図 9.7　系列 0112 を受理する N_2 と M_2 の状態遷移

9.2　非決定性有限オートマトンから 等価な決定性有限オートマトンへの変換

例 9.1 と例 9.2 では，具体的な例について非決定性有限オートマトンから決定性有限オートマトンに等価変換できることを説明したが，これは一般的に成立することである．このことを次の定理としてまとめておく．

> **定理 9.3** 任意の非決定性有限オートマトンは等価な決定性有限オートマトンに変換される.

この定理の説明に入る前に, 第 8 講で, 説明した非決定性有限オートマトンの非決定的な動作には次の 2 つのタイプがあることを思い出してもらいたい.

> **非決定的な動作のタイプ:**
> タイプ1: 状態から同じ記号のラベルの枝が複数出ているときは, それらのうちのどの枝に沿った遷移も許される.
> タイプ2: 状態から ε のラベルの枝と入力記号のラベルの枝が出ているときは, 記号を入力することなく ε のラベルの枝に沿って遷移することも, 記号のラベルの枝に沿って遷移することも許される.

【定理 9.3 の証明】 この証明では, NFA $N = (Q, \Sigma, \delta, q_0, F)$ からこれに等価な DFA $M = (\mathcal{P}(Q), \Sigma, \delta_M, Q_0, F_M)$ をつくる.

M の動きのポイントは, 開始状態 Q_0 から入力 w による遷移先 Q_w が N において開始状態 q_0 から w により遷移可能な状態をすべて集めたセットとなっているということである (M を例 9.1 のペブルモデルで捉えると, このセットがペブルの配置パタンに対応する). このように M は N で遷移可能な状態を M の状態としてすべて抱え込みながら状態遷移を繰り返す. M をこのように状態遷移するようにつくると, 次の (1) と (2) が成立する.

(1) M の状態 Q_w が, 入力 w により N で遷移可能な状態をすべて集めたものになっているので, Q_w を見ると w の受理/非受理の判定ができる (Q_w が N の受理状態を少なくとも 1 個含めば受理, そうでなければ非受理).

(2) M の状態は N の状態のセットであり, M の各ステップの遷移先は現在のセットの中の状態から入力記号で N で遷移可能な状態をすべて集めたセットである. M の状態遷移はこのように決まるので, 遷移先のセットは一意に決まり, したがって, M は決定性有限オートマトンとなる.

(1) と (2) を押さえておくと, NFA N からこれと等価な DFA M は自然に導かれる.

入力 w の長さを n とし, $w = w_1 w_2 \cdots w_n$ とする. 入力 w に対して N が受理/非受理の判定をするためには, $\varepsilon^{i_0} w_1 \varepsilon^{i_1} \cdots w_n \varepsilon^{i_n}$ と表される系列をつづるすべてのパスをチェックしなければならない. w を入力している間, どの時点においても ε 遷移が起りうるからである. ここに, $i_0, i_1, \ldots, i_n \geq 0$. このように, 上の (1) の

Q_w とは，N の開始状態 q_0 から始めて $w = \varepsilon^{i_0} w_1 \varepsilon^{i_1} \cdots w_n \varepsilon^{i_n}$ と表される系列をパスで遷移する N の状態をすべて集めたセットである．Q がこのような N の状態のセットとなるように，M の状態遷移関数 δ_M を定めればよいことになる．図 9.8 は，$\varepsilon^{i_0} w_1 \varepsilon^{i_1} \cdots w_n \varepsilon^{i_n}$ の形の系列をづづる N のパスをすべて含む M の状態遷移の様子を表したものである．ここで，P_0, P_1, ..., P_n は一括化でつくられた M の状態である．P_0 は，ε^{i_0} のタイプの系列で N の開始状態 q_0 から遷移する先の状態を一括化したもので，これが M の開始状態 Q_0 となる．また，P_1, ..., P_n は，タイプ 1 とタイプ 2 の非決定性に対応する 2 種類の一括化で決まる．

まず，これらの一括化を図を用いて説明し，イメージをつかんでもらう．簡単のため，アルファベットを $\Sigma = \{\mathsf{a}, \mathsf{b}\}$ とする．図 9.9 は，M の 1 ステップの状態遷移で $P \subseteq Q$ から入力の記号 $u \in \{\mathsf{a}, \mathsf{b}\}$ でタイプ 1 の非決定性動作により遷移する先の状態（N の状態のセット）を模式的に表したものである．これはタイプ 1 の非決定性

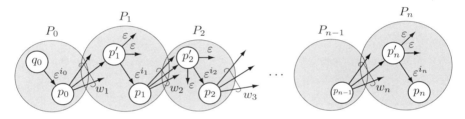

図 9.8 ラベルの系列 $\varepsilon^{i_0} w_1 \varepsilon^{i_1} \cdots w_n \varepsilon^{i_n}$ をつづる N のパスを含む M の状態遷移

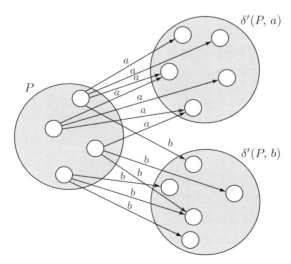

図 9.9 タイプ 1 の動作の非決定性を取り込む状態遷移関数 δ'

に対応する状態の一括化でつくられる状態である．この状態への遷移を関数 δ' で表すことにする．この図からわかるように，$\delta'(P,\mathsf{a})$ は，任意の $p \in P$ から a で遷移する先の状態 p'，すなわち，$p \xrightarrow[N]{\mathsf{a}} p'$ となる状態 p' をすべて集めた状態のセットである．$\delta'(P,\mathsf{b})$ も同様である．ここで，$u \in \{\mathsf{a},\mathsf{b}\}$ として，遷移先の状態を $\delta'(P,u)$ と表す．図 9.10 は，この $\delta'(P,u)$ を用いて，M の状態遷移関数 δ_M の定め方を模式的に表したものである．この図が示すように，$\delta_M(P,u)$ は，$\delta'(P,u)$ に，さらに，タイプ 2 の非決定性動作による遷移先を追加して取り込み一括化したものである．具体的に言うと，$\delta'(P,u)$ の個々の状態から ε 遷移だけを任意の回数（0 回を含む）繰り返したときの遷移先をすべて取り込んだものが $\delta_M(P,u)$ である．特に，図 9.11 に示すように，一般に，$P \subseteq Q$ に対して，タイプ 2 の非決定性動作に対応する遷移先の追加の操作を $E(P)$ と表す．すなわち，$E(P)$ とは，任意の $p \in P$ から ε 遷移を任意の回数（0 回を含む）繰り返したときの遷移先の状態をすべて集めた集合とする．すると，状態遷移関数 δ_M は，$\delta_M(P,u) = E(\delta'(P,u))$ と定義される．

これまで説明したことをまとめると，NFA $N = (Q, \Sigma, \delta_M, q_0, F_M)$ からこれと等価な DFA $M = (\mathcal{P}(Q), \Sigma, \delta_M, Q_0, F_M)$ を次のように定義することができる．まず，仮の状態遷移関数 $\delta' : \mathcal{P}(Q) \times \Sigma \to \mathcal{P}(Q)$ を，$P \subseteq Q$ と $u \in \Sigma$ に対して，

$$\delta'(P,u) = \{p' \mid p \in P \text{ が存在して，} p \xrightarrow[N]{u} p'\}$$

と定義する．また，$P \subseteq Q$ に対して，$E(P)$ を

$$E(P) = \{p' \mid p \in P \text{ と } i \geq 0 \text{ が存在して，} p \xrightarrow[N]{\varepsilon^i} p'\}$$

と定義する．さらに，M の状態遷移関数 $\delta_M : \mathcal{P}(Q) \times \Sigma \to \mathcal{P}(Q)$ を，$P \in \mathcal{P}(Q)$ と $u \in \Sigma$ に対して

$$\delta_M(P,u) = E(\delta'(P,u))$$

と定義する．最後に，M の開始状態 Q_0 と受理状態の集合 F_M をそれぞれ

$$Q_0 = E(\{q_0\}),$$
$$F_M = \{P \subseteq Q \mid P \cap F \neq \emptyset\}$$

と定義する．

このように NFA N から DFA M を定義すると，任意の系列 $w_1 \cdots w_n \in \Sigma^*$ が N で受理される条件と M で受理される条件は次のように等価となる．

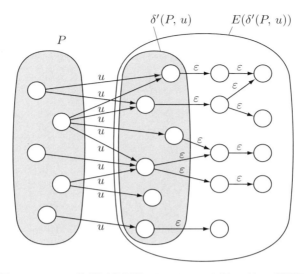

図 9.10　M の状態遷移関数 $\delta(P, u) = E(\delta'(P, u))$ の説明図

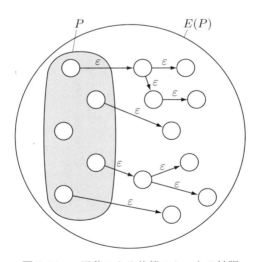

図 9.11　ε 遷移による状態のセットの拡張

$$\left(\begin{array}{l} i_0 \geq 0, \ldots, i_n \geq 0 \\ \text{と } p'_n \in Q \text{ が存在して,} \\ q_0 \xrightarrow[N]{\varepsilon^{i_0} w_1 \varepsilon^{i_1} \cdots w_n \varepsilon^{i_n}} p'_n, \text{ かつ,} \\ p'_n \in F \end{array}\right) \Leftrightarrow \left(\begin{array}{l} Q_0 \xrightarrow[M]{w_1 \cdots w_n} P_n, \text{ かつ,} \\ P_n \in F \end{array}\right)$$

したがって, N と M は等価となる. ここで, $\xrightarrow[N]{}$ や $\xrightarrow[M]{}$ は, それぞれ N や M の状態遷移を表している. ■

ここで, 決定性有限オートマトンと非決定性有限オートマトンの関係を図9.12で説明する. この図の (a) では, 非決定性有限オートマトン全体が決定性有限オートマトン全体をすっぽり包含している様子を表している. ただし, 決定性や非決定性という同じ性質をもつ有限オートマトンの集合なので, "全体" という代りに "クラス" と呼ぶ. このように, **クラス** (class) という語は, ただ単に "もの" を集めた集合と異なり, ある特徴をもったものの集りというニュアンスのとき使われる用語である. この図が表しているように, 非決定性有限オートマトンは非決定性の動作が存在してもよいと定義されるので, そのような動作が存在しなくても (存在しないと決定性有限オートマトンとなる) 自動的に非決定性有限オートマトンのクラスに属する.

図 9.12 では, (a) に計算の仕組み (計算モデル), (b) にその機能を対応させている. 機能は計算モデルが受理する言語として表される. 図に示すように, 計算モデル N と言語 $L(N)$ の間や計算モデル M と言語 $L(M)$ の間がラインで結ばれる. こ

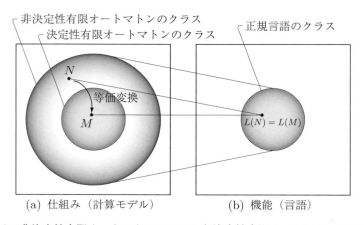

(a) 仕組み (計算モデル)　　　(b) 機能 (言語)

図 9.12 非決定性有限オートマトンのクラスと決定性有限オートマトンのクラスは受理する言語クラスが一致

れらのラインを用いて，「NFAN を DFAM に変換して，両者が同じ言語を受理するようにすることができる」という定理9.3の主張が表されている．この本を通して，計算モデルの機能はそれが受理する言語として表され，"等価" という用語は受理する言語が同じという意味で用いられる．

問 題

9.1 次の (a) から (d) までの状態遷移図で与えられる NFA について，状態遷移表で表した後，等価な DFA の状態遷移表に等価変換すると共に，それを状態遷移図として表せ．

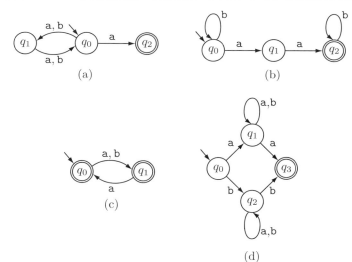

9.2 次の NFA の状態遷移図に等価な DFA の状態遷移図を与えよ．

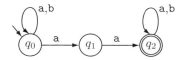

9.3 次の NFA の状態遷移図に等価な DFA の状態遷移図を与えよ．

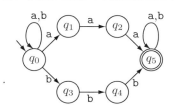

9.4 次の状態遷移図の状態遷移表を求め，これを等価な DFA の状態遷移表に変換せよ．さらに，この状態遷移表を状態遷移図として表せ．

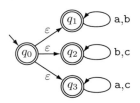

9.5 次の状態遷移図はどのような系列を受理するかを日本語で述べよ．また，この状態遷移図の状態遷移表を求め，これを等価な DFA の状態遷移表に変換せよ．さらに，その状態遷移表を状態遷移図として表せ．

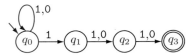

9.6 (1)　次の状態遷移図の状態遷移表を求め，これを等価な DFA の状態遷移表に変換せよ．ただし，状態遷移表としては，タイプ 1 の非決定性の遷移先を一括化するもの（定理 9.3 の証明で δ' と表されたもの）とタイプ 1 およびタイプ 2 の非決定性の遷移先を一括化するもの（δ_D と表されたもの）の 2 種類を与えよ．さらに，後者の状態遷移表を状態遷移図として表せ．

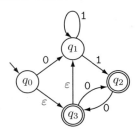

(2)◆　(1) で求めた状態遷移図が受理する系列を日本語で表せ．

10講 正規表現

この講では，正規表現という言語の表現形式を導入し，正規表現で表される言語は有限オートマトンで受理されることを導き，次の第11講で，逆に，有限オートマトンで受理される言語は正規表現として表されることを導く．

10.1 正規表現 r が表す言語 $L(r)$ とそれを受理する状態遷移図 $M(r)$

数に四則演算を適用した数式は数を表す．**正規表現**はアルファベットの記号や ε や $\emptyset$ の記号に "+"，"·"，"*" の演算を適用した式である．数式が数を表すのに対し，正規表現は言語を表す．図 10.1 は，数式 $(1+2) \times 5$ と正規表現 $(0+1) \cdot (1 \cdot 1)^*$ が演算で組み立てられる様子を構文木として表したものである．

この節では，正規表現 r，それが表す言語 $L(r)$，その言語を受理する状態遷移図 $M(r)$ を定義する．これらはいずれも再帰的に定義される．

定義 10.1 アルファベット $\Sigma = \{a_1, \ldots, a_k\}$ 上の正規表現とは，次の (1) と (2) で定義されるものである．

(1) a_1, …, a_k, ε, $\emptyset$ はいずれも正規表現である．

(2) r と s が正規表現のとき，$(r+s)$, $(r \cdot s)$, (r^*) はいずれも正規表現である．

■

この定義に従うと，たとえば，$((0+1) \cdot ((1 \cdot 1)^*))$ のように演算を適用するたびに外側を左カッコと右カッコで囲う．上で取り上げた $(0+1) \cdot (1 \cdot 1)^*$ は，この正規表現のカッコを省略したものである．正規表現の省略形についてはこの節の最後で説明する．

次に，正規表現 r が表す言語 $L(r)$ を定義 10.2 で定義する．(1) のベースで何の前提もなしに，正規表現 a_1, …, a_k, ε, $\emptyset$ が表す言語（言語といっても系列の個数は 1 個か 0 個）を与える．(2) の再帰ステップでは，正規表現 r と s が表す言語が $L(r)$ と $L(s)$ ということを前提にして，$r+s$, $r \cdot s$, r^* の正規表現が表す言語を定義している．このように定義 10.2 では，定義 10.1 で正規表現が定義されるたびに，それが表す言語が定義されているので，すべての正規表現 r に対して言語 $L(r)$ が定

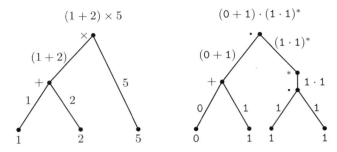

図 10.1　$(1+2) \times 5$ と $(0+1) \cdot (1 \cdot 1)^*$ の組み立てを表す構文木

義されることになる．このような定義 10.2 は，定義 10.1 の流れに沿った定義ということができる．

　言語 $L(r)$ と $L(s)$ は既知という前提で，$r+s$，$r \cdot s$，r^* が表す言語を定義するとき必要となるのは，言語に対する演算である．この演算は $r+s$ の場合は単純で単なる和集合演算である．この場合は，$L(r+s) = L(r) \cup L(s)$ と定義するのであるが，この場合の "+" の和集合演算に対応するものを，"$\cdot$" や "$*$" に対しても決めておく必要がある．これを次のように

$$L \cdot L' = \{ww' \mid w \in L, w' \in L'\},$$
$$L^* = \{w_1 w_2 \cdots w_m \mid m = 0 \text{ のとき}, \ w_1 w_2 \cdots w_m \text{ は } \varepsilon \text{ で},$$
$$m \geq 1 \text{ のときは}, \ w_1, w_2, \ldots, w_m \in L$$
$$\text{を連接した系列}\}$$

と定義する．ここで，w と w' はそれぞれ L と L' から任意に選び，w_1, ..., w_m は L から任意に選ぶということは，選び方をすべて尽くして連接して系列の集合をつくるということである．

定義 10.2　アルファベット $\Sigma = \{a_1, \ldots, a_k\}$ 上の正規表現 r が表す言語 $L(r)$ は，次の (1) と (2) で定義される．

(1)
$$L(a_1) = \{a_1\}, \ \ldots, \ L(a_k) = \{a_k\},$$
$$L(\varepsilon) = \{\varepsilon\}, \ L(\emptyset) = \emptyset.$$

(2)　正規表現 r と s が表す言語がそれぞれ $L(r)$ と $L(s)$ であるとき，

$$L(r+s) = L(r) \cup L(s),$$
$$L(r \cdot s) = L(r) \cdot L(s),$$
$$L(r^*) = (L(r))^*.$$

この定義では，「$L(r) =$ "$L(r)$ の記述"」という形で定義されている．たとえば，この定義の「$L(\varepsilon) = \{\varepsilon\}$」は

　　　　「正規表現 ε が表す言語 $L(\varepsilon)$ は，空系列 ε からなる言語である」

ということを意味している．同様に，「$L(r + s) = L(r) \cup L(s)$」は

　　　　「正規表現 $r + s$ が表す言語 $L(r + s)$ は，$L(r) \cup L(s)$ と表される」

を意味している．残りの $L(r \cdot s)$ や $L(r^*)$ についても同様である．

　正規表現 r とそれが表す言語 $L(r)$ を定義した．次に，状態遷移図 $M(r)$ を定義する．状態遷移図 $M(r)$ は系列としての正規表現 r に解釈を与えるものであり，言語 $L(r)$ を受理するものでもある．

例 10.3　$M(r)$ の定義を与える前に，イメージをつかんでもらうため図 10.2 に $M(r)$ の例を与える．この例を詳しく検討すると，r，$L(r)$，$M(r)$ の三者の関係がみえてくる．この $M(r)$ を与える正規表現 r として

$$((((\mathrm{a} + \mathrm{b}) \cdot \mathrm{a})^*) \cdot ((\mathrm{a} + \mathrm{b}) + (\mathrm{b} \cdot \mathrm{b})))$$

を取りあげ，この正規表現 r から決まる状態遷移図 $M(r)$ を図 10.2 に与える．この r は定義 10.1 の再帰的定義のベースと帰納ステップを 14 回適用して組み立てられているが，図 10.2 ではその様子を 14 個のボックスで表している．　　■

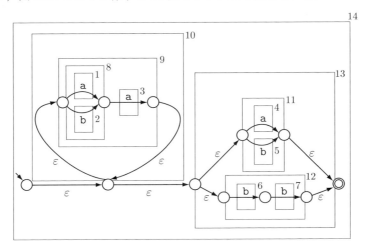

図 10.2　$M(((((\mathrm{a} + \mathrm{b}) \cdot \mathrm{a})^*) \cdot ((\mathrm{a} + \mathrm{b}) + (\mathrm{b} \cdot \mathrm{b}))))$

　なお，この本を通してアルファベット Σ が具体的に指定されている場合，その記号を，たとえば，a，b，c のように立体で表す．一方，その記号を一般的に表す場合はイタリックとする．たとえば，「アルファベット Σ の任意の 3 個の記号 a，b，c」などと表す．

定義 10.4　アルファベット $\Sigma = \{a_1, \ldots, a_k\}$ 上の正規表現 r から定まる状態遷移図 $M(r)$ は，次の (1) と (2) で定義される．

(1)　$M(a_i)$，$M(\varepsilon)$，$M(\emptyset)$ は図 10.3 で定義される．ここに，$1 \leq i \leq k$．

(2)　正規表現 r と s から定まる状態遷移図がそれぞれ $M(r)$ と $M(s)$ であるとき，$M(r+s)$，$M(r \cdot s)$，$M(r^*)$ はそれぞれ図 10.4 で定義される．この図では，状態遷移図 $M(r)$ と $M(s)$ は開始状態と受理状態以外は省略してグレーのボックスで表している．なお，$M(r)$ や $M(s)$ の開始状態や受理状態は統合された状態遷移図では開始状態でも受理状態でもなくなるので，グレーの矢印と 2 重丸で表している．　　　　　　　　　　　　　　　　　　　　■

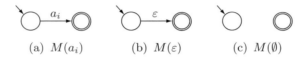

(a)　$M(a_i)$　　　　(b)　$M(\varepsilon)$　　　　(c)　$M(\emptyset)$

図 **10.3**　定義 10.4 の (1) の $M(a_i)$，$M(\varepsilon)$，$M(\emptyset)$ の状態遷移図，
　　　　　ここに，$1 \leq i \leq k$．

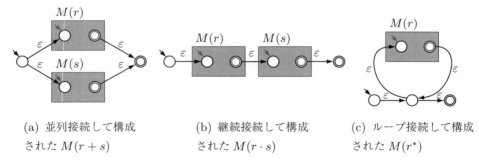

(a)　並列接続して構成　　　(b)　継続接続して構成　　　(c)　ループ接続して構成
された $M(r+s)$　　　　　　された $M(r \cdot s)$　　　　　　された $M(r^*)$

図 **10.4**　$M(r+s)$，$M(r \cdot s)$，$M(r^*)$ の構成

$M(r)$ をこのように定義することにより，次の定理が導かれる.

> **定理 10.5** 正規表現で表される言語は有限オートマトンで受理される.

【証明】 この定理は，「任意の正規表現 r に対して，$M(r)$ は $L(r)$ を受理する」ということを導くことにより証明される．正規表現 r に対して言語 $L(r)$ や状態遷移図 $M(r)$ を定義するのに，r を定義するときのベースと再帰ステップに沿って進んだように，この証明もベースと再帰ステップからなる.

ベース：$M(a_1)$, …, $M(a_k)$, $M(\varepsilon)$, $M(\emptyset)$ はそれぞれ $L(a_1)$, …, $L(a_k)$, $L(\varepsilon)$, $L(\emptyset)$ を受理する．実際，図 10.3 からわかるように，$M(a_i)$ は $L(a_i)$ $(= \{a_i\})$ を受理するように定義されている．他の記号についても同様である.

再帰ステップ：$M(r)$ と $M(s)$ がそれぞれ $L(r)$ と $L(s)$ を受理するならば，$M(r+s)$, $M(r \cdot s)$, $M(r^*)$ はそれぞれ $L(r+s)$, $L(r \cdot s)$, $L(r^*)$ を受理する．この場合も，図 10.4 を見てもらえばわかるように，$M(r+s)$, $M(r \cdot s)$, $M(r^*)$ はこの再帰ステップが成立するように定義している．たとえば，図 10.4 の (a) の $M(r+s)$ は $L(r+s)$ を受理するように定義されている．このことは，$L(r+s) = L(r) \cup L(s)$ が成立すること，一方で，$M(r)$ は $L(r)$ を受理し，$M(s)$ は $L(s)$ を受理すると仮定していることからわかる．$M(r \cdot s)$ や $M(r^*)$ についても同様である． ∎

例 10.3 でも見たように正規表現はしばしば省略して表される．省略が許されるのは省略しても元の正規表現が一意に定められる場合や言語 $L(r)$ としては一意となるときである（たとえば，$\mathsf{a+b+c}$ は，$r = ((\mathsf{a+b})+\mathsf{c})$ でも $r = (\mathsf{a}+(\mathsf{b+c}))$ でも $L(r)$ としては同じ）．3 つの演算記号の間に次に示すような優先順位を仮定しておくと，カッコを省略できる場合が出てくる.

$$+ \; < \; \cdot \; < \; *$$

この優先順位を前提にすると，$\mathsf{a+b \cdot c^*}$ は正規表現 $(\mathsf{a}+(\mathsf{b} \cdot (\mathsf{c}^*)))$ に一意に定まることを説明しよう．$\mathsf{b \cdot c^*}$ では "$\cdot$" と "$*$" との間で，$(\mathsf{b \cdot c})^*$ か $\mathsf{b} \cdot (\mathsf{c}^*)$ かを競うが，$\cdot < *$ より，

$$\mathsf{b} \cdot (\mathsf{c}^*)$$

となる．同様に，$\mathsf{a+b \cdot (c^*)}$ では，"$+$" と "$\cdot$" の間で，$(\mathsf{a+b}) \cdot (\mathsf{c}^*)$ か $\mathsf{a}+(\mathsf{b} \cdot (\mathsf{c}^*))$ かを競うが，$+ < \cdot$ より，

$$a + (b \cdot (c^*))$$

となる．まとめると，$+ < \cdot < *$ の優先順位を前提にすると，$a + b \cdot c^*$ と表すだけで

$$(a + (b \cdot (c^*)))$$

と解釈できる．さらに，"·" を省略して

$$a + bc^*$$

と表すことができる．

　この節を終えるに当り，表 10.5 に，正規表現と言語と状態遷移図にそれぞれ関わる演算記号，集合演算，接続方法の対応関係を与える．

表 10.5　正規表現の演算と関連する集合演算と接続法との関係

正規表現の演算記号	集合演算	状態遷移図の接続方法
+	和	並列接続
·	連接	直列接続
*	スター	ループ接続

10.2　正規表現 r と言語 $L(r)$ の関係

　この節では，正規表現 r と言語 $L(r)$ のさまざまな例を与える．

例 10.6　この例については問題 10.1 も参考にして考えてもらいたい．

$L((0 + 1)^*) = \{w \in \{0,1\}^* \mid w$ は記号 0 と 1 の任意の系列で，空系列を含む$\}$
$L((0 + 1)(0 + 1)(0 + 1)(0 + 1)^*) = \{w \in \{0,1\}^* \mid w$ の長さは 3 以上$\}$
$L(0^*10^*10^*1(0 + 1)^*) = \{w \in \{0,1\}^* \mid w$ には 1 が 3 個以上現れる$\}$
$L((0 + 1)^*100(0 + 1)^*) = \{w \in \{0,1\}^* \mid w$ は部分系列として 100 を含む$\}$
$L(0^*1^*2^*) = \{0^i 1^j 2^k \mid i \geq 0, j \geq 0, k \geq 0\}$

例 10.7　アルファベットを $\Sigma = \{0,1\}$ とする．1 が奇数回現れる系列からなる言語 L を次のように定義し，L を表す正規表現を導く．

$$L = \{w \in \{0,1\}^* \mid w \text{ には 1 が奇数回現れる}\}$$

L の系列は，一般に，

$$0^{i_0} 1 0^{i_1} 1 0^{i_2} \cdots 1 0^{i_{2k+1}}$$

と表される．ここに，$k \geq 0$ と $i_0 \geq 0$, $i_1 \geq 0$, ..., $i_{2k+1} \geq 0$ は任意．系列中に現れる 1 に注目し，それ以外の 0 はまとめて 0^{i_j} と表すことにすれば，L の任意の系列がこのように表されることは明らかである．1 が奇数回現れる系列がこのように表されるということは，

$$0^{i_0}(10^{i_1}10^{i_2})\cdots(10^{i_{2k-1}}10^{i_{2k}})10^{i_{2k+1}}$$

と表されるということから明らかである．ここに，$k \geq 0$ は任意．ここで，"(" と")" は説明のためのカッコで，実際の系列に現れるわけではない．このように表される系列中の 0^{i_j} の長さ $i_j \geq 0$ は任意なので，0^{i_j} は ε, 0, 00, ... を表しており 0^* で置き換えられる．同様に，

$$(10^{i_1}10^{i_2})\cdots(10^{i_{2k-1}}10^{i_{2k}})$$

は，$k \geq 0$ は任意なので，$(10^*10^*)^*$ で置き換えられる．したがって，上で定義した言語 L は正規表現 $0^*(10^*10^*)^*10^*$ で表される．　　　　■

　　言語 L と L' に対して演算 "$\cdot$" を

$$L \cdot L' = \{ww' \mid w \in L, w' \in L'\}$$

と定義した．ここで，$w \in L$ と $w' \in L'$ の取り出し方は，L の w と L' の w' のすべてのペア (w, w') が現れるように取り出される．定義 10.2 では，言語に対するこの連接演算を用いて，正規表現 $r \cdot s$ が表す言語を，

$$L(r \cdot s) = L(r) \cdot L(s)$$

と定義した．このことに注意した上で，正規表現 ε と $\emptyset$ に関わる次の 4 つの関係式について説明する．

$$L(\varepsilon^*) = \{\varepsilon\} \tag{1}$$

$$L(\emptyset^*) = \{\varepsilon\} \tag{2}$$

$$L(r \cdot \varepsilon) = L(r) \tag{3}$$

$$L(r \cdot \emptyset) = \emptyset \tag{4}$$

(1) と (2) が成立することは，図 10.4 の (c) の $M(r)$ を $M(\varepsilon)$ や $M(\emptyset)$ で置き換え，$L(\varepsilon^*)$ を受理する $M(\varepsilon^*)$ や $L(\emptyset^*)$ を受理する $M(\emptyset^*)$ をつくると明らかである．実

際, この図より, $M(r)$ を経ないで, 開始状態からスタートして 2 回の ε 遷移で受理状態に至る遷移で $M(\varepsilon^*)$ と $M(\emptyset^*)$ はいずれも系列 ε を受理し, $M(r)$ を経る遷移では $M(\varepsilon^*)$ は系列 ε を受理し, $M(\emptyset^*)$ は系列を受理しないことがわかる. 一方, 一般に, 正規表現 r に対して,

$$L(r^*) = \{\varepsilon\} \cup L(r) \cup L(r) \cdot L(r) \cup \cdots$$
$$= \{\varepsilon\} \cup L(r) \cup L(rr) \cup \cdots \tag{5}$$

となるので, (1) と (2) は次のように導かれる.

$$L(\varepsilon^*) = \{\varepsilon\} \cup L(\varepsilon) \cup L(\varepsilon\varepsilon) \cup \cdots$$
$$= \{\varepsilon\} \cup \{\varepsilon\} \cup \{\varepsilon\} \cup \cdots$$
$$= \{\varepsilon\}$$

$$L(\emptyset^*) = \{\varepsilon\} \cup L(\emptyset) \cup L(\emptyset\emptyset) \cup \cdots$$
$$= \{\varepsilon\} \cup \emptyset \cup \emptyset \cup \cdots$$
$$= \{\varepsilon\}$$

さらに, (3) と (4) も次のように導かれる.

$$L(r \cdot \varepsilon) = L(r) \cdot L(\varepsilon)$$
$$= \{w\varepsilon \mid w \in L(r), \varepsilon \in L(\varepsilon)(= \{\varepsilon\})\}$$
$$= \{w \mid w \in L(r)\}$$
$$= L(r)$$

$$L(r \cdot \emptyset) = L(r) \cdot L(\emptyset)$$
$$= \{ww' \mid w \in L(r), w' \in L(\emptyset)(= \emptyset)\}$$
$$= \emptyset$$

ここで, $\{ww' \mid w \in L(r), w' \in \emptyset\}$ では, そもそも $w' \in \emptyset$ となる w' は存在しないので, これは空集合 $\emptyset$ となる.

　これまでは, 正規表現 r とそれが表す言語 $L(r)$ とをきっちり区別して話を進めてきた. しかし, これからは正規表現 r は, 正規表現 r だけでなく, それが表す言語 $L(r)$ をも表すこととする. そのどちらを意味するかは前後の文脈から自然にわかる

からである．正規表現 r と s が同じ言語を表すとき，すなわち，$L(r) = L(s)$ となるとき，正規表現 r と s は，**等価**といい，$r = s$ と表す．ここで，等価な正規表現の例をいくつか挙げておく．

$(ab)^*(ab)^* = (ab)^*$

$(0 + 1)(0 + 1)(0 + 1)^* = 00(0 + 1)^* + 01(0 + 1)^* + 10(0 + 1)^* + 11(0 + 1)^*$

$0^*(10^*10^*)^*10^* = 0^*10^*(10^*10^*)^*$

次に，

$$r(sr)^* = (rs)^*r$$

が成立することを (5) を用いて導く．

$$
\begin{aligned}
L\big(r(sr)^*\big) &= L(r) \cdot L\big((sr)^*\big) \\
&= L(r) \cdot \big(\{\varepsilon\} \cup L(sr) \cup L(srsr) \cup \cdots\big) \\
&= L(r) \cup L(rsr) \cup L(rsrsr) \cup \cdots \\
&= \big(\{\varepsilon\} \cup L(rs) \cup L(rsrs) \cup \cdots\big) \cdot L(r) \\
&= L\big((rs)^*\big) \cdot L(r) \\
&= L\big((rs)^*r\big)
\end{aligned}
$$

この式の導出のポイントは，たとえば，$rsrsrsr$ は，$r(sr)^3$ とも $(rs)^3r$ とも表され，この sr や rs の繰り返しの回数 3 を任意の回数 i に一般化できるということに気づくことである．

■■■■■■■ 問　題 ■■■■■■■

10.1 問題 5.1 の (a) から (g) までの状態遷移図に等価な正規表現を求めよ．ただし，正規表現は状態遷移図の構造を反映したものを省略形で与えよ．

10.2♦ アルファベットを $\{0, 1\}$ とする．部分系列 00 を含む長さが奇数の系列の集合を表す正規表現を求めよ．また，この正規表現が表す言語を受理する状態遷移図を与えよ．

10.3 (1)　正規表現 $(0 + 1)^*1(0 + 1) + (0 + 1)^*1(0 + 1)(0 + 1)$ が表す言語を受理する状態遷移図で，開始状態と受理状態がそれぞれ 1 個のものを与えよ．ただし，状態遷移図は，$(0 + 1)^*1(0 + 1)$ を受理する状態遷移図と $(0 + 1)^*1(0 + 1)(0 + 1)$ を受理する状態遷移図をそれぞれ構成した上で，両者に共通する開始状態と受理状態を加えるようにせよ．

(2)　(1) で求めた状態遷移図を状態数が 4 個のものに等価変換せよ．ただし，等価変換する際は，(1) の状態遷移図の構成に関する制約をはずせ．

(3)　(2) で求めた状態遷移図に基づいて，(1) の正規表現を簡単化せよ．

10.4 次の (a) と (b) の状態遷移図が受理する言語を表す正規表現をそれぞれ求めよ.

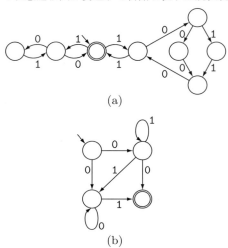

(a)

(b)

10.5 アルファベットを $\{0,1\}$ とする.

(1)　下の等価関係を導け.

101 を部分系列として含まない　⇔　$\begin{pmatrix} 1 \text{ と } 1 \text{ の間の } 0 \text{ のつらなりの} \\ \text{長さは } 0 \text{ か } 2 \text{ 以上である.} \end{pmatrix}$

(2)♦　(1) の等価関係を用いて, 101 を部分系列として含まない系列の集合を正規表現として表せ.

正規表現 r が $+$, $\cdot$, $*$ の演算記号で組み立てられる様子は，対応する状態遷移図 $M(r)$ にそのまま反映される．このように状態遷移図が，適当な正規表現 r の組み立てが反映されたもの（$M(r)$ として表されるもの）であるとき，この状態遷移図を**階層的状態遷移図**と呼ぶ．もちろん，状態遷移図の中にはこのような構造をもっていないものも存在する．この講では，一般に，状態遷移図は受理する言語は変えないで階層的状態遷移図に変換できることを導く．このことより，一般に，状態遷移図は等価な正規表現に変換できることになる．

11.1 階層的状態遷移図への等価変換のあらまし

階層的ではない状態遷移図とそれに等価な階層的な状態遷移図の例について説明した後，階層的状態遷移への等価変換のあらましを説明する．

階層的ではない状態遷移図として図 11.1 の遷移図 M_1 を取り上げる．この状態遷移図に等価な階層的状態遷移図 M_2 を図 11.2 に示す．状態遷移図 M_2 から直接等価な正規表現が導かれるのに対して，状態遷移図 M_1 は階層的ではないので，等価な正規表現が直ちにわかるわけではない．次に，両者が等価であること，すなわち，同じ言語を受理することをみていく．

M_1 では，$q_0 \overset{1}{\to} q_1$ か $q_0 \overset{0}{\to} q_2$ の遷移で，状態 q_1, q_2, q_3, q_4 からなるサイクルに入り，そのサイクルを適当な回数遷移した後，$q_3 \overset{1}{\to} q_5$ か $q_4 \overset{0}{\to} q_5$ の遷移でサイクルから抜け出し，計算を終える．このサイクルのどの状態に入り，どの状態から抜け出すかにより，サイクルの記号 2 の枝を遷移する回数が $4k+2$ か $4k+1$ か $4k+3$ かのどれであるかが決まる．ここに，$k \geq 0$．サイクルに，$q_0 \overset{0}{\to} q_2$ で入り $q_4 \overset{0}{\to} q_5$ で出るか，または，$q_0 \overset{1}{\to} q_1$ で入り，$q_3 \overset{1}{\to} q_5$ で出る場合，サイクルを遷移する回数は $4k+2$ と表される．これらの径路で受理される系列は，$0(2222)^*220$ と $1(2222)^*221$ の正規表現で表される．一方，$q_0 \overset{0}{\to} q_2$ で入り $q_3 \overset{1}{\to} q_4$ で出る場合，この回数は $4k+1$ と表され，$q_0 \overset{1}{\to} q_1$ で入り $q_4 \overset{0}{\to} q_5$ で出る場合はこの回数は $4k+3$ と表される．したがって，M_1 は M_2 に等価変換され，両者に等価な正規表

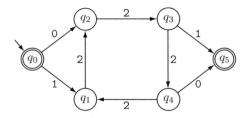

図 11.1　階層的ではない状態遷移図 M_1

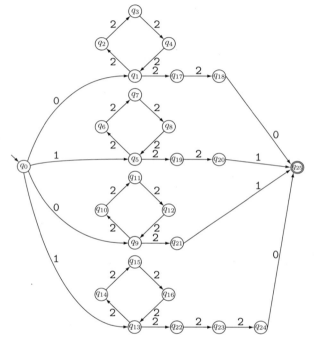

図 11.2　M_1 に等価な階層的状態遷移図 M_2

現は

$$0(2222)^*220 + 1(2222)^*221 + 0(2222)^*21 + 1(2222)^*2220 \qquad (1)$$

と表される．M_1 ではサイクルを 1 個用意し，それを重複して使っているのに対し，M_2 では 4 つの場合にそれぞれ個別のサイクルを用意している．このように，階層的な状態遷移図への等価変換では，状態の重複使用を避けるということが基本となる．

　この等価変換のために，状態遷移図を一般化する．**一般化した状態遷移図**とは，状態遷移図の枝のラベルを記号から正規表現に一般化したものである．この等価変換

は次節で説明するが，そのあらましは次の通りである．すなわち，状態の重複使用を避けるため，状態を1つ選んではそれを除去し，代りに，正規表現をラベルとする枝を加えて除去された状態を通る遷移のパスを補償するということを，開始状態と受理状態以外の状態がすべて除去されるまで繰り返す．図11.1の状態遷移図 M_1 の場合，この等価変換の手順を適用すると，状態遷移図は

$$q_0 \xrightarrow{0(2222)^*220+1(2222)^*221+0(2222)^*21+1(2222)^*2220} q_5$$

に変換される（(1) の正規表現を枝のラベルとする）．この枝の正規表現から等価な階層的状態遷移図 M_2 が得られる．

11.2　状態遷移図から等価な正規表現への変換アルゴリズム

　前節の例では，状態遷移図の状態遷移の様子を分析した上で，等価な階層的状態遷移図を新しくつくった．この節では，このような分析を必要としない，機械的に等価変換を実行するアルゴリズムを導く．

　この等価変換のアルゴリズムのポイントは，図11.3に示すように1つの状態を除去する等価変換である．この図は，等価変換する状態遷移図の一部を抜き出したもので，状態 q_{rm} を除去し，代りにそれを補償する正規表現のラベル付きの枝を加える変換を表している．図11.3は，状態 q_{rm} に入るすべての枝と状態 q_{rm} から出るすべての枝を表した例である．状態 q_{rm} に出入りのない枝は描かれていない．状態 q_{rm} の除去を補償する枝として，$q_i \xrightarrow{r_i} q_{rm}$，$q_{rm} \xrightarrow{t_j} p_j$ となるすべての状態のペア q_i, p_j に対して $q_i \to p_j$ の枝を張る．この状態遷移 $q_i \to p_j$ は，q_{rm} の除去を補償するため状態 q_i から状態 q_{rm} を経由して状態 p_j への遷移がつづる $r_i s_{rm}^* t_j$ に加え

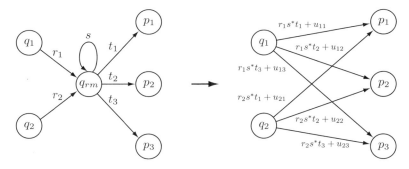

図 11.3　状態 q_{rm} を除去し，その除去を補償するように状態遷移のラベルを更新する．ただし，状態 q_i から p_j への直接の状態遷移を $q_i \xrightarrow{u_{ij}} p_j$ とする．

て，元々存在していた遷移の枝 $q_i \xrightarrow{u_{ij}} p_j$ のラベル u_{ij} を追加した $r_i s_{rm}^* t_j + u_{ij}$ を
ラベルとし，

$$q_i \xrightarrow{r_i s_{rm}^* t_j + u_{ij}} p_j$$

と表される．1 つの状態を除去する図 11.3 の変換を，開始状態 q_s と受理状態 q_f を
除くすべての状態に適用して除去すると，最終的には開始状態と受理状態だけから
なる状態遷移図が得られる（厳密には，図 11.3 の状態除去の変換を適用する前に，
状態遷移図を標準化条件を満たすものに変換する必要があるが，これについては後
で説明する）．この状態遷移図は $q_s \xrightarrow{r} q_f$ と表され，この最後に残った枝の正規表
現 r は最初に与えられた状態遷移図と等価である．

ところで，状態 q_{rm} の除去を補償する $q_i \xrightarrow{r_i s_{rm}^* t_j + u_{ij}} p_j$ の枝は，等価な階層的状
態遷移図 $M(r_i s_{rm}^* t_j + u_{ij})$ を状態 q_i と p_j の間にはめ込んだものと解釈できる．こ
れは，状態 q_i と p_j の間に限定すると，局所的には階層化が実行済みと捉えること
ができる．この置き換えを繰り返し，最終的な $q_s \xrightarrow{r} q_f$ で全体が階層化され，等価
な階層的状態遷移図 $M(r)$ が得られる．

これまで説明したことを次の定理としてまとめておく．

> **定理 11.1**　任意の状態遷移図は，階層的状態遷移図に等価変換される．

【証明】　与えられた任意の状態遷移図を，図 11.4 に示す等価変換により次の標準化
条件を満たすものに変換する．
　　標準化条件：　開始状態からは出る枝だけが存在し，受理状態は 1 個で
　　　　　　　　　入る枝だけが存在する．
すなわち，新しく開始状態 q_s と受理状態 q_f を導入し，q_s から元の開始状態に ε 遷
移させ，元のすべての受理状態から q_f へ ε 遷移させればよい．状態遷移図 M から
1 つの状態を除去するアルゴリズム $REMOVE(M)$ を次のように定義する．

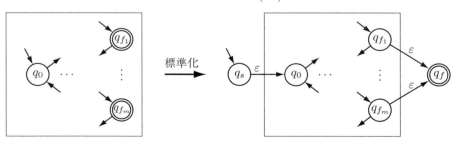

図 11.4　状態遷移図の標準化

$REMOVE(M)$:

1. M の状態数が 2 ならば，M を返す．

2. M の状態数が 3 以上ならば，
$$q_{rm} \in Q - \{q_s, q_f\}$$
を任意に選ぶ．

3. すべての $q_i \in Q - \{q_f\}$ とすべての $p_j \in Q - \{q_s\}$
に対して以下を実行する．
$$q_i \xrightarrow{r_i} q_{rm}, \ q_{rm} \xrightarrow{s} q_{rm}, \ q_{rm} \xrightarrow{t_j} p_j,$$
$$q_i \xrightarrow{u_{ij}} p_j \ \text{のとき，} \ q_i \xrightarrow{u_{ij}} p_j \ \text{を}$$
$$q_i \xrightarrow{r_i s^* t_j + u_{ij}} p_j$$
に更新する．

4. $Q \leftarrow Q - \{q_{rm}\}$

5. M を返す．

$REMOVE(M)$ は，図 11.3 で表される変換をアルゴリズムとしてまとめたものである．このアルゴリズムは標準化されている状態遷移図 M に対して働く．M は開始状態 q_s と受理状態 q_f をもっているので状態数は 2 以上である．除去する状態 q_{rm} として 2 で開始状態 q_s と受理状態 q_f 以外の状態 q_{rm} を任意に選び，3 で q_{rm} に対して図 11.3 で表される枝のラベルの書き換えが実行される（3 で書き換えられるラベルの他は変更なし）．4 で状態 q_{rm} を除いた状態集合を新しく状態集合とし，5 で結果を M として返す．ただし，3 のラベルの更新で，たとえば，$q_{rm} \xrightarrow{s} q_{rm}$ の枝が存在しない場合は，単に $s = \emptyset$ とすれば，$r_i s^* t_j = r_i \emptyset^* t_j = r_i \varepsilon t_j = r_i t_j$ となる．他のラベルについても同様である．さらに，状態 q_i と p_j が同じ状態ということもあり得る．この場合は追加される遷移の枝は自己ループ（1 つの状態から出て同じ状態に遷移する枝）となる．

次のアルゴリズム $CONVERT(M)$ は，これを実行するもので，標準化された状態遷移図 M に対して働く．

$CONVERT(M)$:

1. M の状態数が 3 以上である限り，次の代入を繰り返し実行する．
$$M \leftarrow REMOVE(M)$$

2. M を出力する．

このアルゴリズムの 1 の $M \leftarrow REMOVE(M)$ の代入は，変数 M の状態遷移図でアルゴリズム $REMOVE(M)$ を呼び出し，返ってきた状態遷移図（状態が 1 つ除去

されている）を変数 M に代入する．この代入が，M の状態が開始状態 q_s と受理状態 q_f だけとなるまで繰り返し実行される．標準化条件より，q_s からは出る枝だけが存在し，q_f へは入る枝だけが存在するので，最後に q_s と q_f の 2 状態になった段階で状態遷移図は $q_s \xrightarrow{r} q_f$ が得られる．この正規表現 r から得られる $M(r)$（定義 10.4 より定まる）は，入力の M に等価で階層的な状態遷移図である．　■

定理 11.1 の証明の，$CONVERT(M)$ は，全体が階層的になるまで，状態遷移図 M の遷移の枝の修正を繰り返し，等価変換すると捉えることができる．この $CONVERT(M)$ は，状態遷移図 M を状態遷移図 $q_s \xrightarrow{r} q_f$ に変換しているので，M を等価な正規表現 r に変換するアルゴリズムにもなっている．

定理 11.1 の等価変換では，変換の手順をすっきりと表すために，状態遷移図をまず標準化した上で等価変換したが，この標準化は必ずしも必要ではない．実際，この講の問題は標準化しないで解くこともできる．なお，除去する状態の順番により最終的に得られる正規表現は変わることが多いが，得られた正規表現は互いに等価である（問題 11.5）．

次の定理はこれまでの結果を取りまとめたもので，言語に関する等価な条件を与える．

> **定理 11.2**　有限オートマトンで受理される $\Leftrightarrow$ 正規表現で表される.

【証明】　⇒ の証明：　言語 L が状態遷移図 M で受理されるとすると，この M は定理 11.1 より階層的状態遷移図 M' に等価変換される．M' が階層的であることより，M' は正規表現 r が存在して $M(r)$ と表される．したがって，この正規表現 r は言語 L を表す．

⇐ の証明：　言語 L が正規表現 r で表される（すなわち，$L = L(r)$）とすると，r から定まる有限オートマトン $M(r)$ は $L(r)$（したがって，L）を受理する．　■

次の例はアルゴリズム $CONVERT(M)$ の適用例を与える．

例 11.3　図 11.5 の (a) の状態遷移図を等価な正規表現に変換する．この状態遷移図は記号 a を $3k+2$ 個含む系列を受理する．ここに，$k = 0, 1, 2, \ldots$. 図 11.5 に示すように，この (a) の状態遷移図を標準化すると，(b) の状態遷移図 M_2 となる．図 11.6 は，この M_2 にアルゴリズム $CONVERT(M_2)$ を適用したときの等価変換の様子を表したものである．その結果得られる等価な正規表現 $(ab^*ab^*a + b)^*ab^*ab^*$ は記号 a を $3k+2$ 個含む系列の集合を表す（問題 11.4）．　■

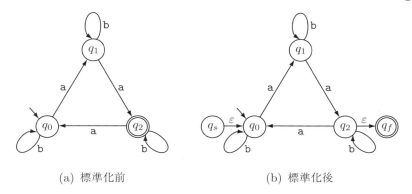

(a) 標準化前　　　　　　　　　(b) 標準化後

図 11.5　標準化された状態遷移図 M_1

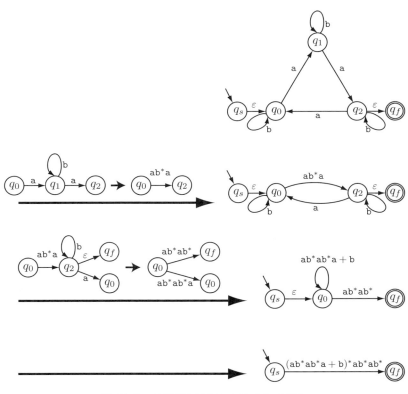

図 11.6　*CONVERT* による M_2 の変換

11.3　計算モデル間の模倣

　この講と第 9 講では，計算モデルの一方が他方の動作を模倣するということを導いた．模倣の代りにシミュレーションといってもいい．この模倣という概念は計算理論の至るところで現れ，鍵となるものである．計算理論の主要な成果はほとんどすべてが模倣に関わるといっても言い過ぎではない．そこで，状態遷移図を例に取り上げながら計算理論に共通する模倣の捉え方について説明する．

　第 9 講の図 9.12 は，NFA のクラスと DFA のクラスを取りあげ，これらのクラスの有限オートマトンが受理する言語のクラスは一致し，どちらも正規言語のクラスとなることを表している．同様に，図 11.7 は，制約のない状態遷移図のクラス A と階層的状態遷移図のクラス B を取りあげ，これらのクラスの状態遷移図が受理する言語のクラスは，どちらも正規言語のクラス C となることを表している．この図 11.7 は，定理 11.1 の主張「クラス A に属する任意の状態遷移図 M からクラス B に属する等価な状態遷移図 M' をつくることができる」を図として表したものである．

　まとめると，有限オートマトンのクラスは，決定性でも非決定性でも，また，状態遷移図として表した場合，階層的でも階層的という制約がなくとも，計算能力に違いがないことが導かれた．これらの事実から，有限オートマトンは**ロバスト**な計算モデルということができる．

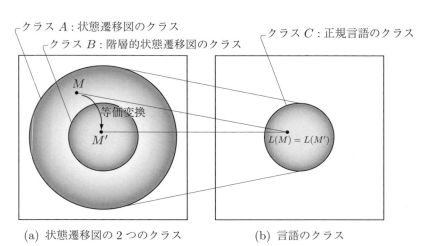

(a) 状態遷移図の 2 つのクラス　　　　　(b) 言語のクラス

図 11.7　状態遷移図のクラスと言語のクラスの関係

11.1 次の (a) から (d) の状態遷移図に等価な正規表現を求めよ．正規表現を求める際は，開始状態から受理状態に至るパスがつづる系列をすべて含むようにして，状態遷移図から直接構成せよ．

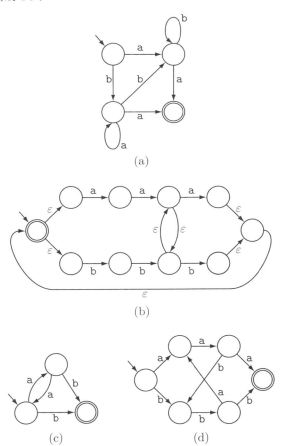

(a)

(b)

(c)　　　　　　　　　　(d)

11.2 次の状態遷移図について下の問いに答えよ．

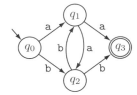

(1)　この状態遷移図は $q_1 \rightarrow q_2 \rightarrow q_1$ のサイクルへの入口と出口の組合せにより 4 つの部分に分けられる．それぞれで受理される系列の集合を表す正規表現を求めよ．

(2)♦　この状態遷移図を定理 11.1 の手順で，初めに q_1 を除去し，次に q_2 を除去して，等価な正規表現に変換せよ．また，この等価変換で求めた正規表現は (1) で求めた正規表現を合わせた（＋ の演算で結んだ）ものとなっていることを示せ．ただし，標準化した後，初めに q_0 を除去し，次に q_1 を除去せよ．

11.3 次の状態遷移図を定理 11.1 の手順に従って等価な正規表現に変換せよ．また，その過程を図 11.6 のように示せ．ただし，標準化した後，初めに q_0 を除去し，次に q_1 を除去せよ．

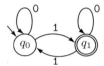

11.4 正規表現 $(\mathrm{ab}^*\mathrm{ab}^*\mathrm{a} + \mathrm{b})^*\mathrm{ab}^*\mathrm{ab}^*$ は記号 a を $3k+2$ 個含む系列の集合を表すことを示せ．ここに，$k \geq 0$ は任意．

11.5 次の状態遷移図について下の問いに答えよ．

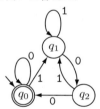

(1)　状態 q_1, q_2 の順に除去して，等価な正規表現を求めよ．

(2)　状態 q_2, q_1 の順に除去して，等価な正規表現を求めよ．

(3)♦♦　(1) と (2) で求めた正規表現が等価であることを導け．（ヒント．(1) と (2) の正規表現で表される系列の一般形がどのような形となるかをそれぞれ示し，それらが一致することを導け．）

12講 有限オートマトンの受理能力の限界

有限オートマトンで受理される言語にはある種の繰返しの性質がある．この繰返しの性質を**反復条件**としてまとめ，有限オートマトンで受理される言語はどんな言語も反復条件を満たすという定理を導く．この定理はオートマトン理論の分野では**反復補題**と呼ばれているので，この本でもそれに従うことにする．

ある言語が正規言語であることを導くには，その言語を受理する有限オートマトンを1つ構成すればよい．しかし，ある言語が正規言語ではないことを導くのはそれほど簡単ではない．無限に存在する有限オートマトン M すべてについて，M はその言語を受理しないことを導かなければならないからである．しかし，反復補題を用いると，ある言語が反復条件を満たさないことを導くことによりその言語はどんな有限オートマトンでも受理されることはないと結論づけることができる．もし何らかの有限オートマトンで受理されるのであれば，反復補題よりその言語は反復条件を満たしているはずだからである．

反復条件は少しわかりにくいところがあるので，まず初めに具体的な言語 $\{0^n 1^n \mid n \geq 0\}$ が有限オートマトンでは受理できないことを導いた後，反復補題へと進む．

$\{0^n 1^n \mid n \geq 0\}$ を受理する有限オートマトンは，$0^n 1^n$ の 0^n を入力した時点で，n の値を覚えておく必要がある．なぜならば，0^n に続いて 1^m が入力されたとき，m が n に等しいかどうかで受理/非受理の判定をしなければならないからである．一方，有限オートマトンの場合，n の値は状態の違いとして覚えるしかない．しかし，系列の長さ n の値はいくらでも大きくなるので，有限個の状態で n の値を覚えることはできない．したがって，$\{0^n 1^n \mid n \geq 0\}$ は有限オートマトンでは受理できない．この議論は直感的には正しいのであるが，これでは証明とはいえない．有限オートマトンが n の値を覚えるということはどういうことなのかが明確に述べられていないからである．

上に述べた直感的な考えに基づいて次の定理を証明する.

定理 12.1　言語 $\{0^n 1^n \mid n \geq 0\}$ は有限オートマトンでは受理されない.

【証明】　M を任意の決定性の状態遷移図とする. 図 12.1 に示すように, 開始状態 q_0 にある M に系列 $00\cdots$ を入力し, 状態遷移させたとき現れる状態を横一列に並べる. ここに, $p_0 = q_0$ とする. M の状態数はある個数に決まっているので, 系列の長さを長くとると, 図 12.1 に示すように, その状態の系列の中に同じ状態 p_{n_1} と $p_{n_2}(n_1 < n_2)$ が現れる. M が状態 p_{n_1} にいる場合と状態 p_{n_2} にいる場合を考えて, 両者に同じ系列 1^{n_1} を入力し, 状態遷移させると, $p_{n_1} = p_{n_2}$ なので, どちらの場合も同じ状態の系列 s_1, s_2, $\ldots$, s_{n_1} を遷移する. したがって, $q_0 \xrightarrow{0^{n_1}1^{n_1}} s_{n_1}$ と $q_0 \xrightarrow{0^{n_2}1^{n_1}} s_{n_1}$ と状態遷移するので, 状態 s_{n_1} が受理状態であれば M は系列 $0^{n_1}1^{n_1}$ と $0^{n_2}1^{n_1}$ のどちらも受理し, 受理状態でなければどちらも受理しない. ここに, $n_1 \neq n_2$ なので, いずれの場合も矛盾が導かれた. したがって, 任意の有限オートマトン M は $\{0^n 1^n \mid n \geq 0\}$ を受理することはない. ■

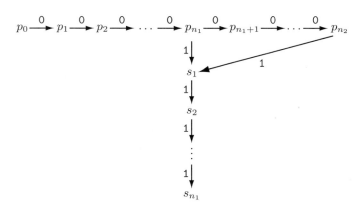

図 12.1　$0^{n_1}1^{n_1}$ と $0^{n_2}1^{n_1}$ による状態遷移

次に，反復補題の説明に進むが，まず，反復補題を定理として示しておく．

> **定理 12.2**　（正規言語に関する反復補題）有限オートマトンで受理される言語 L に対して，正整数 m が存在して，長さが m 以上の L の任意の系列 $w \in L$ に対して，w は xyz と 3 分割されて，次の 3 つの条件（**反復条件**と呼ばれる）を満たす．
> 　(1)　任意の $i \geq 0$ に対して，$xy^i z \in L$,
> 　(2)　$|y| \geq 1$,
> 　(3)　$|xy| \leq m$.
> この条件の (1) で，$i = 0$ のとき，$xy^0 z = xz$. なお，$|\ |$ は系列の長さを表す．

まず，図 12.1 とこの図を一般化した図 12.2 の対応関係に注目しよう．図 12.1 では，$p_{n_1} = p_{n_2}\ (n_1 < n_2)$ となるので，$p_{n_1} \xrightarrow{0^{n_2-n_1}} p_{n_2}$ の $0^{n_2-n_1}$ が図 12.2 の系列 y に対応する．また，$p_{n_1} \xrightarrow{1^{n_1}} s_{n_1}$ と $p_{n_2} \xrightarrow{1^{n_1}} s_{n_1}$ の 1^{n_1} が系列 z に対応する．さらに，定理 12.2 が定理 12.1 と大きく異なる点は，定理 12.1 では $0^{n_1} 1^{n_1}$ や $0^{n_2} 1^{n_1}$ のような特定のタイプの系列に注目したのに対し，定理 12.2 では，どのような系列 w でもある程度以上の長さ（m 以上）のものであれば，定理 12.1 と同様の議論により，同じ状態の繰り返しが現れるということを導くことである．

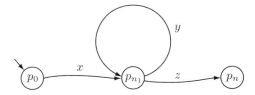

図 12.2　$p_0 \xrightarrow{x} p_{n_1} \xrightarrow{y} p_{n_2} \xrightarrow{z} p_n$ の遷移を表す図．ここに，$p_{n_1} = p_{n_2}$.

次に反復補題の証明に進む．

定理 12.2 の証明　言語 L は決定性有限オートマトン M により受理されるとし，M の状態数を m とする．長さ n が m 以上の系列 $w_1 w_2 \cdots w_n$ が M で受理されるとし，そのときの状態遷移を

$$p_0 \xrightarrow{w_1} p_1 \xrightarrow{w_2} p_2 \xrightarrow{w_3} \cdots \xrightarrow{w_{n-1}} p_{n-1} \xrightarrow{w_n} p_n$$

とする．ここに，p_0 は開始状態 q_0 であり，p_n は受理状態である．すると，初めの $m+1$ 個の状態 $p_0,\ p_1,\ \ldots,\ p_m$ に現れる状態の種類は高々 m 種類であるので，少なくとも 1 つの状態が 2 回は現れる．すなわち，

$$p_{n_1} = p_{n_2},$$
$$0 \le n_1 < n_2 \le m$$

となる状態 p_{n_1} と p_{n_2} が存在する. 図 12.2 に模式的に表すように, $w = xyz$ とし, $x = w_1 \cdots w_{n_1}$, $y = w_{n_1+1} \cdots w_{n_2}$, $z = w_{n_2+1} \cdots w_n$ とおくと,

$$p_0 \xrightarrow{x} p_{n_1} \xrightarrow{y} p_{n_2} \xrightarrow{z} p_n$$

となり, $p_{n_1} = p_{n_2}$ であるので, y を任意の回数（i 回）繰り返し, xy^iz をつくると, この系列も受理される. 図 12.3 には $i = 2$ のときの様子を表している. また, $n_1 < n_2$ なので, $|y| > 0$, また, $|xy| \le m$. ∎

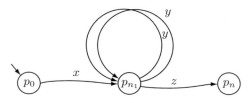

図 **12.3** 反復条件を説明する図

次に, 反復補題を用いて 2 つの言語について有限オートマトンでは受理できないことを導く.

例 12.3 定理 12.1 の「$\{0^n1^n \mid n \ge 0\}$ が有限オートマトンでは受理できない」ことを反復補題を用いて導く. この言語が有限オートマトンで受理されるとすると, この言語は反復条件を満たさなければならない. しかし, 次に示すように反復条件は満たされないので, $\{0^n1^n \mid n \ge 0\}$ は有限オートマトンでは受理されないことになる.

$\{0^n1^n \mid n \ge 0\}$ が有限オートマトンで受理されるとし, 反復補題の正整数を m とする. すると, 系列 0^m1^m は xyz と表され, 反復条件が満たされる. すると, $|xy| \le m$ の条件より, 0^m1^m を xyz と表したときの xy の部分は 0^m の範囲に入る. さらに, $|y| \ge 1$ の条件より, xyz から y を除いて xz をつくると, 0^m の範囲に入っている y が除かれるので, $xz\ (= xy^0z)$ は, $0^{m'}1^m$ と表され, $m' < m$ となる. しかし, $0^{m'}1^m \notin \{0^n1^n \mid n \ge 0\}$ なので, 反復条件は満たされない. ∎

例 12.4 "0" と "1" が同じ数だけ現れる系列からなる言語を取り上げる．すなわち，$N_0(w)$ と $N_1(w)$ で，それぞれ w に現れる "0" の個数と "1" の個数を表すとして，取り上げる言語は $\{w \mid N_0(w) = N_1(w)\}$ である．前の例 12.3 と同じように，系列 $0^m 1^m$ に注目すると，この言語は有限オートマトンでは受理できないことを導くことができる．

ここで，注意しておきたいのは，言語 $\{0^n 1^n \mid n \geq 0\}$ の場合と違い，取り上げる系列を注意して選ばなければならないということである．たとえば，長さが $2m$ の系列 $0101\cdots01$ を選ぶと，これまでと同様の議論で反復条件が満たされないということを導くことができない．実際，この系列を xyz と表したとき，$y = 01$ となる場合には，任意の i に対して $xy^i z$ は $\{w \mid N_0(w) = N_1(w)\}$ に属する．したがって，このような系列を選ぶと，反復条件が満たされないということは導けないので，$\{w \mid N_0(w) = N_1(w)\}$ が有限オートマトンで受理されないという結論を導くことはできない． ■

問　題

12.1 (1) 言語 $L = \{0^i 1^j \mid i \geq 0, j \geq 0\}$ を受理する NFA の状態遷移図を与えよ．

(2) $L_1 \subseteq L_2$ で，かつ，L_1 は正規言語ではなく，L_2 は正規言語となる言語 L_1 と L_2 の例を与えよ．

12.2 言語 $L = \{0^i 1^j \mid 0 \leq i \leq j\}$ は有限オートマトンでは受理されないことを導け．

12.3♦♦ 言語 $L = \{0^i 1^j \mid i \neq j\}$ は有限オートマトンでは受理されないことを導け．

12.4♦♦ アルファベットを $\{0, 1\}$ とする．入力の最後（右端）から k ビット目が 1 の系列を受理する有限オートマトン M について次の問いに答えよ．

(1) この有限オートマトン M の状態数は 2^k 個以上であることを導け．

(2) $k = 3$ として，入力の最後の 3 ビットが $abc \in \{0,1\}^3$ である状態を abc と表し，状態遷移を $abc \xrightarrow{d} bcd$ と定め，8 状態の状態遷移図を描け．ここに，$d \in \{0,1\}$．この状態遷移図で開始状態と受理状態を指定し，最後から 3 ビット目が 1 となる系列を受理するようにせよ．なお，このような状態遷移図に対応するグラフは，一般に，k 次のデ・ブルーイングラフと呼ばれる．

(3) 問題 9.5 で求めた状態遷移図と (2) の状態遷移図の状態のラベルの間には対応関係がある．この対応関係のもとで，これらの状態遷移図は一致することを示せ．

13講 正規言語のクラスの閉包性

　集合がある演算のもとで**閉じている**というのは，集合の任意の要素にその演算を適用した結果がその集合に属することである．たとえば，自然数の集合 N の部分集合として偶数の集合 $N_{\text{even}} = \{2, 4, \ldots\}$ と奇数の集合 $N_{\text{odd}} = \{1, 3, \ldots\}$ を考えよう．図 13.1 に示すように，加算の演算のもとで，N_{even} は閉じているが，N_{odd} は閉じていない．

　この講では，集合として正規言語のクラスを取り上げ，このクラスが言語に対するさまざまな演算のもとで閉じていることを導く．取り上げる集合演算は，和集合演算 $\cup$，共通集合演算 $\cap$，補集合演算 $\overline{}$，スター演算 $*$，連接演算 $\cdot$ である．ここで，$\cup$, $\cap$, $\cdot$ の演算は 2 つの言語に適用されるので **2 項演算**と呼ばれるのに対し，$\overline{}$ と $*$ は 1 つの言語に適用されるので **1 項演算**と呼ばれる．一般に，m 個の要素に適用される演算は **m 項演算**と呼ばれる．

　ところで，正規言語のクラスがある演算のもとで閉じているということは何を意味するのであろうか．たとえば，$\cup$ の演算を考える．正規言語のクラスが演算 $\cup$ で閉じているということは，「L と L' が正規言語であれば，$L \cup L'$ は正規言語となる」ということである．これは，L と L' がそれぞれ有限オートマトンで受理されるのであれば，$L \cup L'$ も有限オートマトンで受理されるということでもある．実際，このことを導くのに，L と L' をそれぞれ受理する有限オートマトンが存在すると仮定し

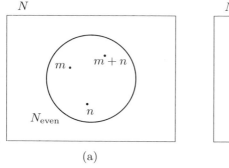

(a)

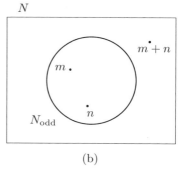

(b)

図 13.1　加法演算のもとで，N_{even} は閉じているが，N_{odd} は閉じていない．

て，それらの有限オートマトンを用いて，$L \cup L'$ を受理する有限オートマトンを構成する．他の演算についても同様である．

> **定理 13.1** 正規言語のクラスは，和集合演算 $\cup$，連接演算 $\cdot$，スター演算 $*$ のもとで閉じている．

【証明】 正規言語とは非決定性有限オートマトンで受理される言語であるという定義に基づいて，定理を導く．定理を導くためには，L_1 と L_2 はそれぞれ非決定性有限オートマトン M_{L_1} と M_{L_2} により受理されると仮定して，$L_1 \cup L_2$，$L_1 \cdot L_2$，L_1^* をそれぞれ受理する非決定性有限オートマトン $M_{L_1 \cup L_2}$，$M_{L_1 \cdot L_2}$，$M_{L_1^*}$ を構成すればよい．図 13.2, 13.3, 13.4 にそれぞれ示すように，このような $M_{L_1 \cup L_2}$，$M_{L_1 \cdot L_2}$，$M_{L_1^*}$ を M_{L_1} と M_{L_2} を用いて構成することができる． ■

ところで，上の証明で導入された $M_{L_1 \cup L_2}$，$M_{L_1 \cdot L_2}$，$M_{L_1^*}$ は，形式的定義として与えることもできる（問題 13.1, 13.2, 13.3）．

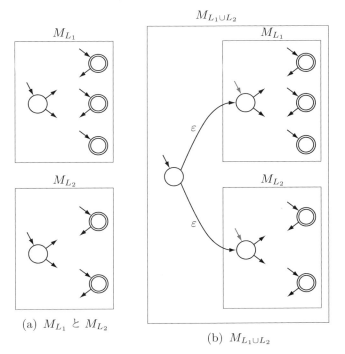

(a) M_{L_1} と M_{L_2}

(b) $M_{L_1 \cup L_2}$

図 13.2 M_{L_1} と M_{L_2} から構成される $M_{L_1 \cup L_2}$

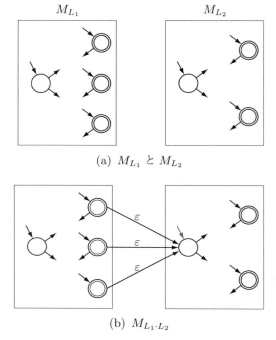

(a) M_{L_1} と M_{L_2}

(b) $M_{L_1 \cdot L_2}$

図 **13.3**　M_{L_1} と M_{L_2} から構成される $M_{L_1 \cdot L_2}$

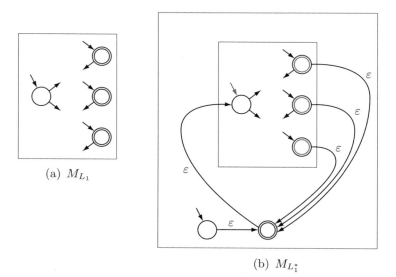

(a) M_{L_1}

(b) $M_{L_1^*}$

図 **13.4**　M_{L_1} から構成される $M_{L_1^*}$

> **定理 13.2** 正規言語のクラスは，補集合演算￣のもとで閉じている．

【証明】 正規言語とは決定性有限オートマトンで受理される言語であるという定義に基づいて定理を導く．言語 L を受理する決定性有限オートマトン M_L から言語 $\overline{L}$ を受理する決定性有限オートマトン $M_{\overline{L}}$ を構成すれば定理は導かれたことになる．この $M_{\overline{L}}$ は，M_L が入力系列を受理するとき，受理せず，受理しないとき，受理するように働く．このように働くようにするためには，$M_{\overline{L}}$ の受理状態と非受理状態を M_L の受理状態と非受理状態を反転させたものにすればよい． ∎

決定性有限オートマトンを定義 7.1 で定義すると，上の証明の $M_{\overline{L}}$ をすっきりと表すことができる（問題 13.4）．また，この定理 13.2 の証明では，有限オートマトンは決定性としなければならないことに注意してほしい（問題 13.5）．

> **定理 13.3** 正規言語のクラスは，共通集合演算 ∩ のもとで閉じている．

【証明】 これまでの証明と同様に，L_1 を受理する決定性有限オートマトン M_{L_1} と L_2 を受理する決定性有限オートマトン M_{L_2} から，$L_1 \cap L_2$ を受理する決定性有限オートマトン $M_{L_1 \cap L_2}$ を構成する．

$M_{L_1 \cap L_2}$ の構成のヒントを探るため，次のような状況を考えてみよう．M_{L_1} と M_{L_2} の状態遷移図がそれぞれ描かれた 2 枚の紙が与えられ，入力系列の記号が次々と読み上げられ，M_{L_1} と M_{L_2} で共に受理されるか，そうではないかの判定が求められたとする．M_{L_1} も M_{L_2} も状態遷移の枝が張り巡らされた 100 個もの状態からなる状態遷移図だとすると，開始状態から始めて M_{L_1} の状態遷移と M_{L_2} の状態遷移を両手の指で同時にたどるしかないだろう．両方の指が共に受理状態の上にあったら受理と判定し，そうでなかったら非受理と判定すれば，$L_1 \cap L_2$ の系列かどうかを判定できる．問題は，このように判定する決定性有限オートマトン $M_{L_1 \cap L_2}$ をどのように構成すればよいかということである．

$M_{L_1 \cap L_2}$ の構成のポイントは，指が置かれた M_{L_1} の状態 p と M_{L_2} の状態 q のペア (p, q) を $M_{L_1 \cap L_2}$ の状態とみなすということである．M_{L_1} と M_{L_2} でそれぞれ

$$p \xrightarrow{a} p',$$
$$q \xrightarrow{a} q'$$

のとき，$M_{L_1 \cap L_2}$ の状態関数 δ を

$$(p, q) \xrightarrow{a} (p', q')$$

となるように定義する．このように $M_{L_1 \cap L_2}$ の状態集合は，$p \in Q_1$ と $q \in Q_2$ の状態のペア (p, q) からなる集合とするので，Q_1 と Q_2 の直積 $Q_1 \times Q_2$ と表される．$M_{L_1} = (Q_1, \Sigma, \delta_1, q_1, F_1)$ とし，$M_{L_2} = (Q_2, \Sigma, \delta_2, q_2, F_2)$ とするとき，$M_{L_1 \cap L_2}$ を

$$M_{L_1 \cap L_2} = (Q_1 \times Q_2, \Sigma, \delta, (q_1, q_2), F_1 \times F_2)$$

と定義する．$M_{L_1 \cap L_2}$ は，M_{L_1} と M_{L_2} の**直積オートマトン**（または，**積オートマトン**，direct product automaton, product automaton）と呼ばれる．この $M_{L_1 \cap L_2}$ は，上に述べたように M_{L_1} の状態遷移図と M_{L_2} の状態遷移図の状態遷移を指でたどり，受理/非受理の判定を下す場合と同じ判定を下すことになる．　■

　この講では，正規言語のクラスが $\cup$，$\cap$，$\overline{}$，$\cdot$，$*$ の演算のもとで閉じていることを導いた．この閉包性を導くのに，正規言語のクラスを決定性有限オートマトンや非決定性有限オートマトンで定義されるものとした．これ以外の定義に基づいても，正規言語のクラスの閉包性を導くことができる（問題 13.7）．特に，正規言語を正規表現で表される言語と定義すると，正規言語のクラスが $\cup$ と $\cdot$ と $*$ の演算のもとで閉じていることは直ちに導くことができる（問題 13.10）．

問　　題

13.1 定理 13.1 の非決定性有限オートマトン $M_{L_1 \cup L_2}$ を定義 7.1 の形式的定義に基づいて与えよ．ただし，$M_{L_1} = (Q_1, \Sigma, \delta_1, q_1, F_1)$，$M_{L_2} = (Q_2, \Sigma, \delta_2, q_2, F_2)$ とし，$M_{L_1 \cup L_2}$ の状態遷移関数 δ は δ_1 と δ_2 を用いて定義すればよい．ここに，Q_1 と Q_2 は共通する状態をもたないとする．

13.2 定理 13.1 の証明の NFA $M_{L_1 \cdot L_2}$ を形式的定義に基づいて与えよ．ただし，M_{L_1} と M_{L_2} は問題 13.1 で与えられるものとする．

13.3 定理 13.1 の証明の NFA $M_{L_1 *}$ を形式的定義に基づいて与えよ．ただし，M_{L_1} は問題 13.1 で与えられるものとする．

13.4 定理 13.2 の証明の DFA $M_{\overline{L}}$ の形式的定義を与えよ．ただし，言語 L を受理する決定性有限オートマトン M_L を，$M_L = (Q, \Sigma, \delta, q_0, F)$ とする．

13.5 定理 13.2 の証明では，有限オートマトンは決定性と仮定している．この仮定を非決定性に一般化すると，この証明の方法で M_L から $M_{\overline{L}}$ をつくっても，$M_{\overline{L}}$ が $\overline{L}$ を受理することにはならない場合がある．このようなことが起る簡単な例を与えよ．

13.6 定理 13.3 の証明の決定性有限オートマトン $M_{L_1 \cap L_2}$ の形式的定義を与えよ．ただし，M_{L_1} と M_{L_2} は問題 13.1 で与えられるものとする．

13.7 定理 13.3 を，ド・モルガンの法則と正規言語のクラスが $\cup$ と $^-$ の演算で閉じているという事実から導け．

13.8 問題 13.6 の解答で説明した直積オートマトンの考え方を用いて，M_{L_1} と M_{L_2} から言語 $L_1 \cup L_2$ を受理する $M_{L_1 \cup L_2}$ を構成し，形式的定義に基づいて与えよ．ただし，M_{L_1} と M_{L_2} は問題 13.1 で与えられるものとする．

13.9♦♦ 長さ n の系列 $w = w_1 w_2 \cdots w_n$ に対して，左右の逆転をする演算 R を $w^R = w_n \cdots w_2 w_1$ と定義する．また，言語 L に対して，$L^R = \{w^R \mid w \in L\}$ とする．正規言語のクラスは演算 R で閉じていることを導け．

13.10 正規言語とは，正規表現で表される言語である．この定義に基づいて，正規言語のクラスが $\cup$ と $\cdot$ と $*$ の演算で閉じていることを導け．

第 III 部
プッシュダウン
オートマトンと
文脈自由言語

14講 文脈自由文法の定義

　文脈自由文法の一般的な定義に進む前に，具体例について説明する．取り上げる例は文脈自由文法 G_1 で，次の3つの**書き換え規則**をもつ．それぞれ左辺は右辺で置き換え可能であるというルールである．

$$S \to SS,$$
$$S \to (S),$$
$$S \to \varepsilon.$$

この書き換え規則には3つの記号が現れる．S は**非終端記号**であり，"(" と ")" は**終端記号**である．非終端記号のうちの1つが**開始記号**として指定されるが，この場合は S が指定される．通常，非終端記号はアルファベットの大文字で表され，終端記号はアルファベットの小文字か，数字か，特殊記号で表される．この G_1 は正しいカッコの系列を生成する．その生成の例を次に表す．

$$S \Rightarrow (S) \Rightarrow (SS) \Rightarrow ((S)S) \Rightarrow (((S))S)$$
$$\Rightarrow ((())S) \Rightarrow ((())(S)) \Rightarrow ((())())$$

上に挙げた例のように，開始記号からスタートして，書き換え規則を次々と適用して得られる系列を $\Rightarrow$ で結んだものを**導出**と呼ぶ．上に挙げたものは，$((())())$ の導出の例である．導出をグラフの木として表したものを**導出木**（**構文木**ということもある）と呼ぶ．図 14.1 は，上の導出の導出木である．ところで，上の導出の過程で (SS) が得られた時点で，$S \to (S)$ の書き換え規則はどちらの S に対しても適用可能である．この例のように $(SS) \Rightarrow ((S)S)$ としてもよいし，あるいは右の S に適用して $(SS) \Rightarrow (S(S))$ としてもよい．上の導出では，このように書き換え可能な非終端記号が複数存在するとき，どの時点でも最左の非終端記号を書き換えている．このような導出を**最左導出**と呼ぶ．同様に，どの時点でも最右の非終端記号を書き換える導出を**最右導出**と呼ぶ．

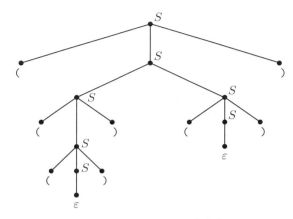

図 14.1 （（（））（））の導出木

ここで，文脈自由文法が系列を導出する手順をまとめておく．

1. 開始記号を書く．
2. 系列に現れている非終端記号を 1 つ選び，その非終端記号を左辺にもつ書き
   換え規則を 1 つ選び，非終端記号をその規則の右辺に書き換える．
3. **2** を非終端記号がなくなるまで繰り返す．

このような手順で導出される系列をすべて集めた言語が**文脈自由言語**（Context-Free Language，CFL と略記される）である．

文脈自由文法の形式的定義は次のように与えられる．

定義 14.1 文脈自由文法（Context-Free Grammar，CFG と略記される）とは，4 項組 (Γ, Σ, P, S) である．ここに，

(1) Γ は**非終端記号**の有限集合，
(2) Σ は**終端記号**の有限集合（アルファベット），ただし，Γ と Σ は共通する要素をもたない，
(3) P は**書き換え規則**の有限集合で，個々の書き換え規則は $A \to r$ の形をとる．ここに，$A \in \Gamma$，$r \in (\Gamma \cup \Sigma)^*$，
(4) $S \in \Gamma$ は**開始記号**．

　CFG は書き換え規則の集合 P だけで表すことも多い．その場合は，非終端記号は P に現れる大文字のアルファベットとし，残りを終端記号と解釈する．また，開始記号は P の最初の書き換え規則の左辺とする．

　また，$x \Rightarrow y$ となる系列 $x, y \in (\Gamma \cup \Sigma)^*$ の関係は次のように定義される．系列 $x \in (\Gamma \cup \Sigma)^*$ が，$A \in \Gamma$ と $u, v \in (\Gamma \cup \Sigma)^*$ が存在して $x = uAv$ と表されて，書き換え規則 $A \to r \in P$ が存在するとき，$y = urv$ に対して

$$x \Rightarrow y$$

とする．また，$\Rightarrow$ を有限回（0 回を含む）繰り返した関係を $\overset{*}{\Rightarrow}$ と表す．すなわち，$x, y \in (\Gamma \cup \Sigma)^*$ に対して，$x \overset{*}{\Rightarrow} y$ は次のように定義される．

$$x \overset{*}{\Rightarrow} y \quad \Leftrightarrow \quad \left(\begin{array}{l} (1) \quad x = y \text{（} \Rightarrow \text{の適用回数が 0 回の場合），または} \\ (2) \quad m \geq 1 \text{ と } x_1, \ldots, x_m \in (\Gamma \cup \Sigma)^* \text{ が存在して} \\ \qquad x_1 \Rightarrow x_2 \Rightarrow \cdots \Rightarrow x_m, \text{ かつ，} x = x_1, \ y = x_m. \end{array} \right)$$

このとき，$x_1 \Rightarrow x_2 \Rightarrow \cdots \Rightarrow x_m$ を，x_m の x_1 からの**導出**という．文脈自由文法 G は，開始記号から導出される終端記号からなる系列を**生成**するという．すなわち，$S \overset{*}{\Rightarrow} w$ となる $w \in \Sigma^*$ である．G が生成する系列の集合を，G が生成する言語といい，$L(G)$ と表す．すなわち，

$$L(G) = \{ w \in \Sigma^* \mid S \overset{*}{\Rightarrow} w \}.$$

S からの導出に現れる系列を**中間系列**と呼ぶ．すなわち，$S \overset{*}{\Rightarrow} u$ となる系列 $u \in (\Gamma \cup \Sigma)^*$ のことである．特に，前提となっている文法 G を表すため，$\Rightarrow$ や $\overset{*}{\Rightarrow}$ をそれぞれ $\underset{G}{\Rightarrow}$ や $\underset{G}{\overset{*}{\Rightarrow}}$ と表すこともある．2 つの文法 G_1 と G_2 が生成する言語が等しい（すなわち，$L(G_1) = L(G_2)$）とき，G_1 と G_2 は**等価**という．なお，左辺が等しい書き換え規則をまとめて右辺を縦のライン "|" で区切って表す．すなわち，$A \to r_1$, $A \to r_2$, ..., $A \to r_k$ を

$$A \to r_1 \mid r_2 \mid \cdots \mid r_k$$

と表す．

例 14.2　上で取り上げた正しいカッコの系列を生成する G_1 を，文脈自由文法の形式的定義によって与えると，

$$G_1 = (\{S\}, \{(,)\}, \{S \to (S) \mid SS \mid \varepsilon\}, S)$$

となる．

　ここで，文脈自由文法の名前の意味について簡単に説明しておく．$A \to r$ が書き換え規則のとき，任意の $u, v \in (\Gamma \cup \Sigma)^*$ に対して $uAv \Rightarrow urv$ となる．このとき，uAv における A の文脈とは，このときの u や v のことである．文脈自由文法では，文脈によらず書き換え規則が常に適用可能であることより，文脈から自由という意味でこの名称がつけられた．一方，**文脈依存文法**は，文脈に依存して，適用できることもあるし，適用できないこともある文法である．次の講では，文脈依存文法を具体的に与え，この文法が文脈自由文法では生成できない言語 $\{a^n b^n c^n \mid n \geq 1\}$ を生成することを示す．これは，文脈に依存する文脈依存文法は依存しない文脈自由文法より言語生成能力が高いことを示す例である．

問　　題

14.1 書き換え規則が

$$S \to \mathsf{a}S\mathsf{b} \mid T,$$
$$T \to \mathsf{b}T\mathsf{a} \mid \varepsilon$$

で与えられているとき，aabbbaaabb の導出木を示せ．また，この書き換え規則の文脈自由文法で生成される言語を与えよ．

14.2 アルファベットを $\{\mathsf{a}, \mathsf{b}\}$ とする．長さ n の系列 $w = w_1 w_2 \cdots w_n$ に対して，$w^R = w_n \cdots w_2 w_1$ とする．言語 $\{ww^R \mid w \in \{\mathsf{a}, \mathsf{b}\}^*\}$ を生成する CFG を与えよ．

14.3♦♦ (1) CFG $G = (\{S, T, U\}, \{\mathsf{a}, \mathsf{b}, \mathsf{c}\}, P, S)$ の書き換え規則を次のように与えるとする．

$$P = \{S \to XSX \mid T,$$
$$T \to \mathsf{c}U\mathsf{c},$$
$$U \to XUX \mid \mathsf{a} \mid \mathsf{b} \mid \varepsilon,$$
$$X \to \mathsf{a} \mid \mathsf{b}\}$$

G が生成する言語を与えよ．

(2) アルファベットを $\{\mathsf{a}, \mathsf{b}\}$ とし，P の書き換え規則に変更を加えると，回文ではない系列からなる言語を生成する CFG G' をつくることができる．その文法 G' を与えよ．ただし，回文とは，$w^R = w$ となる系列 w のことである．(ヒント．回文ではない系列とは，系列の左右対称の対のポジションに少なくとも 1 回 a と b，または，b と a が現れるような系列である．)

15講 正規文法，文脈自由文法，文脈依存文法

書き換え規則のタイプにいろいろな制約をつけるとさまざまな文法のクラスを定義することができる．文脈依存文法に制約をつけたものが文脈自由文法であり，文脈自由文法に制約をつけたものが正規文法である．これらの文法の言語生成能力は，制約が少ない方が高い．この講では具体的な文法の例を取り上げながら，これらの文法を説明する．

15.1 正規文法による系列の生成と有限オートマトンによる系列の受理

文脈自由文法に制約をつけた文法として正規文法を導入する．正規文法は有限オートマトンが受理する言語（正規言語）を生成する．

定義の上では正規文法は自ら系列を生成し，有限オートマトンは外から与えられた系列に受理か非受理かの判定を下す．このように正規文法と有限オートマトンの動きには，見かけ上は能動的か受動的かの違いがあるが，両者の計算能力は等価ということを導く．具体的に言うと，与えられた有限オートマトンからそれを模倣する正規文法がつくれることと，逆に，与えられた正規文法からそれを模倣する有限オートマトンがつくれることを導く．

図 15.1 の状態遷移図 M_1 を例にとり，受理と生成の関係を見てみる．M_1 は，1が奇数個現れる系列を受理する有限オートマトンである．これに対し，書き換え規則として次の5つの規則をもった文法 G_1 を考える．

$$A_{q_0} \to 0A_{q_0},$$
$$A_{q_0} \to 1A_{q_1},$$
$$A_{q_1} \to 0A_{q_1},$$
$$A_{q_1} \to 1A_{q_0},$$
$$A_{q_1} \to \varepsilon.$$

この文法 G_1 を形式的定義として表すと次のようになる．

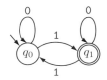

図 15.1　状態遷移図 M_1

$$G_1 = (\{A_q \mid q \in \{q_0, q_1\}\}, \{0, 1\}, \{A_{q_0} \to 0A_{q_0} \mid 1A_{q_1},$$
$$A_{q_1} \to 0A_{q_1} \mid 1A_{q_0}, A_{q_1} \to \varepsilon\}, A_{q_0})$$

M_1 の開始状態 q_0 に対して，G_1 の非終端記号 A_{q_0} が開始記号と指定されている．系列 1011 は，M_1 で受理され，G_1 で生成される．その状態遷移と導出はそれぞれ以下の通りである．

$$q_0 \xrightarrow{1} q_1 \xrightarrow{0} q_1 \xrightarrow{1} q_0 \xrightarrow{1} q_1 \tag{1}$$

$$A_{q_0} \Rightarrow 1A_{q_1} \Rightarrow 10A_{q_1} \Rightarrow 101A_{q_0} \Rightarrow 1011A_{q_1} \Rightarrow 1011 \tag{2}$$

この例からわかるように，状態 q_0 と q_1 をそれぞれ非終端記号 A_{q_0} と A_{q_1} とに対応させれば，状態遷移と導出が同じような動きをしていることがわかる．ただし，(1) では 1011 を入力した後の状態 q_1 は受理状態なので，この系列が受理されるのに対し，系列が生成されるためには非終端記号がすべて消えなければならないので，(2) の最後は $A_{q_1} \to \varepsilon$ を適用して，非終端記号を消去している．この例の G_1 の書き換え規則の構成法を一般化すると，有限オートマトンに $p \xrightarrow{a} q$ の状態遷移があるとき，書き換え規則として $A_p \to aA_q$ を加え，q が受理状態のとき $A_q \to \varepsilon$ を加えるということになる．

　次に有限オートマトンに対応する文法として正規文法と呼ばれる文法の形式的定義を与える．この文法は，定義 14.1 の文脈自由文法の書き換え規則に制約を置いた文法である．上の文法 G_1 は正規文法の例である．

定義 15.1　**正規文法**とは 4 項組 (Γ, Σ, P, S) である．ここで，
(1)　Γ は非終端記号の有限集合，
(2)　Σ は終端記号の有限集合，ただし，Γ と Σ は共通する要素をもたない．
(3)　P は書き換え規則の有限集合で，書き換え規則は

$$A \to aB, \quad A \to \varepsilon$$

　　のいずれかの形をとる．ここで，$A, B \in \Gamma$，$a \in \Sigma$ である．
(4)　$S \in \Gamma$ は開始記号．

通常，**正規文法**の書き換え規則は上の定義の 2 つのタイプの代りに

$$A \to aB, \quad A \to a, \quad A \to \varepsilon$$

の 3 つのタイプからなるものと定義される．しかし，実際は，定義 15.1 の (3) のように，$A \to a$ のタイプを除いても言語の生成能力は変わらない．非終端記号 X を新しく加えて，$A \to a$ のタイプの書き換え規則を $A \to aX$ に置き換えた上で，書き換え規則 $X \to \varepsilon$ を加えておけばよいからである．したがって，正規文法を書き換え規則のタイプを $A \to aB$ か $A \to \varepsilon$ として定義しても，$A \to aB$ か $A \to a$ か $A \to \varepsilon$ として定義しても，言語の生成能力は変わらないことになる（問題 15.1）．なお，正規文法の定義を変えて，(3) を $A \to Ba$，$A \to \varepsilon$ のいずれかの形をとるとしても，生成される言語のクラスは変わらない（問題 15.2）．なお，このように変更して定義した文法を**左線形文法**と呼び，定義 15.1 の文法を**右線形文法**とも呼ぶ．

次の定理 15.2 は，有限オートマトンの言語受理能力と正規文法の言語生成能力は同じであることを主張するものである．定義 15.1 のように正規文法の書き換え規則を 2 つのタイプに限定することにより，この定理もすっきりした証明で見通しよく導くことができる．

定理 15.2

$$\left(\begin{array}{l} 言語 L は有限オートマトン \\ で受理される \end{array} \right) \quad \Leftrightarrow \quad \left(\begin{array}{l} 言語 L は正規文法で \\ 生成される． \end{array} \right)$$

【**証明**】　⇒ の証明：　言語 L を受理する有限オートマトン $M = (Q, \Sigma, \delta, q_0, F)$ から正規文法 G_M を次のように定義し，$L(M) = L(G_M)$ を導く．M の個々の状態 $q \in Q$ に対して非終端記号 A_q を対応させ，G_M の非終端記号の集合を $\{A_q \mid q \in Q\}$ とし，終端記号の集合を Σ とする．また，書き換え規則の集合 P を次のような規則からなるとする．

(1)　状態遷移 $q \xrightarrow{a} q'$ に対して，$A_q \to aA_{q'}$ とし，

(2)　受理状態 $q \in F$ に対して，$A_q \to \varepsilon$.

このようにして，正規文法を $G_M = (\{A_q \mid q \in Q\}, \Sigma, P, A_{q_0})$ と定義する．開始状態 q_0 には開始状態 A_{q_0} を対応させ，状態遷移 $q \xrightarrow{a} q'$ には書き換え規則 $A_q \to aA_{q'}$ を対応させ，受理状態 $q \in F$ に対応する非終端記号 A_q は $A_q \to \varepsilon$ により消去できるようにしておく．このように有限オートマトン M から正規文法 G_M を定義すると，系列 $w \in \Sigma^*$ が M で受理されるとき，w は G_M で導出され，逆に系列 w が G_M で

導出されるとき，w は M で受理される．したがって，任意の有限オートマトン M に対して，正規文法 G_M が存在して，$L(M) = L(G_M)$．

⇐ の証明：　正規文法 $G = (\Gamma, \Sigma, P, S)$ から有限オートマトン $M_G = (Q, \Sigma, \delta, q_s, F)$ を定義し，$L(G) = L(M_G)$ を導く．個々の非終端記号 A に対して，状態 q_A を対応させ，

$$Q = \{q_A \mid A \in \Gamma\}$$

とする．状態遷移を

$$q_A \xrightarrow{a} q_B \quad \Leftrightarrow \quad A \rightarrow aB$$

と定義し，受理状態の集合 F を

$$F = \{q_A \mid A \rightarrow \varepsilon \in P\}$$

とする．非終端記号 $A \in \Gamma$ に対して，書き換え規則 $A \rightarrow \varepsilon$ が存在するということと，A に対応する状態 q_A が受理状態であるということが，等価な条件となるので，$L(G) = L(M_G)$．したがって，任意の正規文法 G に対して，有限オートマトン M_G が存在して，$L(G) = L(M_G)$．　　　　　　■

　この定理は，直感的に明らかなところは省略しているが，省略しないことにすると，証明は少し長くなる（問題 15.3）．

15.2　文脈自由文法とあいまい性

　文脈自由文法の導出の動きについてイメージをもってもらうため，さまざまな例を取り上げる．

例 15.3　算術式を生成する文脈自由文法を取り上げる．たとえば，$xy+yz+xyz(x+y+z)$ のように，**算術式**は項を "+" でつないだものとし，項は**因子**を "×" でつないだものとする（ただし，通常のように，ここでも "×" は省略している）．この算術式では，xy や $xyz(x+y+z)$ は項で，項 xy は因子 x と y に "×" を適用したものである．項 $xyz(x+y+z)$ は，因子 x，y，z，$(x+y+z)$ に "×" を適用している．ここで，$x+y+z$ は算術式であるが，カッコで囲むと $(x+y+z)$ は因子となる．この例で取り上げた算術式も全体をカッコで囲むと因子となるというように，カッコで囲まれた入れ子は何重になってもよい．

　この算術式は文脈自由文法を用いるとコンパクトに表される．まず，算術式（Expression）を E で表し，項（Term）を T で表し，因子（Factor）を F で表す．また，算術式の構造だけに注目することにするので，文字としては x だけを用いる．乗算の表す "×" は省略しない．すると，算術式を表す文脈自由文法 $G_3 = (\Gamma, \Sigma, P, E)$ は次のように与えられる．

$$\Gamma = \{E, T, F\},$$
$$\Sigma = \{x, +, \times, (,)\},$$
$$P = \{E \to E{+}T \mid T, T \to T \times F \mid F, F \to (E) \mid x\}.$$

図 15.2 に x+x × x の導出木を与え，図 15.3 に (x+x) × x の導出木を与える．　■

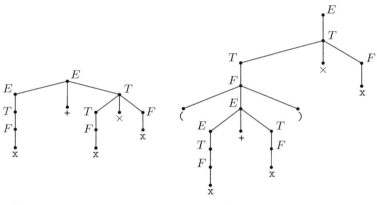

　　図 **15.2**　x+x × x の導出木　　　図 **15.3**　(x+x) × x の導出木

例 15.4　例 15.3 の G_3 を少し変更した文脈自由文法 $G_4 = (\Gamma, \Sigma, P, E)$ を取り上げる．ここに，

$$\Gamma = \{E\},$$
$$\Sigma = \{x, +, \times, (,)\},$$
$$P = \{E \to E{+}E \mid E \times E \mid (E) \mid x\}$$

とする．この G_4 は，前の例の G_3 と同じ言語を生成する．すなわち，$L(G_4) = L(G_3)$．しかし，G_3 と G_4 には大きな違いがある．G_3 で生成されるどのような算術式に対しても，その導出木が一意に決まるのに対し，G_4 にはこのような性質がない．図 15.4 に示すように，同じ算術式 x+x × x に対して，G_4 では 2 つの導出木が存在する．　■

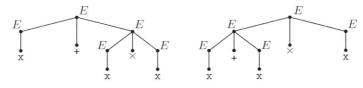

図 15.4　x+x × x の 2 つの導出木

　導出木が一意に決まるか決まらないかによって，あいまいではない文法とあいまいな文法を定義する．任意の系列 $w \in L(G)$ に対して w を導出する導出木が一意に決まるとき，G をあいまいではない文法と呼び，ある系列 $w \in L(G)$ が存在して，その系列を導出する導出木が 2 個以上存在するとき，G をあいまいな文法と呼ぶ．G_3 はあいまいではない文法の例であり，G_4 はあいまいな文法の例である．

例 15.5　プログラミング言語を表す文脈自由文法の具体例を取り上げて，あいまいな文法では，プログラムの意味が一意に定まらないという不都合が起ることを説明する．

　CFG $G_5 = (\Gamma, \Sigma, P, \langle\text{stmt}\rangle)$ を次のように定義する．この定義で，記号の系列 w に対して $\langle w \rangle$ は 1 個の非終端記号を表すものとする．P の書き換え規則と Γ と Σ は次の通りとする．

$\langle\text{stmt}\rangle \rightarrow \langle\text{if-stmt}\rangle \mid \texttt{printf("1")} \mid \texttt{printf("2")}$

$\langle\text{if-stmt}\rangle \rightarrow \texttt{if } \langle\text{cond}\rangle \texttt{ then } \langle\text{stmt}\rangle \texttt{ else } \langle\text{stmt}\rangle \mid \texttt{if } \langle\text{cond}\rangle \texttt{ then } \langle\text{stmt}\rangle$

$\langle\text{cond}\rangle \rightarrow \texttt{(x>0)} \mid \texttt{(y>0)}$

$\Gamma = \{\langle\text{stmt}\rangle, \langle\text{if-stmt}\rangle, \langle\text{cond}\rangle\}$

$\Sigma = \{\texttt{if}, \texttt{then}, \texttt{else}, \texttt{printf("1")}, \texttt{printf("2")}, \texttt{(x>0)}, \texttt{(y>0)}\}$

この書き換え規則のもとでは

```
if(x>0) then if(y>0) then printf("1") else printf("2")
```

に対して図 15.5 の 2 つの導出木が存在する．したがって，G_5 はあいまいな文法である．このような else は，このままでは解釈がどっちつかずなことから，宙ぶらりんの else（dangling else）と呼ばれている．

　条件文の解釈は明らかであろう．if $\langle\text{cond}\rangle$ then $\langle\text{stmt}\rangle$ else $\langle\text{stmt}\rangle$ では，$\langle\text{cond}\rangle$ が真であれば then の次の $\langle\text{stmt}\rangle$ が実行され，偽であれば else の次の $\langle\text{stmt}\rangle$ が実行される．一方，if $\langle\text{cond}\rangle$ then $\langle\text{stmt}\rangle$ では，$\langle\text{cond}\rangle$ が真であれば then の次の $\langle\text{stmt}\rangle$ が実行され，偽であれば何も実行されない．2 つの導出木に応じて解釈

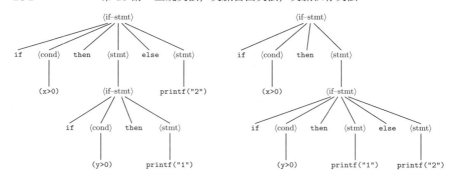

(a) 導出木 T_1　　　　　　　　　(b) 導出木 T_2

図 15.5　条件文に対する 2 つの導出木

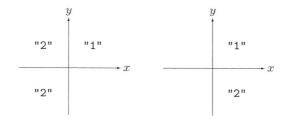

(a) 導出木 T_1 の解釈の場合　　　(b) 導出木 T_2 の解釈の場合

図 15.6　図 15.5 の導出木の違いによる画面表示の違い

して上のプログラムを実行すると，カッコ内の記号列を画面に表示する `printf( )`
により表示されるものが違ってくる．図 15.6 は，導出木の解釈に応じて "1" と "2"
のどちらが選択され，表示されるかを表すものである（ただし，`printf("系列")` で，
実際は，表示されるのは系列のみで，`" "` は表示されないが，図 15.6 では `"1"` と `"2"` で
選ばれるのはどちらであるかを `" "` 付きで表している）．この図には，x>0 と y>0 が
成立するかしないかの 4 つの場合について表示される "1" か "2" をそれぞれ 4 つの
象限に示してある．どちらも表示されない場合もある（問題 15.4）．このように，プ
ログラムは同じなのに解釈によって結果が異なり，意味が定まらないということがさ
まざまなプログラム言語で起る．そのため，「"else" に対応するのは，その "else"
が現れているポジションに近い "if" とする」というルールを採用する．このルール
によれば，上のプログラムの "else" は 2 つある "if" のうち近い方の "if"（2 番
目の "if"）と組にすることになるので，図 15.5 の導出木 T_2 に従って解釈する．■

15.3　文脈依存文法の定義

これまで，正規文法の制約をゆるめ一般化したものが文脈自由文法に当ると説明した．さらに，文脈自由文法を一般化した文脈依存文法を次のように定義する．

定義 15.6　文脈依存文法（Context-Sensitive Grammar）とは，次の 4 項組 (Γ, Σ, P, S) である．ここで，

(1)　Γ は非終端記号の有限集合,

(2)　Σ は終端記号の有限集合（アルファベット），ただし，Γ と Σ は共通する要素を含まない,

(3)　P は書き換え規則の有限集合で，個々の書き換え規則は $s \to t$ の形をとる．ここに，$s \in (\Gamma \cup \Sigma)^* - \{\varepsilon\}$，$t \in (\Gamma \cup \Sigma)^*$，かつ，$|s| \leq |t|$．ただし，$|\ |$ は系列の長さを表す,

(4)　$S \in \Gamma$ は開始記号. ▧

また，系列 $x \in (\Gamma \cup \Sigma)^*$ が，$u, v \in (\Gamma \cup \Sigma)^*$ が存在して，$x = usv$ と表せて，$s \to t \in P$ が存在するとき，$y = utv$ に対して，

$$x \Rightarrow y$$

とする．さらに，導出や生成についても，文脈自由文法の場合と同様に定義する．

次に，例 15.7 で言語 $\{a^n b^n c^n \mid n \geq 1\}$ が文脈依存文法で生成できることを示す．さらに，第 18 講では，この言語は文脈自由文法では生成できないことを導くので，文脈依存文法は文脈自由文法より真に能力が高い文法ということになる．

例 15.7　言語 $\{a^n b^n c^n \mid n \geq 1\}$ を生成する文脈依存文法 $G_6 = (\Gamma, \{a, b, c\}, P, S)$ を次のように定義する．

$$\Gamma = \{S, A, B, C, T_a, T_b, T_c\},$$
$$P = \{\ \ S \to ABCS \mid ABT_c,$$
$$CA \to AC,$$
$$BA \to AB,$$
$$CB \to BC,$$
$$CT_c \to T_c c,$$
$$BT_c \to T_b c,$$
$$BT_b \to T_b b,$$

$$
\begin{aligned}
S & \Rightarrow ABC\underline{S} & (1)\\
& \Rightarrow ABC\underline{ABT_\mathrm{c}} & (2)\\
& \Rightarrow AB\underline{AC}BT_\mathrm{c} & (3)\\
& \Rightarrow A\underline{BA}BC\,T_\mathrm{c} & (4)\\
& \Rightarrow A\underline{AB}\,BC T_\mathrm{c} & (5)\\
& \Rightarrow AABB\underline{T_\mathrm{c}\mathrm{c}} & (6)\\
& \Rightarrow AAB\underline{T_\mathrm{b}\mathrm{c}}\,\mathrm{c} & (7)\\
& \Rightarrow AA\underline{T_\mathrm{b}\mathrm{b}}\,\mathrm{c}\,\mathrm{c} & (8)\\
& \Rightarrow A\underline{T_\mathrm{a}\mathrm{b}}\,\mathrm{b}\,\mathrm{c}\,\mathrm{c} & (9)\\
& \Rightarrow \underline{T_\mathrm{a}\mathrm{a}}\,\mathrm{b}\,\mathrm{b}\,\mathrm{c}\,\mathrm{c} & (10)\\
& \Rightarrow \underline{\mathrm{a}}\,\mathrm{a}\,\mathrm{b}\,\mathrm{b}\,\mathrm{c}\,\mathrm{c} & (11)
\end{aligned}
$$

図 15.7　G_6 における $S \overset{*}{\Rightarrow}$ aabbcc の導出

$$
\begin{aligned}
AT_\mathrm{b} & \to T_\mathrm{a}\mathrm{b},\\
AT_\mathrm{a} & \to T_\mathrm{a}\mathrm{a},\\
T_\mathrm{a} & \to \mathrm{a}\ \}
\end{aligned}
$$

この G_6 による系列 $\mathrm{a}^n\mathrm{b}^n\mathrm{c}^n$ の導出の動きをつかんでもらうために，実例を見てもらうことにする．$n = 2$ の場合の例を図 15.7 に示す．たとえば，この図の (1) から (2) へのステップでは書き換え規則 $S \to ABT_\mathrm{c}$ が用いられたことを表している．

　一般的に，$S \overset{*}{\Rightarrow} \mathrm{a}^n\mathrm{b}^n\mathrm{c}^n$ の導出は次の 3 つのステージからなる．

1. $S \to ABCS$ と $S \to ABT_\mathrm{c}$ を使って，$(ABC)^{n-1}ABT_\mathrm{c}$ をつくる（図 15.7 の (1)，(2)）．

2. $CA \to AC$，$BA \to AB$，$CB \to BC$ を使って，隣接する A，B，C の非終端記号のペアのポジションを適当に交換し，$A^nB^nC^{n-1}T_\mathrm{c}$ をつくる（(3)，(4)，(5)）．

3. 残りの 6 つの書き換え規則を使って，A，B，C をそれぞれ終端記号 a，b，c に変更して，$\mathrm{a}^n\mathrm{b}^n\mathrm{c}^n$ をつくる（(6)，$\ldots$，(11)）．この書き換えの制御を担うのが T_a，T_b，T_c である．これらの非終端記号は，$T_\mathrm{c} \to T_\mathrm{b} \to T_\mathrm{a}$ と変わりながら中間系列の $A^nB^nC^{n-1}T_\mathrm{c}$ の最右端からスタートして左方向への移動を繰り返す．

以上で，G_6 は任意の $n \geq 1$ に対して系列 $\mathrm{a}^n\mathrm{b}^n\mathrm{c}^n$ を導出することが導かれた．次に，G_6 は $\mathrm{a}^n\mathrm{b}^n\mathrm{c}^n$ 以外の系列は導出しないことを導く（一般に，こちらの方が導くのが難し

い）．これら両方向が導かれて初めて，G_6 は言語 $\{a^n b^n c^n \mid n \geq 1\}$ を生成するということができる．すなわち，$L(G_6) \supseteq \{a^n b^n c^n \mid n \geq 1\}$ と $L(G_6) \subseteq \{a^n b^n c^n \mid n \geq 1\}$ から $L(G_6) = \{a^n b^n c^n \mid n \geq 1\}$ が導かれるという論理の運びである．

　残されている $L(G_6) \subseteq \{a^n b^n c^n \mid n \geq 1\}$ は，次の (1) と (2) が成立することから導かれる．

(1)　a と A と T_a を合計した個数と，b と B と T_b を合計した個数と，c と C と T_c を合計した個数は，S から導出される任意の系列において常に等しい．

(2)　$\{a, b, c\}$ の記号だけからなる系列を生成するためには，T_c が T_b に書き換えられる前に C はすべて c に書き換えられ，T_b が T_a に書き換えられる前に B はすべて b に書き換えられ，T_a が a に書き換えられる前に A はすべて a に書き換えられなければならない．

　なお，言語 $\{ a^n b^n c^n \mid n \geq 1 \}$ は次のより簡単な文脈依存文法 $G_7 = (\Gamma, \{a, b, c\}, P, S)$ で生成することもできる．この G_7 が系列 $a^n b^n c^n$ を導出することを確かめてほしい．

$$\Gamma = \{S, B\},$$
$$P = \{\ \ S \rightarrow aSBc \mid abc,$$
$$cB \rightarrow Bc,$$
$$bB \rightarrow bb\ \}$$

　ところで，文脈依存文法の書き換え規則の (3) は次のように等価な (3)′ に置き換えることができる．この置き換えにより，文脈自由と文脈依存の意味の違いが鮮明となる．

(3)′　P は書き換え規則の有限集合で，個々の書き換え規則は，$sAt \rightarrow srt$ の形をとる．ここに，$A \in \Gamma$，$r \in (\Gamma \cup \Sigma)^* - \{\varepsilon\}$，$s, t \in (\Gamma \cup \Sigma)^*$.

　文脈自由文法の書き換え規則（定義 14.1 の (3)）では，導出の中間系列に非終端記号が現れたら無条件で $A \rightarrow r$ と書き換えることができるのに対し，上の文脈依存文法の書き換え規則では，この書き換えができるのは A の文脈が s と t のとき（A が s と t で囲まれているとき）に限られる．このように，文脈により書き換えを制御することができるということが "文脈依存" の意味するところである．

　ここで，書き換え規則に関する (3) の定義と (3)′ の定義の関係を見ていこう．まず，(3)′ の条件を満たせば (3) の条件は自動的に満たす．なぜならば，(3)′ の $sAt \rightarrow srt$ に関する条件より，$1 \leq |sAt| \leq |srt|$ が成立するので，sAt を新しく s とみなし，

srt を新しく t とみなせば，$|s| \leq |t|$ という，定義 15.6 の (3) の書き換え規則 $s \to t$ に関する条件が満たされるからである．一方，これとは逆に，(3) の条件を満たすからといって (3)′ の条件を満たすとは限らない．そのような書き換え規則の例として，たとえば，例 15.7 で取り上げた書き換え規則 $BA \to AB$ がある．この規則は，$|BA| = 2$，$|AB| = 2$ であるので，(3) の $|BA| \leq |AB|$ の条件（BA を s とみなし，AB を t とみなしたときの $|s| \leq |t|$ の条件）は満たすが，この規則は $sAt \to srt$ の形ではない．しかし，この $BA \to AB$ を，(3)′ の条件を満たす複数個の書き換え規則に置き換え，$BA \to AB$ と同じ働きをするようにすることができる（問題 15.5）．

　一般に，生成する言語を変えることなく，定義 15.6 の (3) の条件を満たす書き換え規則のセットを (3)′ の条件を満たす書き換え規則のセットに書き直すことができる．したがって，文脈依存文法を定義するのに，(3) の書き換え規則の条件を使っても，(3)′ の書き換え規則の条件を使っても，生成される言語のクラス全体として見れば同じとなる．

　ところで，定義 15.6 の (3) と (3)′ の書き換え規則 $s \to t$ と $sAt \to srt$ に関して，それぞれ $1 \leq |s| \leq |t|$ と $1 \leq |sAt| \leq |srt|$ が成立する．そのため，どちらの定義を採用しても開始記号 S から長さが 0 の空系列は導出できない．これは空系列に関して起る特異な事情である．一方，言語の生成能力に関して

正規文法 < 文脈自由文法 < 文脈依存文法

という関係が成立するようにしたい．そのため，低位の文法（正規文法や文脈自由文法）で生成される空系列が上位の文法（文脈依存文法）で生成されないという不都合を解消しなければならない．この不都合を解消するためには，文脈依存文法の定義について次のように取り決めればよい．まず，開始記号 S は書き換え規則の右辺には現れないように等価変換した上で，書き換え規則として $S \to \varepsilon$ を許すとする．この等価変換を行うには，開始記号 S に代る，新しい開始記号 S_0 を導入した上で，書き換え規則 $S_0 \to \varepsilon$ と $S_0 \to S$ を加えたものを書き換え規則のセットとすればよい．このように文法を変更すれば，元の文脈依存文法が生成する言語を L と表すとき，変更後の文法は $L \cup \{\varepsilon\}$ を生成することになる．このような変更を加えたものを文脈依存文法とし，言語の生成能力に

正規文法 < 文脈自由文法 < 文脈依存文法

の関係が成立するようにする．

15.4 チョムスキーの階層

この講では最初，言語 L について

L が正規文法で生成される

⇔　L が有限オートマトンで受理される

となることを導いた．さらに，第 20 講と第 21 講では

L が文脈自由文法で生成される

⇔　L がプッシュダウンオートマトンで受理される

を導く．この本では詳しい説明は省略するが，**線形拘束オートマトンや句構造文法**という計算モデルを導入すると，

L が文脈依存文法で生成される

⇔　L が線形拘束オートマトンで受理される

という等価関係や

L が句構造文法で生成される

⇔　L がチューリング機械で受理される

という等価関係が成立する．線形拘束オートマトンは，チューリング機械のヘッドの動ける範囲を制限したもので，ヘッドが初めに入力系列が置かれたマスの領域を超えて移動することはできないとした計算モデルである．また，文脈依存文法には，書き換え規則には右辺が左辺より短くなることはないという制約があったが，句構造文法は，その制約さえも取り払った（何も制約のない）文法である．

このように文法とオートマトンという表面上は全く異なる計算モデルでありながら，能力が同じ計算モデルのペアが 4 つ存在する．このことは，興味深い数理の世界の一面を表している．しかも，これらの計算モデルは後に行くほど能力が高く，計算能力に関して形式文法系の計算モデルでは

正規文法 ＜ 文脈自由文法 ＜ 文脈依存文法 ＜ 句構造文法

という関係が成立し，したがって，計算能力に関してオートマトン系の計算モデルでは

有限オートマトン ＜ プッシュダウンオートマトン

＜ 線形拘束オートマトン ＜ チューリング機械

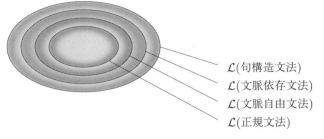

$\mathcal{L}$(句構造文法)
$\mathcal{L}$(文脈依存文法)
$\mathcal{L}$(文脈自由文法)
$\mathcal{L}$(正規文法)

図 15.8　チョムスキーの階層

という関係が成立する．ここで，$<$ は能力の大小関係を表し，有限オートマトンとプッシュダウンオートマトンの例については，具体的には

$$L \text{ が有限オートマトンで受理される}$$
$$\Rightarrow \quad L \text{ がプッシュダウンオートマトンで受理される}$$

となるが，その逆は成立しない．すなわち，プッシュダウンオートマトンで受理されるが，どのような有限オートマトンでも受理できないような言語 L が存在する．そのような言語の 1 つの例が $\{0^n 1^n \mid n \geq 0\}$ である．

　ところで，上に挙げた計算モデルは，それぞれのタイプの計算モデル全体を表している．そこで，計算モデル M が受理する言語を $L(M)$ と表したように，タイプ X の計算モデルが受理（生成）する言語のクラスを $\mathcal{L}(X)$ と表すことにする．すなわち，タイプ X の計算モデル全体を $\{M_1, M_2, \ldots\}$ とするとき

$$\mathcal{L}(X) = \{L(M_1), L(M_2), \ldots\}$$

とする．すると，X と Y が等価，すなわち，

$$L \text{ がタイプ } X \text{ の計算モデルで受理（生成）される}$$
$$\Leftrightarrow \quad L \text{ がタイプ } Y \text{ の計算モデルで受理（生成）される}$$

の関係にあれば，$\mathcal{L}(X) = \mathcal{L}(Y)$ となる．また，これまで計算モデル X と Y の間の関係を $X < Y$ と表してきたが，これは $\mathcal{L}(X) \subsetneq \mathcal{L}(Y)$ を意味する．上に述べた形式文法の間の関係は**チョムスキーの階層**と呼ばれ，図 15.8 のように表される．

　上に説明したように，それぞれ異なる動機のもとに導入された計算モデルの間に，$\Leftrightarrow$ や $<$ の関係が成立しているということは，それぞれの計算モデルがロバストであることの一端を表している．

15.1◆ 書き換え規則が $A \to \mathrm{a}B$ か，$A \to \mathrm{a}$ か，$A \to \varepsilon$ のタイプの正規文法は，生成する言語を変えることなく，$A \to \mathrm{a}B$ か $A \to \varepsilon$ のタイプの正規文法に書き換えられることを導け．

15.2◆ 右線形文法とは，$A \to \mathrm{b}B$ と $A \to \varepsilon$ のタイプの書き換え規則からなる文法であり，左線形文法とは，$B \to A\mathrm{b}$ と $B \to \varepsilon$ のタイプの書き換え規則からなる文法である．一般に，右線形文法は左線形文法に等価変換できる．たとえば，右線形文法による導出

$$S \Rightarrow \mathrm{a}A \Rightarrow \mathrm{ab}B \Rightarrow \mathrm{abc}C \Rightarrow \mathrm{abc}$$

は，等価な左線形文法では

$$\mathrm{abc} \Leftarrow T\mathrm{abc} \Leftarrow A\mathrm{bc} \Leftarrow B\mathrm{c} \Leftarrow S$$

の導出に変わる．このように，この変換の結果，終端記号は逆順に導出される．

　上の例を参考にして，右線形の書き換え規則から等価な左線形の書き換え規則への変換を一般的な変換ルールとして表せ．

15.3 定理 15.2 の $\Rightarrow$ を詳しく説明せよ．

15.4 例 15.5 の CFGG_5 で生成される

```
if (x>0) then if (y>0) then printf("1") else printf("2")
```

に対する導出木が図 15.5 の T_1 か T_2 かにより，画面表示が図 15.6 のようになることを説明せよ．

15.5◆ 例 15.7 の書き換え規則 $CB \to BC$ を取り上げる．この書き換え規則は定義 15.6 の (3) の条件（書き換え規則 $s \to t$ に対して $|s| \le |t|$）は満たしているが，$(3)'$ の条件は満たしていない．しかし，書き換え規則 $CB \to BC$ は，生成する言語を変えることなく，$(3)'$ の条件（$A \in \Gamma$，$r \in (\Gamma \cup \Sigma)^* - \{\varepsilon\}$，$s,t \in (\Gamma \cup \Sigma)^*$ に対して，$sAt \to srt$）を満たす複数個の書き換え規則で置き換えることができる．その書き換え規則を具体的に与えよ．

15.6◆ 例 15.7 の G_6 を参考にして，$\{\mathrm{a}^n\mathrm{b}^{2n}\mathrm{c}^{3n} \mid n \ge 1\}$ を生成する文脈依存文法を与えよ．

15.7 (1)　CFG$G_1 = (\{S\}, \{\mathrm{a}, \mathrm{b}\}, P_1, S)$ の書き換え規則を

$$P_1 = \{S \to \mathrm{a}S\mathrm{a} \mid \mathrm{a}S\mathrm{b} \mid \mathrm{b}S\mathrm{a} \mid \mathrm{b}S\mathrm{b} \mid \mathrm{a} \mid \mathrm{b}\}$$

と定める．G_1 は正規文法ではないが，生成する言語 $L(G_1)$ は正規言語である．言語 $L(G_1)$ はどのように表されるか示せ．

(2)　言語 $L(G_1)$ を生成する正規文法 G_2 を与えよ．

16講 文脈自由文法の設計

文脈自由言語が与えられたとき，それを生成する文脈自由文法を設計する手法について説明する．

CFG を設計する一般的な手順というものはなく，その都度書き換え規則を考え出さないといけない．しかし，CFG の設計にはいくつかのタイプがあるので，それを押さえておくと個々の設計がうまくいくことが多い．設計する CFG のタイプにより和集合タイプ，連接タイプ，成長点タイプ，再帰タイプの4つのタイプに分けて，具体的な設計例を用いて説明する．

和集合タイプ　CFG $G_1 = (\Gamma_1, \Sigma, P_1, S_1)$ と $G_2 = (\Gamma_2, \Sigma, P_2, S_2)$ がそれぞれ言語 L_1 と L_2 を生成するとき，CFG

$$G = (\{S\} \cup \Gamma_1 \cup \Gamma_2, \Sigma, \{S \to S_1 \mid S_2\} \cup P_1 \cup P_2, S)$$

は $L_1 \cup L_2$ を生成する．ただし，Γ_1 と Γ_2 は共通する要素はもたないとする．このような CFG G のタイプを**和集合タイプ**と呼ぶことにしよう．和集合タイプでは，与えられた言語 L をうまく2つの言語 L_1 と L_2 とに分けて $L = L_1 \cup L_2$ となるようにし，L_1 と L_2 をそれぞれ生成する CFG G_1 と G_2 をつくり，G_1 と G_2 を統合した CFG G が $L_1 \cup L_2$ を生成するようにする．

例 16.1　言語 $L = \{\mathsf{a}^n\mathsf{b}^n \mid n \geq 0\} \cup \{\mathsf{b}^n\mathsf{a}^n \mid n \geq 0\}$ を取りあげる．$\{\mathsf{a}^n\mathsf{b}^n \mid n \geq 0\}$ と $\{\mathsf{b}^n\mathsf{a}^n \mid n \geq 0\}$ はそれぞれ次の CFG G_1 と G_2 で生成される．

$$G_1 = (\{S_1\}, \{\mathsf{a}, \mathsf{b}\}, \{S_1 \to \mathsf{a}S_1\mathsf{b} \mid \varepsilon\}, S_1)$$
$$G_2 = (\{S_2\}, \{\mathsf{a}, \mathsf{b}\}, \{S_2 \to \mathsf{b}S_2\mathsf{a} \mid \varepsilon\}, S_2)$$

したがって，言語 L は

$$G = (\{S, S_1, S_2\}, \{\mathsf{a}, \mathsf{b}\}, \{S \to S_1 \mid S_2, S_1 \to \mathsf{a}S_1\mathsf{b} \mid \varepsilon, S_2 \to \mathsf{b}S_2\mathsf{a} \mid \varepsilon\}, S)$$

で生成される．

　連接タイプ　$\mathrm{CFG}\,G_1 = (\Gamma_1, \Sigma, P_1, S_1)$ と $\mathrm{CFG}\,G_2 = (\Gamma_2, \Sigma, P_2, S_2)$ はそれぞれ言語 L_1 と L_2 を生成するとする．ただし，Γ_1 と Γ_2 は共通する要素はもたないとする．このとき，CFG

$$G = (\{S\} \cup \Gamma_1 \cup \Gamma_2, \Sigma, \{S \to S_1 S_2\} \cup P_1 \cup P_2, S)$$

は $L_1 \cdot L_2$ を生成する．このような $\mathrm{CFG}\,G$ を**連接タイプ**と呼ぶ．

例 16.2　言語 $L = \{\mathsf{a}^m \mathsf{b}^m \mathsf{a}^n \mathsf{b}^n \mid m \geq 0, n \geq 0\}$ は，$L_1 = \{\mathsf{a}^m \mathsf{b}^m \mid m \geq 0\}$, $L_2 = \{\mathsf{a}^n \mathsf{b}^n \mid n \geq 0\}(= L_1)$ とおくと，$L = L_1 \cdot L_2$ と表される．$\mathrm{CFG}\,G_1 = (\{S_1\}, \{\mathsf{a}, \mathsf{b}\}, \{S_1 \to \mathsf{a} S_1 \mathsf{b} \mid \varepsilon\}, S_1)$ は L_1 を生成し，$\mathrm{CFG}\,G_2 = (\{S_2\}, \{\mathsf{a}, \mathsf{b}\}, \{S_2 \to \mathsf{a} S_2 \mathsf{b} \mid \varepsilon\}, S_2)$ は L_2 を生成するので，

$$G = (\{S, S_1, S_2\}, \{\mathsf{a}, \mathsf{b}\}, \{S \to S_1 S_2, S_1 \to \mathsf{a} S_1 \mathsf{b} \mid \varepsilon, S_2 \to \mathsf{a} S_2 \mathsf{b} \mid \varepsilon\}, S)$$

は $\{\mathsf{a}^m \mathsf{b}^m \mathsf{a}^n \mathsf{b}^n \mid m \geq 0, n \geq 0\}$ を生成する．　■

例 16.3　例 16.2 に少し修正を加えると，トリッキーな例をつくることができる．言語 $\{\mathsf{a}^m \mathsf{b}^m \mathsf{b}^n \mathsf{a}^n \mid m \geq 0, n \geq 0\}$ は $\{\mathsf{a}^i \mathsf{b}^j \mathsf{a}^k \mid i \geq 0, j \geq 0, k \geq 0, j = i + k\}$ と表すことができる．したがって，$L_5 = \{\mathsf{a}^i \mathsf{b}^j \mathsf{a}^k \mid i, j, k \geq 0, j = i + k\}$, $L_3 = \{\mathsf{a}^m \mathsf{b}^m \mid m \geq 0\}$, $L_4 = \{\mathsf{b}^n \mathsf{a}^n \mid n \geq 0\}$ とおくと，$L_5 = L_3 \cdot L_4$. と表すことができる．このように，L_5 は L_3 と L_4 の連接となっている．一方，言語 L_5 を生成する CFG を次のようにつくることができる．$\mathrm{CFG}\,G_3 = (\{S_3\}, \{\mathsf{a}, \mathsf{b}\}, \{S_3 \to \mathsf{a} S_3 \mathsf{b} \mid \varepsilon\}, S_3)$ は L_3 を生成し，$\mathrm{CFG}\,G_4 = (\{S_4\}, \{\mathsf{a}, \mathsf{b}\}, \{S_4 \to \mathsf{b} S_4 \mathsf{a} \mid \varepsilon\}, S_4)$ は L_4 を生成する．したがって，$\mathrm{CFG}\,G_5$ を

$$G_5 = (\{S, S_3, S_4\}, \{\mathsf{a}, \mathsf{b}\}, \{S \to S_3 S_4, S_3 \to \mathsf{a} S_3 \mathsf{b} \mid \varepsilon, S_4 \to \mathsf{b} S_4 \mathsf{a} \mid \varepsilon\}, S)$$

と定義すると，G_5 は $L_5 = \{\mathsf{a}^i \mathsf{b}^j \mathsf{a}^k \mid i, j, k \geq 0, j = i + k\}$ を生成する．　■

　成長点タイプ　書き換え規則 $S \to \mathsf{a} S \mathsf{b} \mid \varepsilon$ から系列 $\mathsf{a}^n \mathsf{b}^n$ が導出され，$S \to \mathsf{a} S \mathsf{a} \mid \mathsf{b} S \mathsf{b} \mid \varepsilon$ から系列 $w w^R$ が導出される．ここに，w^R は w の記号の並びを左右逆転した系列を表す．これらの書き換え規則の例では，植物の成長点で細胞が供給されるように，S から a と b の記号が供給される．一般に，$A \to w_1 A w_2$ の形の書き換え規則は単純ではあるが，文脈自由文法の書き換え規則の中で重要な意味をもつことが説明される（第 21 講）．ここに，$A \in \Gamma$, $w_1, w_2 \in \Sigma^*$. そこで，この形の書き換え規則を**成長点タイプ**と呼ぶことにする．このタイプは，次に説明する再帰タイプの特殊な場合に過ぎないのであるが，重要なタイプであるので，特に取り上げることにする．

例 16.4 言語 $\{a^i b^{2i} \mid i \geq 0\}$ は CFG $G = (\{S\}, \{a, b\}, \{S \to aSbb \mid \varepsilon\}, S)$ で生成される. ■

例 16.5 言語 $\{a^i b^j \mid 0 \leq j \leq i\}$ は CFG $G = (\{S\}, \{a, b\}, \{S \to aSb \mid aS \mid \varepsilon\}, S)$ で生成される. ■

再帰タイプ 書き換え規則が何か意味のある言語を生成している場合は, すべて**再帰タイプ**と考えてもよい. そのためこのタイプは広範囲にわたる. 第 3 講で説明したように書き換え規則と再帰的定義の間には密接な関係がある. 再帰的定義と書き換え規則の形は次のようにまとめられる. これらは実質同じものなので, 一方から他方へ書き換えることができる.

再帰的定義に現れる文のタイプ:

$$X \text{ は } w \text{ である},$$
$$X \text{ は } u \text{ である},$$

ここに, $X \in \Gamma$, $u \in (\Gamma \cup \Sigma)^* - \Sigma^*$, $w \in \Sigma^*$.

書き換え規則に現れる規則のタイプ:

$$X \to w,$$
$$X \to u,$$

ここに, $X \in \Gamma$, $u \in (\Gamma \cup \Sigma)^* - \Sigma^*$, $w \in \Sigma^*$.

次に, 書き換え規則の例を説明するために, 系列中に現れる記号の出現回数を表すグラフを導入する. 図 16.1 はこのグラフの例を示している. 系列 w が $w = w'w''$ と表されるとき, w' は w の**プレフィックス**と呼ぶ. すなわち, プレフィックスは系列中の初めから何個目かの記号までを並べた系列である. 特に, ε も w 自身も系列 w のプレフィックスとする. また, $N_{(}(w')$ を系列 w' 中に現れる記号 "(" の個数を

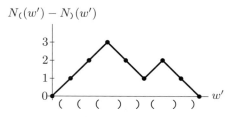

図 16.1 系列 ((()) (()) の左カッコ "(" と右カッコ ")" の出現回数の差

表す．$N_)(w')$ も同様に定義される．系列 $w \in \{(,)\}^*$ に対応するグラフとは，横軸に系列 w を並べ，縦軸に $N_((w') - N_)(w')$ をプロットしたグラフである．ここで，w' は w のプレフィックスである．系列 $w \in \{(,)\}^*$ が正しいカッコの系列である条件は，w に対応するグラフが

(1)　横軸より上に描かれ（w の任意のプレフィックス w' に対して，$N_((w') - N_)(w') \geq 0$），かつ，

(2)　原点で始まり横軸上で終る（$N_((w) - N_)(w) = 0$）

となる．図 16.1 は正しいカッコの系列 $((())()$ がこの条件を満たすことを表している．例 14.2 で正しいカッコの系列を生成する CFG $G_1 = (\{S\}, \{(,)\}, \{S \to (S) \mid SS \mid \varepsilon\}, S)$ を与えているが，系列 w が G_1 により生成されることと，w が上の (1) と (2) の条件を満たすことが等価であることを導くことができる（問題 16.8）．

例 16.6　a と b の出現回数が等しい系列からなる言語を $L = \{w \in \{a, b\}^* \mid N_a(w) = N_b(w)\}$ とする．言語 L を生成する CFG $G = (\{S, A, B\}, \{a, b\}, P, S)$ の書き換え規則 P は次の (1), ..., (7) からなる．次に，この G が L を生成することを説明する．

$$S \to aB \tag{1}$$

$$S \to bA \tag{2}$$

$$S \to \varepsilon \tag{3}$$

$$A \to aS \tag{4}$$

$$A \to bAA \tag{5}$$

$$B \to bS \tag{6}$$

$$B \to aBB \tag{7}$$

(1) の $S \to aB$ を「S は aB の形をとる」と読む．ここに，S は a の個数と b の個数が等しい系列を表しているので，B は b の個数が a の個数より 1 つ多い系列を表す．(2) の $S \to bA$ も同様であり，A は a の個数が b の個数より 1 つ多い系列を表す．このように，$S \to aB$ と $S \to bA$ は長さが 1 以上の S を説明し，(3) の $S \to \varepsilon$ は長さが 0 の S を説明している．これで S の説明はすべての場合を尽くしている．S の説明のために，非終端記号 A と B が新しく導入されたので，これらの非終端記号も説明しなければならない．A についても，a から始まる系列と b から始まる系列があり（系列の長さは 1 以上となるので，この 2 つですべての場合が尽くされ

る），それぞれ (4) と (5) で説明される．記号 a で始まる系列の場合は，残りの系列はaの個数とbの個数が等しい系列となるので，(4) のように $A \to aS$ と説明しておけばよい．一方，b で始まる系列の場合，aの個数が1個多い系列がbで始まるので，残りの系列はaの個数が2個多い系列となる．そのような系列はaが1個多い系列で2分されるので，AA と表されることになり，(5) の $A \to bAA$ がこの場合の A の説明となる．同様に非終端記号 B についても (6) と (7) で説明される．

このように，S の説明のために導入した A と B は，S と A と B を用いて説明されている．この説明でさらに新しい非終端記号を導入する必要はないので，G は L を生成することになる．　　　　　　　　　　　　　　　　　　　　　　■

例 16.7　前の例で取り上げた言語 $L = \{w \in \{a, b\}^* \mid N_a(w) = N_b(w)\}$ を生成する $CFG\,G$ を，非終端記号は S だけとして構成する．

この $CFG\,G$ の書き換え規則 $S \to u$ では，右辺の $u \in (\Gamma \cup \Sigma)^*$ に関して次の条件が満たされていなければならない．

- $S \to u$ の右辺の u には非終端記号は S しか現れない．
- $S \to u$ のタイプの書き換え規則は，すべての場合を尽くす（空系列 ε の他に，a で始まる場合とb で始まる場合がある）ようになっている．

取り上げる書き換え規則は次の通りである．これらの書き換え規則が上の2条件を満たすことは明らかである．

$$S \to aSbS \tag{1}$$

$$S \to bSaS \tag{2}$$

$$S \to \varepsilon \tag{3}$$

(1) と (2) の場合について，$N_a(w') - N_b(w')$ の値をプロットしたグラフを図 16.2 と図 16.3 に示す．S から導出される系列 w が a から始まる (1) の場合，原点からスタートした系列 w を表すグラフが最初に横軸に接するプレフィックスは a□b と表され，残りの系列をつないだ a□b□ が系列全体を表す．ここに，□ の部分は明らかにaの個数とbの個数が等しいので，(1) の右辺を $aSbS$ と表している．(2) に関しても同様である．ここで，右辺に現れるどの S も空系列となる可能性はある．((3) による)　　　　　　　　　　　　　　　　　　　　　　■

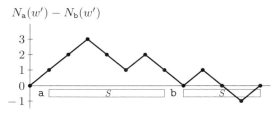

図 16.2　$S \to \mathrm{a}S\mathrm{b}S$ を説明するグラフ

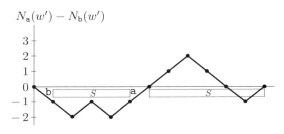

図 16.3　$S \to \mathrm{b}S\mathrm{a}S$ を説明するグラフ

　例 16.6 と 16.7 の書き換え規則は，"→ を "=" で置き換えて，方程式のように みなせば，これらの書き換え規則のイメージはつかみやすいのではないだろうか． 例 16.6 は S, A, B の 3 変数の場合となり，例 16.7 は S だけの 1 変数の場合と なる．

問　　題

16.1 言語 $\{w \in \{\mathrm{a}, \mathrm{b}\}^* \mid w^R = w\}$ を生成する CFG の書き換え規則を与えよ（問題 14.2 の言語との違いに注意してもらいたい）．

16.2 言語 $\{\mathrm{a}^i\mathrm{b}^j\mathrm{c}^k \mid i = j$ または $j = k,\ i, j, k \geq 0\}$ を生成する CFG の書き換え規則を 与えよ．

16.3 言語 $\{\mathrm{a}^i\mathrm{b}^j\mathrm{a}^j\mathrm{b}^k\mathrm{a}^k\mathrm{b}^i \mid i, j, k \geq 0\}$ を生成する CFG の書き換え規則を与えよ．

16.4♦ 言語 $\{\mathrm{a}^i\mathrm{b}^j \mid 0 \leq i \leq j \leq 2i\}$ を生成する CFG の書き換え規則を与えよ．

16.5 言語 $\{\mathrm{a}^i\mathrm{b}^j\mathrm{c}^k \mid j = i + k,\ i, j, k \geq 0\}$ を生成する CFG の書き換え規則を与えよ．

16.6 言語 $\{u \natural v \mid N_\mathrm{a}(u) = N_\mathrm{a}(v) \geq 0,\ u, v \in \{\mathrm{a}, \mathrm{b}\}^*\}$ を生成する CFG の書き換え規則 を与えよ．

16.7 言語 $\{\mathrm{a}^{i_1}\mathrm{b}^{i_1} \cdots \mathrm{a}^{i_n}\mathrm{b}^{i_n} \mid i_1, \ldots, i_n, n \geq 0\}$ を生成する CFG の書き換え規則を与 えよ．

16.8$^{\spadesuit\spadesuit}$　$\{(,)\}^*$ の系列 w に関して

$$\begin{pmatrix} w\ \text{が書き換え規則}\ \{S \to (S)\ |\ \\ SS\ |\ \varepsilon\}\ \text{で生成される} \end{pmatrix} \Leftrightarrow \begin{pmatrix} (1)\ \ \ w\ \text{の任意のプレフィックス}\ w'\ \text{に対} \\ \text{して}\ N_{(}(w') - N_{)}(w') \geq 0,\ \text{かつ,} \\ (2)\ \ \ N_{(}(w) - N_{)}(w) = 0 \end{pmatrix}$$

となることを説明せよ.

16.9　アルファベットを $\{a, b\}$ とすると，正規表現は $\{a, b, \varepsilon, \emptyset, +, \cdot, *, (,)\}$ 上の系列とみなすことができる．正規表現を生成する文脈自由文法を与えよ．ただし，正規表現は定義 10.1 で与えられるとし，カッコや演算記号は省略しないものとする.

16.10$^{\spadesuit\spadesuit}$　言語 L を

$$L = \{w \in \{a, b\}^* \mid 2N_a(w) - N_b(w) = 0\}$$

とし，関数 $f(w)$ を

$$f(w) = 2N_a(w) - N_b(w)$$

と定義する.

(1)　x 軸に w の記号を並べ，w のプレフィックス w' に対して $f(w')$ をプロットしたグラフを系列 w に対応するグラフとする．系列 w が言語 L に属する条件を，w に対応するグラフに関する条件として与えよ.

(2)　言語 L を生成する CFG G を与えよ．ただし，G の非終端記号は S，A，B，C からなり，これらの非終端記号からそれぞれ次のような言語が導出されるように G の書き換え規則を与えよ.

$$\{w \mid S \overset{*}{\Rightarrow} w\} = \{w \in \{a, b\}^* \mid f(w) = 0\}$$
$$\{w \mid A \overset{*}{\Rightarrow} w\} = \{w \in \{a, b\}^* \mid f(w) = 1\}$$
$$\{w \mid B \overset{*}{\Rightarrow} w\} = \{w \in \{a, b\}^* \mid f(w) = -1\}$$
$$\{w \mid C \overset{*}{\Rightarrow} w\} = \{w \in \{a, b\}^* \mid f(w) = 2\}$$

17講 チョムスキーの標準形

　文脈自由文法の書き換え規則は，生成する言語は変えないで簡単な形のものに変換することができる．そのような書き換え規則の形にはさまざまなものがあるが，よく知られたものにチョムスキーの標準形と呼ばれるものがある．

定義 17.1　文脈自由文法の書き換え規則 P が**チョムスキーの標準形**と呼ばれるのは，書き換え規則が次のいずれかの形をとるときである．

- (1)　$A \to BC$
- (2)　$A \to a$

ここで，A は非終端記号で，B と C は開始記号以外の非終端記号で，a は終端記号である．また，左辺が開始記号 S の場合は，ε 規則 $S \to \varepsilon$ があってもよい．ただし，ε 規則 $S \to \varepsilon$ を含むときは，開始記号 S はどの書き換え規則においても右辺には現れないとする．　　　　　　　　　　　　　　　　　　　　　　　　　　　　　■

　チョムスキーの標準形の書き換え規則の場合，ε 規則 $S \to \varepsilon$ の S は定義より書き換え規則の右辺に現れることはないので，この ε 規則は空系列を生成するために使われるだけである．

　この講では，任意の文脈自由文法 $G = (\Gamma, \Sigma, P, S)$ の書き換え規則はチョムスキーの標準形のものに等価変換（生成する言語を変えない変換）できることを導く．この等価変換はチョムスキーの標準形では許されていない書き換え規則を次々と削除することにより実行される．次の3つのタイプの書き換え規則を削除する．

　ε 規則の削除　　ε 規則を適用したときの効果を新しい書き換え規則を導入してあらかじめつくっておくというのが，$A \to \varepsilon$ 除去の変換の基本である．たとえば，$B \to rAuAv$ という書き換え規則があったとしよう．ここに，$B \in \Gamma, r, u, v \in ((\Gamma - \{A\}) \cup \Sigma)^*$．このように，右辺 $rAuAv$ にはちょうど2個の A が現れているとする．このとき，

$$\{B \to rAuAv, A \to \varepsilon\} \;\blacktriangleright\; \{B \to rAuAv, B \to ruAv, B \to rAuv, B \to ruv\}$$

と変換する．すなわち，$B \to rAuAv$ が使われた後，$A \to \varepsilon$ が使われる可能性のあるパタンをすべて先取りして，書き換え規則として加えておき，$A \to \varepsilon$ を使う必要がなくなるようにした上で，$A \to \varepsilon$ を削除する．この変換を，$B \to rAuAv$ に対してだけでなく，右辺に A が現れる書き換え規則すべてに対して行う．すると，この先 $A \to \varepsilon$ を適用する必要はなくなる．また，このような変換で新しく ε 規則が生まれることもある．たとえば，上の例で $r = \varepsilon$，$u = \varepsilon$，$v = \varepsilon$ の場合 $B \to \varepsilon$ が生まれる．このような ε 規則が追加されるのは，$B \to \varepsilon$ が ε 規則除去の操作で既に除去されたものではない場合だけにする．既に除去されていたとすると，$B \to \varepsilon$ は使わなくとも済むように書き換えられているので，$B \to \varepsilon$ を残す必要はない．

　この変換を ε 規則がなくなるまで繰り返す．

　読み換え規則の除去　$A \to B$ のタイプの書き換え規則は，単に非終端記号 A を B に読み換えるだけなので，**読み換え規則**と呼ぶことにする．この場合は，次のように変換して読み換え規則を除去する．

$$\{A \to B, B \to u_1 \mid u_2 \mid \cdots \mid u_k\} \;\blacktriangleright\; \{A \to u_1 \mid u_2 \mid \cdots \mid u_k\}$$

ここで，$B \in \Gamma$ を左辺にもつ書き換え規則は，上の k 個で尽くされているとする．ここに，$u_1, u_2, \ldots, u_k \in (\Gamma \cup \Sigma)^*$．

　長列規則の除去　$A \to u_1 u_2 \cdots u_k$ の右辺の長さ k が $k \geq 3$ のとき**長列規則**と呼ぶことにする．ここに，$u_1,\ u_2,\ \ldots,\ u_k \in \Gamma \cup \Sigma$．これは除去しなければならない規則である（$k = 2$ の場合でも除去しなければならない場合については問題 17.1 を参照）．まず，長列規則の除去の変換の例について説明する．

$$\{A \to a_1 B_2 B_3 a_4 B_5\}$$
$$\blacktriangleright\; \{A \to X_{a_1} D_2, X_{a_1} \to a_1, D_2 \to B_2 D_3, D_3 \to B_3 D_4,$$
$$D_4 \to X_{a_4} B_5, X_{a_4} \to a_4\}$$

この例では，長列規則が長列ではない 6 個の書き換え規則に置き換えられている．図 17.1 では，元の長列規則の書き換えが，置き換えられた規則で実現されている様子を表している．この置き換えでは，2 つのタイプの非終端記号が新しく導入されている．1 つは長列規則の右辺の内容を引き継いでいく非終端記号 D_i であり，他の 1 つは最終的に終端記号 a に置き換えられる記号を一時的に変換するための非終端記号 X_a である．

　長列規則の除去では，すべての長列規則に対して上の置き換えを行う．注意してもらいたいのは，導入する D_i および，タイプの非終端記号は，長列規則ごとにすべ

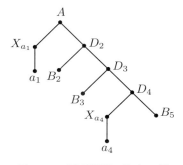

図 17.1　長列規則の除去の例

て異なるようにしておくということである．共通するものがあると，異なる長列規則をまたいだ書き換えが起るからである．

　ε 規則の除去，読み換え規則の除去，長列規則の除去について具体例を挙げながら説明したが，これらは簡単に一般化される．この講で導く命題は次の定理としてまとめられる．この定理で述べているチョムスキーの標準形の書き換え規則は文脈自由文法 G にこれら 3 つのタイプの等価変換を順次適用することにより得ることができる．

> **定理 17.2**　任意の文脈自由言語はチョムスキーの標準形の文脈自由文法で生成される．

【証明】　CFLL を生成する CFG を $G = (\Gamma, \Sigma, P, S)$ とする．チョムスキーの標準形にするための変換に入る前に，まず CFGG を次のように CFGG' に変換する．すなわち，新しい開始記号 S_0 を導入し，書き換え規則の $S_0 \to S$ を加え，CFGG を

$$\text{CFG}G' = (\{S_0\} \cup \Gamma, \Sigma, \{S_0 \to S\} \cup P, S_0)$$

に変換する．この G' では，開始記号 S_0 はどの書き換え規則の右辺にも現れない．G' で系列が生成される場合は，$S_0 \to S$ で開始記号 S_0 が元の開始記号 S に書き換えられた後は，系列の生成は元の G にあずけられるので，明らかに G と G' は等価（すなわち，$L(G) = L(G')$）である．この G' に，ε 規則の除去，読み換え規則の除去，長列規則の除去の変換を適用すると，求めるチョムスキーの標準形の CFGG'' が得られる．3 つのタイプの除去の変換は等価変換なので，最後に得られたチョムスキーの標準形の CFGG'' は最初の CFGG に等価（$L(G) = L(G'')$）である．

　なお，チョムスキーの標準形では開始記号からの ε 規則 $S_0 \to \varepsilon$ は許される．3 つ

のタイプの等価変換により $S_0 \rightarrow \varepsilon$ が追加される場合（$S \overset{*}{\underset{G}{\Rightarrow}} \varepsilon$ のとき追加される），この追加された ε 規則は除去されることはないことを注意しておく．というのは，3 つのタイプの等価変換で追加された $S_0 \rightarrow \varepsilon$ が消える可能性があるのは，$S_0 \rightarrow \varepsilon$ が ε 規則の除去の $\{B \rightarrow rAuAv, A \rightarrow \varepsilon\}$ のようなタイプの $A \rightarrow \varepsilon$ となる場合だけである．しかし実際は $S_0 \rightarrow \varepsilon$ がこのように解釈されることはない．なぜならば，S_0 が書き換え規則の右辺に現れることはないからである．　　■

例 17.3　CFG $G = (\{S\}, \{\mathrm{a,b}\}, \{S \rightarrow \mathrm{a}S\mathrm{b}S \mid \varepsilon\}, S)$ を定理 17.2 の証明の手順に従ってチョムスキーの標準形の書き換え規則に等価変換する．

(1)　S_0 の導入：

$S_0 \rightarrow S$

$S \rightarrow \mathrm{a}S\mathrm{b}S \mid \varepsilon$

(2)　$S \rightarrow \varepsilon$ の除去：

$S_0 \rightarrow S \mid \varepsilon$

$S \rightarrow \mathrm{a}S\mathrm{b}S \mid \mathrm{ab}S \mid \mathrm{a}S\mathrm{b} \mid \mathrm{ab}$

(3)　$S_0 \rightarrow S$ の除去：

$$
\begin{array}{ccccc}
0 & 1 & 2 & 3 & 4
\end{array}
$$

$S_0 \rightarrow \varepsilon \mid \mathrm{a}S\mathrm{b}S \mid \mathrm{ab}S \mid \mathrm{a}S\mathrm{b} \mid \mathrm{ab}$

$$
\begin{array}{cccc}
5 & 6 & 7 & 8
\end{array}
$$

$S \rightarrow \mathrm{a}S\mathrm{b}S \mid \mathrm{ab}S \mid \mathrm{a}S\mathrm{b} \mid \mathrm{ab}$

(4)　長列規則の除去：

0　$S_0 \rightarrow \varepsilon$

1　$S_0 \rightarrow X_\mathrm{a}A_2,\ A_2 \rightarrow SA_3,\ A_3 \rightarrow X_\mathrm{b}S$

2　$S_0 \rightarrow X_\mathrm{a}B_2,\ B_2 \rightarrow X_\mathrm{b}S$

3　$S_0 \rightarrow X_\mathrm{a}C_2,\ C_2 \rightarrow SX_\mathrm{b}$

4　$S_0 \rightarrow X_\mathrm{a}X_\mathrm{b}$

5　$S \rightarrow X_\mathrm{a}D_2,\ D_2 \rightarrow SD_3,\ D_3 \rightarrow X_\mathrm{b}S$

6　$S \rightarrow X_\mathrm{a}E_2,\ E_2 \rightarrow X_\mathrm{b}S$

7　$S \rightarrow X_\mathrm{a}F_2,\ F_2 \rightarrow SX_\mathrm{b}$

8　$S \rightarrow X_\mathrm{a}X_\mathrm{b}$

9　$X_\mathrm{a} \rightarrow \mathrm{a},\ X_\mathrm{b} \rightarrow \mathrm{b}$

ただし，長列規則の除去については，変換の前後の対応を見やすくするために $0, \ldots,$ 8 の番号をつけてある．また，9 は X_a や X_b の書き換え規則である．得られたチョ

ムスキーの標準形の CFG を $G'' = (\Gamma, \Sigma, P, S_0)$ とすると，P は上の (4) の $0, \ldots,$ 9 の書き換え規則であり，

$$\Gamma = \{S_0, A_2, A_3, B_2, C_2, D_2, D_3, E_2, F_2, X_{\mathsf{a}}, X_{\mathsf{b}}\},$$
$$\Sigma = \{\mathsf{a}, \mathsf{b}\}.$$

■

問　　題

17.1 右辺の長さが 2 の書き換え規則 $A \to uv$ で，チョムスキーの標準形ではないすべてのタイプの書き換え規則を，チョムスキーの標準形の書き換え規則のセットに等価変換せよ．ここに，$u, v \in \Gamma \cup \Sigma$.

17.2 CFG の書き換え規則 $\{S \to (S) \mid SS \mid \varepsilon\}$ をチョムスキーの標準形のものに等価変換せよ．

17.3 G をチョムスキーの標準形の文脈自由文法とする．G が長さ $n \geq 1$ の系列を生成するとき，その導出のステップ数は $2n - 1$ であることを導け．

18講 文脈自由文法の言語生成能力の限界

　第 15 講で言語 $\{a^n b^n c^n \mid n \geq 0\}$ は文脈依存文法で生成できることを示した．しかし，この言語は文脈自由文法では生成できない．この事実を導くために，この講では文脈自由言語に関する反復補題を導く．この補題は正規言語に関する反復補題の文脈自由文法版である．

　正規言語に関する反復補題の場合は，有限オートマトンが長い入力を受理するときその過程で同じ状態が現れるということに注目した．ポイントは，同じ状態が現れる入力の区間を削っても，あるいは，繰り返してもやはりその入力は受理されるということであった（第 12 講）．一方，文脈自由文法の場合は，導出の過程を導出木として表すとすると，平面的な広がりをもつので，有限オートマトンのときのように一直線ではない．したがって，同じ状況の繰り返しを見つけようとしてもそう単純ではない．しかし，図 18.1 に示すように導出する系列を長くとると，導出木の根から葉までのパスが長くなるので，そのパス上に同じ非終端記号（この図では A）が現れることになる．すると，この図に表すように同じ非終端記号が現れる点を境にして導出木を 3 つの部分に分割することができる．図に示すように，$u, v, x, y, z \in \Sigma^*$ はそれぞれの部分で導出される終端記号の系列とする．すると，網掛け部分は削っても繰り返してもやはり導出木を構成することになる．図 18.2 に網掛け部分を削った (a) の場合と繰り返した (b) の場合の導出木を示している．

　次に，反復補題がなぜ文脈自由文法の生成能力の限界を示すことになるのかについて説明しておく．上の説明では，まず図 18.1 は CFG G の導出木として議論を始めた．したがって，系列 $uvxyz$ は導出されるので，$uvxyz \in L(G)$．すると，図 18.2 の導出木で導出される uxz や uv^2xy^2z だけでなく，任意の i に対して $uv^i xy^i z$ が導出される．すなわち，$uv^i xy^i z \in L(G)$ となる．これは G が生成する言語に関する 1 つの限界を示す．実際，任意の i に対して $uv^i xy^i z \in L(G)$ という性質が障害となって，文脈依存文法では生成できる $\{a^n b^n c^n \mid n \geq 0\}$ が文脈自由文法では生成できないことを導くことができる．

　ここで，文脈自由言語に対する反復補題を定理としてまとめておく．

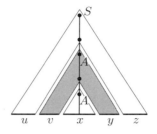

図 18.1 系列 $uvxyz$ を導出する導出木 T. ただし, T の根から葉に至るパス上に非終端記号 A が 2 回現れる.

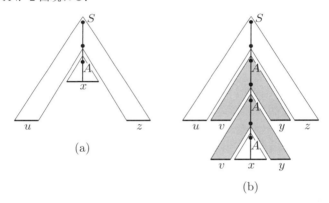

図 18.2 図 18.1 の導出木 T から導かれる 2 つの導出木

定理 18.1 (文脈自由言語に関する反復補題) 文脈自由言語 L に対して次の条件を満たす正整数 m が存在する. すなわち, L に属する長さが m 以上の任意の系列 w は, 適当な $u, v, x, y, z \in \Sigma^*$ が存在して $w = uvxyz$ と表されて, 次の 3 つの条件が満たされる. ここで, $|\ |$ は系列の長さを表す.

(1) 任意の $i \geq 0$ に対して, $uv^i xy^i z \in L$,

(2) $|vy| \geq 1$,

(3) $|vxy| \leq m$.

【証明】 CFL L を生成する CFG を $G = (\Gamma, \Sigma, P, S)$ とする. まず, 図 18.1 のように導出木の根から葉までのパスの長さが長くなるようにして, 同じ非終端記号がパス上に 2 回現れるようにするためには, 導出する系列 $w \in \Sigma^*$ の長さをどのくらい長くとればよいかという議論から入る (定理では m 以上の長さとすればよいとしている).

導出木で導出される系列の長さとその導出木の高さ（根から葉に至るパスの長さの最大のもの）の間の一般的な関係について見ていく．G の書き換え規則の右辺の長さの最大値を k とする．すると，高さ 1 の導出木で導出される系列 $w \in \Sigma^*$ の長さは高々 k である（$S \to a_1 \cdots a_k$ のタイプが適用された場合）．同様に，高さが 2 の導出木で導出される系列の長さは高々 k^2 である（まず，$S \to A_1 A_2 \cdots A_k$ のタイプが適用され，それぞれの A_i に $A_i \to a_{i_1} a_{i_2} \cdots a_{i_k}$ のタイプが適用された場合）．同様に，高さが h の導出木で導出される系列の長さは高々 k^h である．すると，長さが $k^h + 1$ の系列 $w \in \Sigma^*$ を導出する導出木の高さは $h + 1$ 以上となる（高さが h だと，導出できる系列の長さは高々 k^h で $k^h + 1$ に足りない）．そこで，

$$m = k^{|\Gamma|+1} \geq k^{|\Gamma|} + 1$$

とおく．ここで，$|\Gamma|$ は非終端記号の個数．長さが m 以上の任意の $w \in L$ に対し，w を導出する導出木 T は図 18.1 のように表される．ただし，T は w を導出するサイズ（点の個数）が最小の導出木とする．すると，導出木 T の高さは $|\Gamma| + 1$ 以上となる．したがって，根から葉までの長さが $|\Gamma| + 1$ 以上のパスがあり，このパス上には $|\Gamma| + 2$ 個以上の点があるので，これらの点には $|\Gamma| + 1$ 個以上の非終端記号（終端記号が割り当てられる葉は除く）が現れる．すると，その中には同じ非終端記号が 2 個以上存在する．その中の一番葉に近い 2 個を A として図 18.1 のように表されるものとすると，この図の分割に従って，w は $w = uvxyz$ と表される．

(1) 図 18.1 の網掛け部分を抜いても（$i = 0$），任意の i 回繰り返しても導出木となる．したがって，任意の $i \geq 0$ に対して，$uv^i xy^i z \in L$．

(2) $|vy| \geq 1$ が成立しない（すなわち，$|vy| = 0$）のは，$v = \varepsilon$ かつ $y = \varepsilon$ の場合であるが，この場合は $uvxyz \, (= uxz)$ が図 18.2 の (a) の導出木（図 18.1 の導出木より，少なくとも上の A の点が除かれるので，点が少なくとも 1 個少ない）で導出されることになり，図 18.1 の導出木が $uvxyz$ を導出する最小サイズの導出木と仮定したことに矛盾する．

(3) A は最も葉に近い 2 個の非終端記号として選んでいるので，図 18.1 の vxy を導出する導出木の高さは高々 $|\Gamma| + 1$ である．一方，高さが $|\Gamma| + 1$ の導出木が導出する $vxy \in \Sigma^*$ の長さは高々 $k^{|\Gamma|+1} = m$ である．すなわち，$|vxy| \leq m$.

例 18.2 反復補題を使って，言語 $L = \{\mathsf{a}^n\mathsf{b}^n\mathsf{c}^n \mid n \geq 0\}$ は CFG では生成できないことを導く．系列 $\mathsf{a}^m\mathsf{b}^m\mathsf{c}^m \in L$ を取り上げる．ここに，m は反復補題の定数である．反復補題より，$\mathsf{a}^m\mathsf{b}^m\mathsf{c}^m = uvxyz$ と表され，$uvxyz$ から v と y を抜いた uxz は L に属する．$|vxy| \leq m$ より，図 18.3 に示すように，vxy の領域が $\mathsf{a}^m\mathsf{b}^m$ の領域にカバーされる (a) の場合と，vxy の領域が $\mathsf{b}^m\mathsf{c}^m$ の領域にカバーされる (b) の場合に分かれる．

図 18.3　$\mathsf{a}^m\mathsf{b}^m\mathsf{c}^m$ と $uvxyz$ の間の位置関係

(a) の場合　$uvxyz$ から v と y を抜いて uxz をつくると，$|vy| \geq 1$ より，$N_\mathsf{a}(uxz) < m$，または，$N_\mathsf{b}(uxz) < m$．一方，$N_\mathsf{c}(uxz) = m$ なので，$N_\mathsf{a}(uxz) < N_\mathsf{c}(uxz)$，または，$N_\mathsf{b}(uxz) < N_\mathsf{c}(uxz)$ となり，$uxz \in L$ に矛盾する．

(b) の場合　(a) の場合と同様に矛盾が導かれる．

したがって，$L = \{\mathsf{a}^n\mathsf{b}^n\mathsf{c}^n \mid n \geq 0\}$ は CFG では生成できない．　∎

例 18.3　反復補題を使って，言語 $L = \{ww \mid w \in \{\mathsf{a},\mathsf{b}\}^*\}$ は CFG では生成できないことを導く．第 16 講の成長点タイプの例で示したように言語 $L = \{ww^R \mid w \in \{\mathsf{a},\mathsf{b}\}^*\}$ は CFG で生成されるが，この言語の系列 ww^R を ww に変えただけで CFG では生成されなくなる．前の例と同様，L が CFG で生成されると仮定し矛盾を導くのであるが，この例の場合，矛盾を導くための系列を注意深く選ぶ必要がある．

m を反復補題の m として，L の系列 $\mathsf{a}^m\mathsf{b}^m\mathsf{a}^m\mathsf{b}^m$ を選ぶ．反復補題より，$\mathsf{a}^m\mathsf{b}^m\mathsf{a}^m\mathsf{b}^m = uvxyz$ と表される．$|vxy| \leq m$ より，vxy が $\mathsf{a}^m\mathsf{b}^m\mathsf{a}^m\mathsf{b}^m$ の中で占める位置関係には図 18.4 に示す 3 つの場合があるが，いずれの場合も，矛盾が導か

	a^m	b^m	a^m	b^m
場合 1	u　$v\,x\,y$		z	
場合 2		u	$v\,x\,y$	z
場合 3		u		$v\,x\,y$　z

図 18.4　$\mathsf{a}^m\mathsf{b}^m\mathsf{a}^m\mathsf{b}^m$ と $uvxyz$ の間の 3 つの位置関係

れることを示す．反復補題より，$uvxyz$ から v と y を抜いた uxz は L に属するので，ww と表される．後の議論のためにこの ww を $w_1 w_2$ と表すことにする．ここに，$w_1 = w_2$．

場合 1　$\mathsf{a}^m \mathsf{b}^m \mathsf{a}^m \mathsf{b}^m$ の前半部が vxy をカバーする場合．

この場合，$uxz\,(= w_1 w_2)$ の w_2 は，$|w_2| < 2m$ より，$\mathsf{a}^m \mathsf{b}^m \mathsf{a}^m \mathsf{b}^m$ の後半部の $\mathsf{a}^m \mathsf{b}^m$ によりカバーされるので，w_2 は $\mathsf{a}^{m'} \mathsf{b}^m$ と表される．ここに，$|vy| \geq 1$ と $|w_2| < 2m$ より，$m' < m$．したがって，w_1 も $\mathsf{a}^{m'} \mathsf{b}^m$ と表される．しかし，$uvxyz = \mathsf{a}^m \mathsf{b}^m \mathsf{a}^m \mathsf{b}^m$ から v と y を抜いて得られる $uxz = w_1 w_2$ の w_1 と w_2 がいずれも $\mathsf{a}^{m'} \mathsf{b}^m$ と表されることはないので矛盾する（いずれも $\mathsf{a}^{m'} \mathsf{b}^m$ と表されるためには，v は左側の a^m にカバーされ，y は右側の a^m にカバーされなければならないが，これは**場合 1** の条件に反する）．

場合 2　$\mathsf{a}^m \mathsf{b}^m \mathsf{a}^m \mathsf{b}^m$ の中央部の $\mathsf{b}^m \mathsf{a}^m$ が vxy をカバーする場合．

この場合は，$uxz = w_1 w_2$ の w_1 は $m' < m$ に対して，$\mathsf{a}^m \mathsf{b}^{m'}$ と表され，一方，w_2 は $m'' < m$ に対して，$\mathsf{a}^{m''} \mathsf{b}^m$ と表されることになる．したがって，$w_1 \neq w_2$ となり，矛盾する．

場合 3　$\mathsf{a}^m \mathsf{b}^m \mathsf{a}^m \mathsf{b}^m$ の後半部が vxy をカバーする場合．

場合 1 と同様に矛盾が導かれる．　　　　　　　　　　　　　　■

問　　題

18.1　言語 $L = \{w \in \{\mathsf{a}, \mathsf{b}, \mathsf{c}\}^* \mid N_\mathsf{a}(w) = N_\mathsf{b}(w) = N_\mathsf{c}(w)\}$ は文脈自由言語ではないことを導け．

18.2　言語 $L = \{\mathsf{a}^i \mathsf{b}^j \mathsf{c}^k \mid 0 \leq i \leq j \leq k\}$ は文脈自由言語ではないことを導け．

18.3　アルファベットを $\{\mathsf{a}, \mathsf{b}, \sharp\}$ とする．言語 $L = \{u \sharp v \sharp w \mid N_\mathsf{a}(u) = N_\mathsf{a}(v) = N_\mathsf{a}(w),\ u, v, w \in \{\mathsf{a}, \mathsf{b}\}^*\}$ は文脈自由言語ではないことを導け．

18.4♦♦　G をチョムスキーの標準形の文脈自由文法とし，その非終端記号の個数を k と表す．G が長さが $2^{k-1} + 1$ 以上の系列を生成するとき，G が生成する言語 $L(G)$ は無限個の系列からなることを導け．

19講 プッシュダウンオートマトンの定義

　有限オートマトンは図 19.1 のように表すことができる．入力テープには入力が書き込まれていて，入力ヘッドが入力テープの記号を 1 つずつ読み込み制御部へ送る．制御部は送られた記号に応じて状態遷移を繰り返す．状態遷移図は制御部に書き込まれていて，制御部はそれに従って動くとみなす．

　これに対して，この講で導入する**プッシュダウンオートマトン**は，図 19.2 のように表される．この図に示すように，プッシュダウンオートマトンは有限オートマトンに**スタック**と呼ばれる系列を記憶しておく装置をつけたものである．制御部にプッシュダウンオートマトン用の状態遷移図が書き込まれていて，制御部はそれに従って動く．スタックには，入力テープと同様に**スタックヘッド**がスタックの**トップ**（スタックの 1 番上のマス）に置かれていて，記号の読み出しやその記号に代る系列の書き込みを行うことができる．スタックの読み出しや書き込みでスタックの長さが変わると，それに応じてトップも上下に動く．図 19.3 は，プッシュダウンオートマトンの典型的な 1 ステップの動作を描いている．現在の状態 q と入力ヘッドの見ている記号 a とスタックヘッドが見ている記号 b から，次に遷移する状態 q' とスタックのトップの b の代りに書き込む系列 u が決まる．スタックに書き込まれる系列 u の最左端の記号がスタックのトップに書き込まれる．

　次に，ww^R と表される系列を受理するプッシュダウンオートマトンの動きを説明する．図 19.2 には，$w = \text{babaa}$ として，入力テープに $ww^R = \text{babaaaabab}$ が置かれた **PDA** が描かれている．この図は，前半の w の記号を 1 つずつスタックに書き

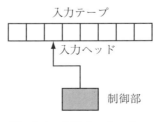

図 **19.1**　有限オートマトン

入力テープ

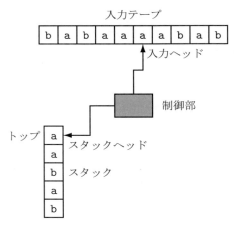

図 19.2　プッシュダウンオートマトン

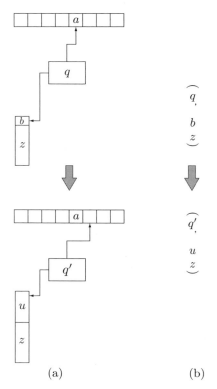

(a)　　　　　　　　　　(b)

図 19.3　$(q', u) \in \delta(q, a, b)$ による状態遷移. ここに, $a \in \Sigma,\ b \in \Gamma,\ u, z \in \Gamma^*$.

込んだ時点のものである．スタックに記号を書き込む動作を**プッシュ**と呼ぶ．後半の w^R では，入力ヘッドが見ている記号とスタックヘッドが見ている記号（トップの記号）を比べて一致するかどうかをチェックすることを繰り返す．2 つの記号が一致すると，トップの記号は取り出され，スタックは 1 記号分短くなる．それに応じてトップも 1 つ下のマスに移る．このスタックの記号を取り出す動作を**ポップ**と呼ぶ．この例の場合，チェックの結果すべて一致するので，スタックの記号はすべてポップされ，スタックは空になる．スタックが空になると同時に受理状態に遷移したとき，ww^R の系列は受理される．ww^R を受理する PDA はこのように動作する．

　図 19.2 に示すように，スタックでは後に入れたものは先に出てくるので，**後入れ先出し**（last-in, first-out）と呼ばれる．あるいは，**先入れ後出し**（first-in, last-out）と呼んでもよい．

　上に説明したように，系列 ww^R を受理する過程では，前半部の w ではスタックへ記号をプッシュし，後半部の w^R ではスタックの記号をポップする．このプッシュの動作からポップの動作への移行は何をきっかけに行われるのであろうか．w と w^R の境を PDA が識別できるわけではないので，このプッシュからポップへの移行は非決定的動作として実行する．プッシュを行おうとしているどの時点においても，そのままプッシュを続ける動作とポップの動作に移行する動作の両方を非決定的に行うようにしておく．したがって，入力系列 ww^R の前半部と後半部のちょうど境でプッシュからポップに移行した計算だけが，入力の系列をすべて読み込んだ時点で，スタックが空となると同時に受理状態へ遷移するようになる．

　プッシュダウンオートマトンの動きについて大まかなイメージをつかんでもらったところで，形式的定義を与える．図 19.1 と図 19.2 からわかるように有限オートマトンにスタックを加えたものがプッシュダウンオートマトンである．そのため，有限オートマトンの形式的定義にスタックに関連する部分を加えたものがプッシュダウンオートマトンの形式的定義となる．

　まず，入力アルファベット Σ の他にスタックのアルファベット Γ を指定する必要がある．状態遷移関数 δ は定義域を $Q \times \Sigma_\varepsilon \times \Gamma_\varepsilon$ として定義される．すなわち，次の動作を決めるものは (q, a, b) の 3 項組である．ここに，$q \in Q$，$a \in \Sigma_\varepsilon$，$b \in \Gamma_\varepsilon$ である．ここで，$\Sigma_\varepsilon = \Sigma \cup \{\varepsilon\}$，$\Gamma_\varepsilon = \Gamma \cup \{\varepsilon\}$．動作としては，$a = \varepsilon$ のときは，入力を読み込まない．これは入力ヘッドを動かさないことを意味し，同様に，$b = \varepsilon$ のときは，スタックの内容を読み込まない．したがって，スタックヘッドを動かさないことを意味する．一方，$a \in \Sigma$ や $b \in \Gamma$ のときは，読み込みが起るので，入力ヘッドは 1 マス右へ移動し，スタックヘッドは 1 マス下に移動する（トップも 1 マ

ス下のマスに移る）．一方，状態遷移関数 δ の値域は $\mathcal{P}(Q \times \Gamma^*)$ である．定義域の (q, a, b) に対して，

$$\delta(q, a, b) = \{(p_1, u_1), \ldots, (p_m, u_m)\}$$

が指定される．ここに，$m \geq 0$，$p_1, \ldots, p_m \in Q$，$u_1, \ldots, u_m \in \Gamma^*$．ここで，$(p_i, u_i)$ は，状態 p_i に遷移し，スタックのトップの箇所に u_i を書き込むという動作を表す．上の $\delta(q, a, b)$ の式は次の動作として m 通りの非決定的な動作が許されていることを表している．ここで，系列 u_i の左端がトップとなるようにスタックにプッシュされる．また，$m = 0$ のとき，$\delta(q, a, b) = \emptyset$ となり，これは (q, a, b) に対して次の動作として何も許されていないことを意味する．図 19.3 の (a) に，$a \in \Sigma$，$b \in \Gamma$，$u \in \Gamma^*$ の場合（すなわち，$a \neq \varepsilon$ の場合）について，$(q', u) \in \delta(q, a, b)$ に従った遷移の様子を表している．図に示すように，スタックのトップの b に代り系列 u がプッシュされる．この (a) の遷移を (b) のように表すこともある．

　プッシュダウンオートマトンの形式的定義は次のように与えられる．

定義 19.1　プッシュダウンオートマトン(PushDown Automaton，**PDA** と略記)とは 6 項組 $M = (Q, \Sigma, \Gamma, \delta, q_0, F)$ である．ここで，
(1)　Q は状態の有限集合，
(2)　Σ は入力アルファベット，
(3)　Γ はスタックアルファベット，
(4)　$\delta : Q \times \Sigma_\varepsilon \times \Gamma_\varepsilon \to \mathcal{P}(Q \times \Gamma^*)$ は状態遷移関数，
(5)　$q_0 \in Q$ は開始状態，
(6)　$F \subseteq Q$ は受理状態の集合．　　　　　　　　　　　　　　　　　■

　次に PDA $M = (Q, \Sigma, \Gamma, \delta, q_0, F)$ が系列 $w \in \Sigma^*$ を受理することの定義を与える．系列 w の長さを n として $w = w_1 w_2 \cdots w_n$ と表すことにする．ところで，PDA の状態遷移には，図 19.3 で表されるような $a \in \Sigma$ による遷移の他に，$a = \varepsilon$ による状態遷移，すなわち，ε 遷移もある（この場合は，入力ヘッドはマスに置かれたままで動かない）．$w_1 \cdots w_n$ を受理する計算は，一般に，n ステップではなく，$m \geq n$ ステップである．m ステップの内の $m - n$ 回は ε 遷移をする．そこで，$w_1, \ldots, w_n \in \Sigma$ の並びに $m - n$ 個の ε 系列を挿入したものを $a_0, a_1, \ldots, a_{m-1} \in \Sigma_\varepsilon$ と表す．w_1，w_2，…，w_n のどこにどれだけの ε 系列を挿入するかは "非決定的に決定" される．その上で，最初と最後で受理の計算の条件を満たし，しかも，各 m ステップで M の状態遷移関数と整合する状態遷移が行われていれば，$w_1 \cdots w_n$ が受理されるという

$$\begin{pmatrix} p_0, \\ z_0 \end{pmatrix} \xrightarrow{a_0} \begin{pmatrix} p_1, \\ z_1 \end{pmatrix} \xrightarrow{a_1} \begin{pmatrix} p_2, \\ z_2 \end{pmatrix} \xrightarrow{a_2} \cdots \xrightarrow{a_{m-1}} \begin{pmatrix} p_m, \\ z_m \end{pmatrix}$$

図 19.4　$a_0, a_1, \ldots, a_{m-1}$ を受理する計算の模式図．ここに，$a_0, \ldots, a_{m-1} \in \Sigma_\varepsilon$，$p_0, \ldots, p_m \in Q$，$z_0, \ldots, z_m \in \Gamma^*$．

のが受理の定義となる．図 19.4 は，a_0，…，a_{m-1} による m ステップを，図 19.3 の (b) の表し方に従って描いたものである．これらの条件は正確には次の (1)，(2)，(3) で表される．上の説明で，ε 系列の挿入箇所を "非決定的に決定する" というくだりは，もやもやしたところが残るかもしれないが，ここはそういうものだととりあえず割り切ってほしい．

まとめると次のようになる．$w = w_1 w_2 \cdots w_n$ が M により受理されるのは，次の条件 (1)，(2)，(3) を満たす $w = a_0 a_1 \cdots a_{m-1}$ となる $a_0, a_1, \ldots, a_{m-1} \in \Sigma_\varepsilon$，および，$p_0, p_1, \ldots, p_m \in Q$，$z_0, z_1, \ldots, z_m \in \Gamma^*$ が存在することと定義する．

(1)　$p_0 = q_0$，$p_m \in F$．

(2)　$z_0 = \varepsilon$，$z_m = \varepsilon$．

(3)　$0 \leq i \leq m-1$ に対して，$(p_{i+1}, u) \in \delta(p_i, a_i, b)$．ただし，$b \in \Gamma_\varepsilon$ と $u \in \Gamma^*$，$z \in \Gamma^*$ が存在して

$$z_i = bz, \quad z_{i+1} = uz.$$

(1) の条件は，有限オートマトンの場合と同じ条件で，受理の計算は開始状態で始まり受理状態で終るという条件である．(2) の条件は，スタックは空系列で始まり，空系列で終るという条件である．(3) の条件は，各ステップの状態遷移は状態遷移関数で許されているものでなければならないという条件である．スタックの内容を表す z_i や z_{i+1} の系列では，最左端がトップに置かれる記号となる．

これで PDAM により受理される系列が定義された．PDAM により受理される言語とは，M により受理される系列の集合と定義し，これを $L(M)$ と表す．

有限オートマトンは状態遷移図で表すと動きがイメージしやすかった．同様に，プッシュダウンオートマトンも状態遷移図で表すと動きを直感的につかまえることができる．状態遷移関数と状態遷移図の遷移の枝との間には次の等価関係がある．

$$(q', u) \in \delta(q, a, b) \quad \Leftrightarrow \quad q \xrightarrow{a, b \to u} q'$$

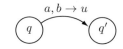

図 **19.5** $(q', u) \in \delta(q, a, b)$ を表す枝

ここに，$q, q' \in Q$，$a \in \Sigma_\varepsilon$，$b \in \Sigma_\varepsilon$，$u \in \Gamma^*$．図 19.5 に状態遷移図の遷移の枝 $q \xrightarrow{a,b \to u} q'$ を描いている．**PDAM の状態遷移図**は，Q の状態をこのような遷移の枝で結んだものである．開始状態や受理状態は有限オートマトンの場合と同様に指定する．

　系列の受理の条件として受理状態でスタックが空という次の条件 (1) が使われた．系列の受理の条件としてはこの他にも次の (2) や (3) の条件が使われることもある．

(1)　状態が受理状態で，かつ，スタックが空，
(2)　状態が受理状態，
(3)　スタックが空．

これら 3 つの条件のどの条件に基づいて受理を定義しても，プッシュダウンオートマトンで受理される言語のクラスは変わらないことを導くことができる（問題 19.1）この本では，条件 (1) を系列の受理の条件としていることは押さえておいてほしい．

　ところで，言語 $\{ww^R \mid w \in \{\mathsf{a},\mathsf{b}\}^*\}$ を受理する PDA の動きはシンプルだ．受理される系列が前半分の w と後半分の w^R からなるということと，スタックの後入れ先出しの動きがぴったりとマッチしている．後入れ先出しのスタックの動きと CFG の成長点タイプの書き換えで中央の成長点から a と a，あるいは，b と b が左右に向けて供給される仕組みとの間に本質的な関連があるのだ．実際，系列 ww^R と PDA のスタックの動きがよくマッチしているということは，言語 $\{ww^R \mid w \in \{\mathsf{a},\mathsf{b}\}^*\}$ を受理する PDA は存在するが，ww^R を ww に代えた言語 $\{ww \mid w \in \{\mathsf{a},\mathsf{b}\}^*\}$ を受理する PDA は存在しないという事実からも示唆されるのではないだろうか．後者の事実は，次の (1) と (2) から導かれることは明らかであろう．

(1)　言語 $\{ww \mid w \in \{\mathsf{a},\mathsf{b}\}^*\}$ は文脈自由文法では生成できない（例 18.3）．
(2)　文脈自由文法で生成される言語のクラスとプッシュダウンオートマトンで受理される言語のクラスは一致する（第 20 講と第 21 講）．

例 19.2　言語

$$\{ww^R \mid w \in \{\mathsf{a}, \mathsf{b}\}^*\}$$

を受理する PDA$M_1 = (Q, \Sigma, \Gamma, \delta, q_0, F)$ を図 19.6 に与える．入力系列を ww^R とする．M_1 の動作の基本は，前半の w を $q_1 \xrightarrow{\mathsf{a},\varepsilon\to\mathsf{a}} q_1$ や $q_1 \xrightarrow{\mathsf{b},\varepsilon\to\mathsf{b}} q_1$ によりプッシュしてスタックに蓄えた後，$q_1 \xrightarrow{\varepsilon,\varepsilon\to\varepsilon} q_2$ により状態 q_2 に ε 遷移し，後半の w^R で $q_2 \xrightarrow{\mathsf{a},\mathsf{a}\to\varepsilon} q_2$ や $q_2 \xrightarrow{\mathsf{b},\mathsf{b}\to\varepsilon} q_2$ によりポップしてスタックを空にすることである．

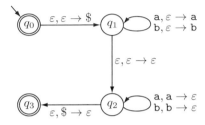

図 19.6　$\{ww^R \mid w \in \{\mathsf{a}, \mathsf{b}\}^*\}$ を受理する PDAM_1

　ところで，一般に PDA はスタックヘッドが見ているトップのマスがスタックの底であることを識別することはできない．見えるのはトップの記号だけであり，トップの下にマスが存在しないことは識別できないからである．しかし，底であることを識別できるようにする方法がある．次に説明するように，PDFM_1 は実質的にスタックの底を識別できるようになっている．

　PDAM_1 では，計算のスタート時に $q_0 \xrightarrow{\varepsilon,\varepsilon\to\$} q_1$ によりスタックの底にあらかじめ記号 $\$$ を置いておき，その後スタックヘッドが $\$$ を見るときはスタックの底と判断する．あらかじめ $\$$ というゲタをはかせておき，実質のスタックは $\$$ の上の部分とみなすという考え方である．このようにして，$q_2 \xrightarrow{\varepsilon,\$\to\varepsilon} q_3$ の状態遷移で受理状態と空スタックという受理の 2 条件が満たされるようになっている（ここに $q_3 \in F$）．スタックの底を識別するこの方法はこれからもしばしば使われ，PDA がだけでなく，第 IV 部のチューリング機械ではテープの端のマスを識別するのに同じようなテクニックが使われる．

　ところで，入力系列が ww^R のとき，状態が q_1 の M_1 はこの系列のすべての箇所で非決定的に $q_1 \xrightarrow{\varepsilon,\varepsilon\to\varepsilon} q_2$ と状態遷移する．そのうちの w と w^R の境にきたタイミングで $q_1 \xrightarrow{\varepsilon,\varepsilon\to\varepsilon} q_2$ と状態遷移した場合だけ受理状態 q_3 に遷移することができる．

例 **19.3**　言語

$$L = \{w \in \{\mathrm{a}, \mathrm{b}\}^* \mid N_\mathrm{a}(w) = N_\mathrm{b}(w)\}$$

を受理する PDAM_2 を構成する．L は，系列中に現れる a の個数と b の個数が等しい系列からなる言語である．図 19.7 は系列 aaabbabbba の $N_\mathrm{a}(w) - N_\mathrm{b}(w)$ をプロットしたグラフである．系列 w が L に属するとき，このグラフは原点からスタートし，横軸上で終る．したがって，スタックにこれまで入力された記号の多い方の記号が $|N_\mathrm{a}(w) - N_\mathrm{b}(w)|$ 個蓄えられるようにし，スタックが空となったとき受理状態に遷移するようにすれば，L を受理する PDAM_2 をつくることができる．そのためには，スタックの記号と同じ記号が入力されたらその記号をプッシュし（スタックが空のときも入力の記号をプッシュ），そうでないときはポップするようにすればよい．また，スタックが空であることを識別するには，前の例で説明したように，計算のスタート時にスタックの底に特別の記号 \$ を置いておくテクニックを使えばよい．

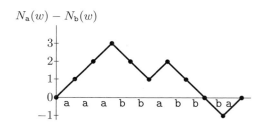

図 **19.7**　系列 aaabbabbba の $N_\mathrm{a}(w) - N_\mathrm{b}(w)$ をプロットしたグラフ

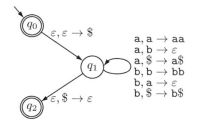

図 **19.8**　$\{w \in \{\mathrm{a}, \mathrm{b}\}^* \mid N_\mathrm{a}(w) = N_\mathrm{b}(w)\}$ を受理する PDAM_2

　図 19.8 は，このように動く PDAM_2 の状態遷移図である．たとえば，スタックのトップが a のときは，入力が a なら $q_1 \xrightarrow{\mathrm{a,a} \to \mathrm{aa}} q_1$ により a の代りに aa が置かれるので，a が 1 つ増えることになり，入力が b なら $q_1 \xrightarrow{\mathrm{b,a} \to \varepsilon} q_1$ によりトップの a がポップされ，a が 1 つ減る．

この例の言語 L を生成する CFG は，既に例 16.6 や例 16.7 で求めている．同じ言語 L を受理する PDA M_2 と生成する CFG が得られたわけであるが，これらを比べてみると明らかに PDA の方がつくりやすい．第 20 講と第 21 講で PDA で受理される言語のクラスと CFG で生成される言語のクラスは一致することが導かれるので，与えられた言語 L を受理する PDA や生成する CFG を構成することが求められた場合，まずつくりやすい方を構成し，必要ならばそれを等価な PDA や CFG に等価変換すればよい．

問　　　題

19.1♦♦　次の 3 つの条件のうちのどれを PDA の受理条件としても，PDA で受理される言語のクラスは変わらないことを導け．

(1)　受理状態，かつ，空スタック

(2)　受理状態

(3)　空スタック

19.2　問題 16.2 の言語 $\{a^i b^j c^k \mid i = j \text{ または } j = k,\ i, j, k \geq 0\}$ を受理する PDA を構成せよ．

19.3♦　問題 16.4 の言語 $\{a^i b^j \mid 0 \leq i \leq j \leq 2i\}$ を受理する PDA を構成せよ．

19.4♦　問題 16.5 の言語 $\{a^i b^j c^k \mid j = i + k,\ i, j, k \geq 0\}$ を受理する PDA を構成せよ．

19.5　問題 16.6 の言語 $\{u \sharp v \mid N_a(u) = N_a(v) \geq 0,\ u, v \in \{a, b\}^*\}$ を受理する PDA を構成せよ．

19.6　問題 16.7 の言語 $\{a^{i_1} b^{i_1} \cdots a^{i_n} b^{i_n} \mid i_1, \ldots, i_n, n \geq 0\}$ を受理する PDA を構成せよ．

19.7♦♦　言語 $\{w \in \{a, b\}^* \mid N_a(w) \leq N_b(w) \leq 2N_a(w)\}$ を受理する PDA を構成せよ．

第 20 講と次の第 21 講で，文脈自由文法で生成される言語のクラスとプッシュダウンオートマトンで受理される言語のクラスが一致することを導く．第 20 講では，文脈自由文法を模倣するプッシュダウンオートマトンをつくり，第 21 講では，逆に，プッシュダウンオートマトンを模倣する文脈自由文法をつくる．

定理 20.1　任意の文脈自由言語 L に対して，L を受理するプッシュダウンオートマトンが存在する．

【証明】　CFL を生成する CFG G から G の導出を模倣するような PDA M をつくり，$L(G) = L(M)$ となることを導く．

初めに具体例でイメージをつかんでもらう．取り上げるのは，正しいカッコの系列を生成する CFG $G_1 = (\{S\}, \{(,)\}, \{S \to (S) \mid SS \mid \varepsilon\}, S)$ とそれを模倣する PDA M_1 である．

図 20.1 は，入力系列 (()()(()))の導出木を用いて M_1 の模倣が時刻 t, $t+1$, $t+2$ にどのように行われるかを表したものである．時刻 t から $t+1$ へのステップで $S \to (S)$ の書き換えを $q_1 \xrightarrow{\varepsilon, S \to (S)} q_1$ の状態遷移で模倣する．この状態遷移により，スタックのトップの S が (S) に置き換えられる．この図の網掛けの記号はスタックに蓄えられている記号を表す．時刻 t から $t+1$ へのステップで，スタックの系列は $SSS)\$$ から $(S)SS)\$$ に置き換わり，$S \to (S)$ の置き換えを模倣していることがわかる．一般に，G_1 のすべての書き換え規則 $A \to u$ に対して $q_1 \xrightarrow{\varepsilon, A \to u} q_1$ の状態遷移を指定しておく．一方，時刻 $t+1$ から $t+2$ へのステップでは，この書き換えでプッシュされた系列のトップと入力ヘッドが指している記号が一致するかのチェックを行う．この場合は，$q_1 \xrightarrow{(, (\to \varepsilon)} q_1$ の状態遷移で一致と判定され，"("をポップし，入力ヘッドを 1 マス右へシフトする．このようにスタックのトップの記号と入力ヘッドが指している記号が一致するかどうかをチェックするため，すべての記号 $a \in \Sigma$ に対して，状態遷移として $q_1 \xrightarrow{a, a \to \varepsilon} q_1$ を指定しておく．ところで，時刻 $t+1$ のトップの記号 "(" が記号の一致のチェックでポップされるため，トップの記号

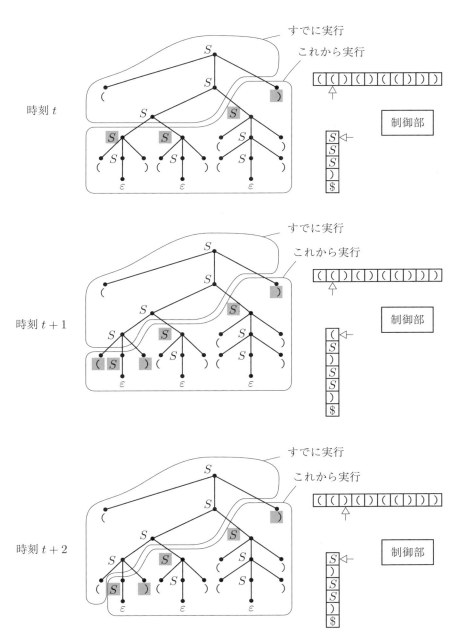

図 20.1　G_1 を模倣する M_1 の動き

が S に代わり，この S に対する書き換え $S \to \varepsilon$ が可能となる．これまで説明したように，M_1 による模倣には時刻 t から $t+1$ へのステップのような書き換えフェーズと時刻 $t+1$ から $t+2$ へのステップのようなトップの記号と入力記号の一致をチェックするチェックフェーズがあり，これらのフェーズを交互に実行しながら進んでいく．

図 20.1 の導出木に示しているように，導出木は既に処理が終っている領域とこれからの領域に分かれる．書き換えと記号の一致のチェックが進み，導出木全体の処理が終了すると入力系列は受理される．この処理の終了はスタックが空となったことにより判定される．スタックが空かどうかの判定は，計算のスタート時にスタックの底に特殊記号 $\$$ を置くテクニックが使われる．

これまで説明してきた G_1 を模倣する M_1 の動きを一般化し，CFG G を模倣する PDA M の動きをアルゴリズムとしてまとめると次のようになる．

1. スタックに $\$$ と S をプッシュする．
2. 次の動作を繰り返す．
   a トップが非終端記号 A ならば，非決定的に G の書き換え規則 $A \to u$ を選び，A を u で置き換える．
   b トップが終端記号 a ならば，入力ヘッドが指している記号も a の場合，それを読み込み（入力ヘッドを 1 マス右に移動し），スタックの a をポップする．
3. トップが記号 $\$$ ならば，受理状態に遷移する．

最後にアルゴリズムとして与えた PDA を状態遷移図として与える．言語 L は CFG $G = (\Gamma, \Sigma, P, S)$ により生成されるとする．G に基づき，L を受理する PDA $M = (Q, \Sigma, \Gamma', \delta, q_0, F)$ を次のように定める．ここで，

$$Q = \{q_0, q_1, q_2\}, \quad F = \{q_2\}, \quad \Gamma' = \Sigma \cup \Gamma \cup \{\$\}$$

とし，状態遷移関数 δ は図 20.2 の状態遷移図で与えられるとする．ここで，状態 q_1 から q_1 への遷移は，G のすべての規則 $A \to u \in P$ に対して

$$q_1 \xrightarrow{\varepsilon, A \to u} q_1$$

と指定し，また，すべての $a \in \Sigma$ に対して

$$q_1 \xrightarrow{a, a \to \varepsilon} q_1$$

と指定する．このことを図 20.2 では，それぞれ $q_1 \xrightarrow{\{\varepsilon, A \to u\}} q_1$ や $q_1 \xrightarrow{\{a, a \to \varepsilon\}} q_1$ と表している．このように M を構成すると，明らかに $L(M) = L(G)$ となる． ∎

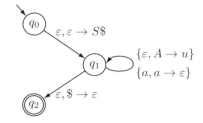

図 20.2 CFG に等価な PDA の状態遷移図

ここで，上の証明の補足説明をしておく．図 20.1 では，入力テープ上の系列の導出木を描いて M_1 の動作の説明をしたが，そもそも M_1 はこの導出木をどのように計算するのだろうか．これはプッシュダウンオートマトンの非決定性の動作の重要なポイントである．M_1 はこの導出木を求めるわけではなく，M_1 は非決定性の動作で任意の時点において任意の書き換え規則をいわば行き当たりばったりに選び，図 20.1 のものを含めすべての導出木でこの図のような計算を同時並行的に行う．M_1 の受理の定義から，その中で正しい導出木に対して行った計算だけが受理に成功し，それによって，入力系列が受理される．一方，G_1 から導出できない入力系列に対しても同じことが行われるが，この場合は成功する導出木は存在しないので，入力系列が受理されることはない．このように CFG G_1 を模倣する PDA M_1 の動作のポイントは，M_1 の非決定性動作にあることを押えておいてもらいたい．

例 20.2 $G = (\Gamma, \Sigma, P, S)$ を

$$\Gamma = \{S\}, \quad \Sigma = \{\mathsf{a}, \mathsf{b}\},$$
$$P = \{S \to \mathsf{a}S\mathsf{a}, S \to \mathsf{b}S\mathsf{b}, S \to \varepsilon\}$$

で与えられる CFG とする．この CFG G は言語 $L = \{ww^R \mid w \in \{\mathsf{a}, \mathsf{b}\}^*\}$ を生成する．ここで，長さ n の系列 $w_1 w_2 \cdots w_n$ に対して，$w^R = w_n \cdots w_2 w_1$ とする．この G に等価な PDA を定理 20.1 の証明の構成法でつくると図 20.3 のようになる．この例から，CFG を模倣する PDA の動きがはっきりしてくるのではないだろうか．$q_1 \xrightarrow{\varepsilon, A \to u} q_1$ の状態遷移でスタックのトップの非終端記号に対して最左導出を適用し，書き換えによりトップに終端記号が現れたら入力と照し合わせて，一致したらそれをホップして次の最左導出を行うということを繰り返す．

　言語 L を受理する PDA は定理 20.1 の構成法によらないでつくることもできる．図 20.4 にそのような PDA を示している．系列 $w_1 w_2 \cdots w_n w_n \cdots w_2 w_1 \in L$ を PDA で受理する場合，注意すべき点はどのように系列の中央のポジション（$w_1 \cdots w_n$ と

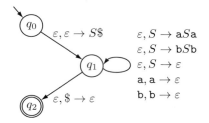

図 20.3　ww^R を受理する PDA の状態遷移図（標準）

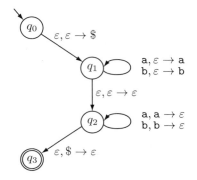

図 20.4　ww^R を受理する PDA の状態遷移図

$w_n \cdots w_1$ の境）を識別するかということである．中央のポジションがわかれば，前半の $w_1 w_2 \cdots w_n$ では入力の記号をスタックにプッシュし，後半の $w_n \cdots w_2 w_1$ では入力ヘッドの見ている記号とトップの記号が一致するときポップすればよい．図 20.4 の PDA では，前半部では $q_1 \xrightarrow{\text{a},\varepsilon\to\text{a}} q_1$ と $q_1 \xrightarrow{\text{b},\varepsilon\to\text{b}} q_1$ でプッシュし，後半部では $q_2 \xrightarrow{\text{a},\text{a}\to\varepsilon} q_2$ と $q_2 \xrightarrow{\text{b},\text{b}\to\varepsilon} q_2$ でポップしている．そして，前半部と後半部の間に $q_1 \xrightarrow{\varepsilon,\varepsilon\to\varepsilon} q_2$ の状態遷移を入れてある．中央のポジションを識別しようとするのではなく，可能性のある $2n+1$ 個のポジション（系列の前後を含む）すべてを試してみるという方針をとる．この中に正しいポジションが含まれているので，非決定性モデルの受理の定義より，図 20.4 の状態遷移図は ww^R の系列を受理する．　∎

問　題

20.1♦♦　G を $P = \{S \to SS,\ S \to (S),\ S \to \varepsilon\}$ で与えられる CFG とする．

  (1)　定理 20.1 の証明の手法で G を模倣する PDA の状態遷移図を与えよ．

  (2)　(1) の PDA では状態 q_1 の自己ループの状態遷移が 5 個存在する．この状態遷移を 2 個に減少させて，G を模倣する PDA を与えよ．

21講 文脈自由文法による プッシュダウンオートマトンの シミュレーション

この講では第 20 講の定理の逆の命題にあたる次の定理を導く.

> **定理 21.1**　プッシュダウンオートマトンで受理される任意の言語 L に対して, L を生成する文脈自由文法が存在する.

【証明】　この定理は,言語 L を受理する PDA に対して,これを模倣する(したがって,L を生成する)CFG を構成することにより証明される.CFG による PDA の模倣は込み入っているので,まず,簡単な具体例で模倣のイメージをつかんでもらう.

取り上げるのは正しいカッコの系列を受理する PDA M_1 でその状態遷移図を図 21.1 に示してある.図 21.2 は,この M_1 が系列 $((((())(((())))))$ を受理するまでの計算の過程を表したものである.この図では PDA の状態,スタックの内容,入力の 3 つが時間の経過とともにどう変わっていくかが表されており,この図を**状況遷移図**と呼ぶことにする.ここで,状況という言葉は,制御部の状態だけでなく,スタックの内容,入力系列など,プッシュダウンオートマトンに関わる各時点の情報のすべてを意味するものとする.横軸として時間軸をとり,縦軸はスタックの高さでスタックの底をレベル 0 としている.プッシュされた記号は網掛けのマスで囲み,ポップされた記号は中抜きのマスで囲んで表してある.また,記号が蓄えられているマスからなる領域は網掛けしてある.図 21.2 の点線で結ばれた入力記号のペアを**プッシュ・ポップペア**と呼ぶ.たとえば,(と)はそのひとつの例である.この例のように,(をプッシュしたときの入力記号(と,その記号をポップしたときの入力記号)のペアとなっている.

CFG による PDA M_1 の模倣の話に入る前に,PDA の階段化条件について説明する.PDA M がこの条件を満たしていると,M の状況遷移図から,M を模倣する CFG の導出を簡単に導くことができる.取り上げている M_1 はこの階段化条件を満たしているし,一般に,任意の PDA はこの条件を満たすように等価変換できることも後で説明する.

PDA の階段化条件は,次のように定められる.

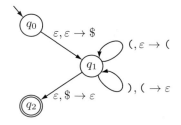

図 21.1　正しいカッコの系列を受理する PDA の状態遷移図 M_1

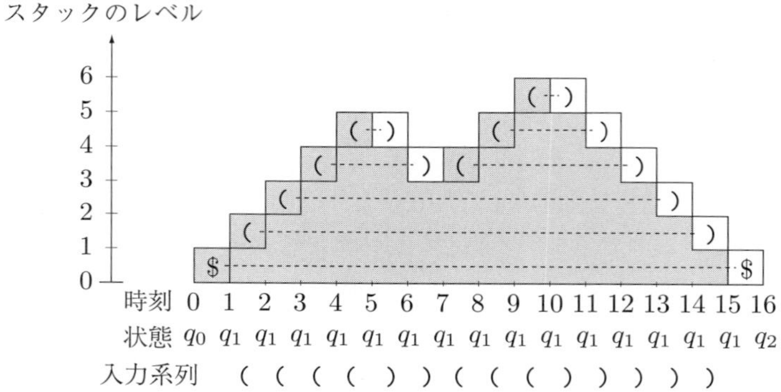

スタックのレベル

図 21.2　状況遷移図の例. グレーの領域は記号が蓄えられたマスからなる.

階段化条件：PDA の 1 ステップは，1 記号をプッシュするか，1 記号をポップするかのどちらかで，両者が同時に起ることはない.

階段化条件を，PDA の状態遷移のルールとして具体的に表すと，状態遷移が

$$p \xrightarrow{a,\varepsilon \to c} q \quad \text{か} \quad p \xrightarrow{a,b \to \varepsilon} q$$

のいずれかのタイプとなるという条件である．ここに，$a \in \Sigma_\varepsilon$ で，$b, c \in \Gamma$ である．$p \xrightarrow{a,b \to c} q$ や $p \xrightarrow{a,\varepsilon \to \varepsilon} q$ のタイプは許されない．また，PDA の受理条件より，系列を受理する状態遷移では，PDA の受理の定義より，図 21.2 に示すようにレベル 0 から始まりレベル 0 で終る．

以上の準備のもとに，図 21.2 で示される M_1 の動きは図 21.3 で示されるように G_1 の導出で模倣できることを説明する．これら 2 つの図が対応するようにするために，図 21.3 の導出木は上下を逆転し，根の $A_{q_0 q_2}$（G_1 の開始記号）を下方に置き，葉を上方に置いてある．図に現れる $A_{q_0 q_2}$ や $A_{q_1 q_1}$ は G_1 の非終端記号である．

図 21.2 の M_1 が受理する系列 $((((())(((()))))))$ を，図 21.3 の導出木で G_1 がど

スタックのレベル

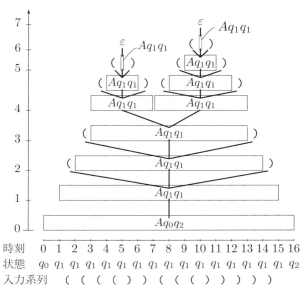

図 21.3　図 21.2 の状況遷移図に対応する導出木

のように生成するかを見ていこう．まず，図 21.2 のグレーで表されている山に相当するものを形成するのに，図 21.3 では $A_{q_1q_1} \to (A_{q_1q_1})$ の書き換え規則を繰返し適用する．ここで注意しておきたいのは，この規則は状況遷移図のプッシュ・ポップペアに対応し，右辺の "(" と ")" はそれぞれこのプッシュとポップを引き起す入力記号だということである．図 21.3 では，$A_{q_1q_1} \to (A_{q_1q_1})$ の右辺の $A_{q_1q_1}$ は横長のボックスの中に置かれている．このボックスの巾はこの先 $A_{q_1q_1}$ から最終的に導出される系列の長さにとってある．また，図 21.2 のレベル 3 のように山が 1 つから 2 つに増える箇所では $A_{q_1q_1} \to A_{q_1q_1}A_{q_1q_1}$ を適用して，2 つの山を導出する非終端記号として $A_{q_1q_1}$ を 2 つ生成している．また，山の頂上に対応するところでは $A_{q_1q_1} \to \varepsilon$ を適用して非終端記号を消している．

　以上の説明から，PDA M_1 を模倣する CFG G_1 のイメージはつかんでもらえたと思う．これまで説明したように，PDA の計算とそれを模倣する CFG の計算の間には大きな違いがある．PDA の計算を表す状況遷移図を縦長の短冊を並べたものとすると，それを模倣する CFG の計算は横長のプレートを積み上げたものとみなされる．PDA の計算では隣り合う短冊は状態遷移関数に基づいた関係で結ばれているのに対し，CFG の計算では隣り合うプレートは書き換え規則に基づいた関係で結ばれている．

以降では，話を一般化して，PDA M が与えられたとき，この M を基にして CFG G をどのように構成して，M を模倣するかを説明する．

初めに，PDA M は次の2つの条件を満たすとする．

(1)　M の受理状態は1つである．

(2)　M は階段化条件を満たす．

(1) の条件を満たしていないときは，$M = (Q, \Sigma, \Gamma, \delta, q_0, F)$ を次のように修正すればよい．すなわち，新しく状態 q_F を受理状態として加え，図 21.4 に示すように新しく $M' = (Q \cup \{q_F\}, \Sigma, \Gamma, \delta', q_0, \{q_F\})$ を構成すればよい．ただし，$F = \{q_{f_1}, \ldots, q_{f_m}\}$ とする．この M' を新しく $M = (Q, \Sigma, \Gamma, \delta, q_0, \{q_F\})$ と置くことにする．

次に M の階段化の説明に移る．M の階段化は，この条件を満たしていない状態遷移を，階段化条件を満たす一連の状態遷移に置き換え，模倣させることにより行う．

階段化されていない $q \xrightarrow{a, b \to c_1 c_2 \cdots c_m} q'$ の階段化を説明する．ここに，$a \in \Sigma_\varepsilon$, $b \in \Gamma_\varepsilon$ とする．階段化を，$b, c_1, \ldots, c_m \in \Gamma$ かつ $m \geq 1$ の場合（場合 1）と，$q \xrightarrow{a, \varepsilon \to \varepsilon} q'$ の場合（場合 2）に分けて説明する（これら以外の場合については，問題 21.2 参照）．これらの場合の階段化をそれぞれ図 21.5 と図 21.6 に示す．場合 1 については，状態遷移 $q \xrightarrow{a, b \to c_1 c_2 \cdots c_m} q'$ を，新しく m 個の状態 $r, \ldots, r_m$ を導入して，条件を満たす $m + 1$ 個の遷移で置き換えれば階段化の条件を満たすようにできる．また，場合 2 のプッシュもポップもしない遷移に対しては，新しく状態 r とダミーの記号 c を導入して，この記号をプッシュした後にポップするようにすれば，

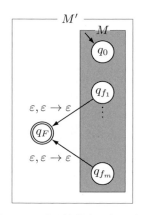

図 21.4　受理状態を 1 個にする

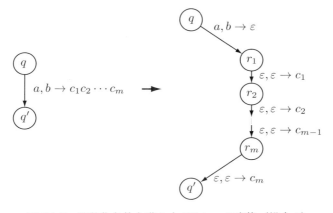

図 21.5　階段化条件を満たす PDA への変換（場合 1）

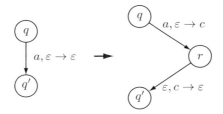

図 21.6　階段化条件を満たす PDA への変換（場合 2）

階段化の条件を満たす形にすることができる．なお，図 21.5 や図 21.6 で導入される状態 r_1, …, r_m や r がここで意図した状態遷移以外には関わることがないようにするために，導入される状態は互いに異なる新しい状態とする．

　次に，上の (1) と (2) の条件を満たす一般の PDA $M = (Q, \Sigma, \Gamma, \delta, q_0, \{q_F\})$ から，M を模倣する CFG G の書き換え規則をどのようにつくるかを説明する．G の書き換え規則には 3 つのタイプがある．

　タイプ 1：$a, a' \in \Sigma_\varepsilon$ と $p, q, r, s \in Q$ に対して $b \in \Gamma$ が存在して

$$p \xrightarrow{a, \varepsilon \to b} r, \quad s \xrightarrow{a', b \to \varepsilon} q$$

のとき

$$A_{pq} \to a A_{rs} a'$$

を書き換え規則とする．PDA の動きが図 21.7 に描かれるようなものであるとき，こ

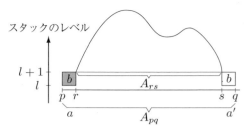

図 21.7　PDA の動きを模倣する書き換え規則 $A_{pq} \to aA_{rs}a'$

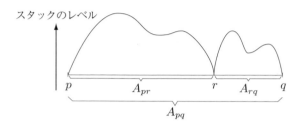

図 21.8　PDA の動きを模倣する書き換え規則 $A_{pq} \to A_{pr}A_{rq}$

の書き換え規則が適用される.

　タイプ 2：任意の $p, q, r \in Q$ に対して

$$A_{pq} \to A_{pr}A_{rq}$$

を書き換え規則とする. PDA の動きが図 21.8 に描かれるようなものであるとき, この書き換え規則が適用される.

　タイプ 3：任意の $q \in Q$ に対して

$$A_{qq} \to \varepsilon$$

を書き換え規則とする.

　上に述べたように, PDA $M = (Q, \Sigma, \Gamma, \delta, q_0, \{q_F\})$ から CFG $G = (\Gamma_G, \Sigma, P, A_{q_0 q_F})$ を定める. ここに, $\Gamma_G = \{A_{qq'} \mid q, q' \in Q\}$ で, P は上で説明した 3 つのタイプの書き換え規則のセットである. また, $A_{q_0 q_F}$ を開始記号とする.

　以降では, G が M を模倣することを証明する. 具体的には $w \in L(M) \Leftrightarrow w \in L(G)$ の証明である. ここで, 次の記法を定義する. すなわち, 空スタックの M が状態 p で入力系列 w を読み込み, 空スタックで状態 q に遷移することを

$$p \xrightarrow[\text{emp}]{w} q$$

と表す．特に，任意の状態 q に対して，$q \xrightarrow[\text{emp}]{\varepsilon} q$ とする．このように定義すると，次の事実が成立する．この事実の証明は後に回すことにするが，これが証明されるとすると，$p = q_0$，$q = q_F$ とおくと，

$$q_0 \xrightarrow[\text{emp}]{w} q_F \quad \Leftrightarrow \quad A_{q_0 q_F} \overset{*}{\Rightarrow} w$$

となるので，定理は次のように証明される．

$$w \in L(M)$$
$$\Leftrightarrow \quad q_0 \xrightarrow[\text{emp}]{w} q_F$$
$$\Leftrightarrow \quad A_{q_0 q_F} \overset{*}{\Rightarrow} w$$
$$\Leftrightarrow \quad w \in L(G)$$

次の事実の証明はあらましを説明するに留め，厳密な証明は問題 21.4 に回す．

事実 任意の $w \in \Sigma^*$，$p, q \in Q$ に対して

$$p \xrightarrow[\text{emp}]{w} q \quad \Leftrightarrow \quad A_{pq} \overset{*}{\Rightarrow} w.$$

CFG G の非終端記号 A_{pq} には，状態 p から状態 q までの状態遷移が対応づけられ，このことが添え字で表されている．タイプ 1 の書き換え規則 $A_{pq} \to a A_{rs} a'$ の場合，右辺の a には $p \to r$，A_{rs} には $r \to s$，a' には $s \to q$ の状態遷移が対応づけられているとみなす．これらをつなぐと $p \to r \to s \to q$ となるので，この書き換えにより左辺の非終端記号の状態遷移 $p \to q$ が右辺に**継承**されると解釈する．$A_{pq} \to a A_{rs} a'$ がタイプ 1 の書き換え規則として指定されているということは，$p \xrightarrow{a, \varepsilon \to b} r$ と $s \xrightarrow{a', b \to \varepsilon} q$ の状態遷移の存在（これは，$A_{pq} \to a A_{rs} a'$ がタイプ 1 の書き換え規則として指定されるための条件）が保証されるので，$p \to r$ と $s \to q$ の状態遷移は保証されることになる．一方，タイプ 2 の $A_{pq} \to A_{pr} A_{rq}$ の書き換え規則では，A_{pq} の $p \to q$ の状態遷移は，右辺の $p \to r$ および $r \to q$ に継承される．また，タイプ 3 の書き換え規則 $A_{qq} \to \varepsilon$ は単に残った非終端記号を消すためのものであり，状態遷移を継承する必要はない．

【事実の証明のあらまし】 $\Rightarrow$ の証明： PDA M が $p \xrightarrow[\text{emp}]{w} q$ と状態遷移したとすると，それを表す図 21.2 のような状況遷移図をつくることができる．M は階段化されているので，この図からタイプ 1，2，3 の書き換え規則が定まり，図 21.3 のよ

うな系列 w を導出する導出木が決まる. したがって, $A_{pq} \overset{*}{\Rightarrow} w$.

⇐ の証明: $A_{pq} \overset{*}{\Rightarrow} w$ と仮定し, $A_{pq} \overset{*}{\Rightarrow} w$ の導出木が図 21.3 のように表されているとする. この導出木に現れる書き換えでは, $p \to q$ の状態遷移は継承される. タイプ 1, 2 の $A_{pq} \to a A_{rs} a'$ や $A_{pq} \to A_{pr} A_{rq}$ の形の書き換え規則の右辺に現れる非終端記号は, 元々の $p \to q$ の状態遷移の中継点を加えるだけである. これらの中継点の間を実際の状態遷移で埋めるのは, タイプ 1 の右辺の終端記号が引き起す $p \xrightarrow{a, \varepsilon \to b} r$ や $s \xrightarrow{a', b \to \varepsilon} q$ の状態遷移である. また, これらの a や a' のタイプの終端記号をつないだものが系列 w を構成している. したがって, これらの状態遷移から PDAM の計算が構成でき (その計算は, 導出木に対応する図 21.2 のような状況遷移図として表される), この計算は空スタックの M を状態 p から空スタックで状態 q の状況に遷移させる. したがって, $p \xrightarrow[\text{emp}]{w} q$. ■

これで事実の証明のあらましを終る (厳密な証明は問題 21.4) ので, 定理の証明が終り, 定理が導けたことになる. ■

問　題

21.1 図 21.2 のレベル 0 の $ のプッシュ・ポップペアには, 図 21.3 の導出木の書き換え規則 $A_{q_0 q_2} \to A_{q_1 q_1}$ が対応する. この規則の右辺に終端記号が現れないのはなぜか.

21.2 定理 21.1 の証明において, PDA の状態遷移の階段化は場合 1 と場合 2 に分けて説明した. これらの場合ですべての場合が尽くされているわけではない. 残っている場合とはどのような場合か, また, その場合の階段化を説明せよ.

21.3♦ PDAM は次の状態遷移図で与えられる. 入力 abbabaabbaaba に対する状況遷移図と導出木をそれぞれ図 21.2 と図 21.3 のように与えよ.

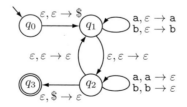

21.4♦♦ 定理 21.1 の証明の中の事実「任意の $w \in \Sigma^*$, $p, q \in Q$ に対して, $p \xrightarrow[\text{emp}]{w} q \Leftrightarrow A_{pq} \overset{*}{\Rightarrow} w$」を数学的帰納法で証明せよ.

第 IV 部

計算可能性

22講 チューリング機械の定義

チューリングは「機械的な手順」を定式化する数学的モデルとして**チューリング機械**を導入した．これは機械的な手順として書き下すことができることすべてを定式化したものなので，計算能力が最も高い計算モデルである．チューリング機械の形式的定義を与え，チューリング機械と機械的な手順は等価なものとみなしてよいとする**チャーチ・チューリングの提唱**について説明する．

22.1　チューリング機械の形式的定義

第6講の有限オートマトンの設計ではカードモデルという思考モデルを導入した．記号が書き込まれたカードの束から1枚ずつカードをめくり，それまでめくられた記号の系列の受理/非受理を判定するというモデルである．このモデルではカードの他にメモ用紙が使えるようになっていて，メモ用紙には必要なことを書き込んだり消したりすることができる．これに対して，**チューリング機械のカードモデル**では，カードとメモ用紙が用意されていて，情報は，メモ用紙だけでなくカードにも書き込むことができる．しかも，積み重ねられたカードの束の枚数は無限で，カードは何枚でも使うことができる．入力の系列は，カードの束の初めの何枚かに（1枚のカード当り1記号）書き込まれる．計算が始まると，カードの束からめくったカードは横一列に並べられて，その上を左右に移動することができる．有限オートマトンのカードモデルの場合と同様に，メモ用紙に書き込める内容の種類は有限種類に限定される．この書き込める内容の種類が有限という制約は，カード1枚1枚の内容についても課せられるが，カードには枚数を増やせば無制限に情報を蓄えることができる．

チューリング機械を説明するこのカードモデルに基づいて，言語 $\{wcw \mid w \in \{a, b\}^*\}$ を受理するチューリング機械の動きを見てみよう．第18講では，言語 $\{ww \mid w \in \{a, b\}^*\}$ は文脈自由文法で生成できない（したがって，第21講の結果からからプッシュダウンオートマトンで受理できない）ことを証明した．wcw と中央に c を入れているのは，単に説明を簡単にするためである．言語 $\{wcw \mid w \in \{a, b\}^*\}$ も文脈自由文法では生成できないことを証明できる．たとえば，201枚のカードに

図 22.1　wcw の系列の判定の例

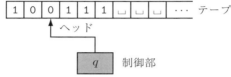

図 22.2　チューリング機械

系列 $u_1 \cdots u_{100} c v_1 \cdots v_{100}$ が与えられて，これが wcw の形の系列かどうかの判定が求められたとしよう．図 22.1 に示すように，左半分の系列 u と右半分の系列 v から対応するポジションの記号にそれぞれアクセスし，一致するかどうかのチェックを 100 回繰り返せば，wcw の形であることを判定できる．この図に示すようにチェック済の記号 $\sqrt{}$ が入っていない u と v の左端のポジションを探せばチェックすべき記号のペアがわかるからである．図 22.1 に，$u = $ abaab, $v = $ abaab の場合についてチェックの過程を示してある．

　wcw の形の系列の判定で用いたカードモデルは，大まかなイメージはつかみやすいのであるが，厳密に定義された計算モデルとは言い難い．チューリング機械は，カードモデルをきちんと計算モデルとして厳密に定義したものである．図 22.2 はチューリング機械を表したもので，制御部と右方向に無限に伸びているテープとテープ上のマスを見ているヘッドからなる．制御部からの指令で，ヘッドは読み書きや左右のマスへの移動ができる．テープのマスはカードモデルのカードに相当する．図 19.1 で説明した有限オートマトンとの違いは，計算の開始時に入力が置かれたマス以外のマスを無制限に使えることと，ヘッドはテープ上を左右に移動し，マスの記号を読むだけでなく，任意に書き換えられるということである．計算の途中で好きなだけマスを使って長い系列を書き込み，後でそこに戻ってきて参照することもできる．制約は，制御部がとる状態の種類と 1 マスに書き込む記号の種類がそれぞれ有限個に抑えられるということだけである．

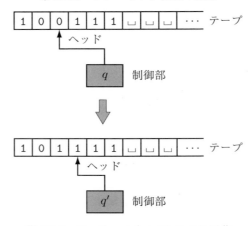

図 22.3　$\delta(q, 0) = (q', 1, R)$ による遷移

図 22.3 はチューリング機械の 1 ステップの動きを表したものである．この動きは，状態遷移関数 δ を使って

$$\delta(q, 0) = (q', 1, R)$$

と指定される．制御部の状態が q でヘッドが記号 0 を見ているとき，状態 q' に遷移し，現在ヘッドが見ている記号を 1 に書き換えた後，ヘッドを右へ 1 マス移動するという指定である．この指定は **5 項組** $(q, 0, q', 1, R)$ としても表される．5 項組は，一般には (q, a, q', a', D) と指定される．ここに，$D = L$ または $D = R$ で，ヘッドはそれぞれ左または右へ 1 マス移動する．このようにチューリング機械の 1 ステップの動作は 5 項組で指定され，1 つの 5 項組が表す動作は，図 22.3 に示すようにあいまいなところが全くない．

　ここで，チューリング機械の形式的定義を次のように与える．

定義 22.1　チューリング機械（Turing Machine, **TM** と略記）とは，7 項組 $(Q, \Sigma, \Gamma, \delta, q_0, q_{accept}, q_{reject})$ である．ここで，

(1)　Q は状態の有限集合，

(2)　Σ は入力アルファベットで，$\sqcup \notin \Sigma$，

(3)　Γ はテープアルファベットで，$\Sigma \subseteq \Gamma$ かつ $\sqcup \in \Gamma$，

(4)　$\delta : (Q - \{q_{accept}, q_{reject}\}) \times \Gamma \to Q \times \Gamma \times \{L, R\}$ は状態遷移関数，

(5)　$q_0 \in Q$ は開始状態，

(6)　$q_{accept} \in Q$ は受理状態，

(7)　$q_{reject} \in Q$ は非受理状態で，$q_{reject} \neq q_{accept}$.　■

他の計算モデルの場合と同様に，入力アルファベットもテープアルファベットも有限集合である．入力 $w \in \Sigma^*$ は，計算の開始時にテープの最左端のマスから入力の長さ分のマスを使って置かれる．それ以外のマスには**空白記号**（blank symbol）␣が置かれる．また，計算開始時にはヘッドは最左端のマスに置かれる．(4) の状態遷移関数 δ の定義域から q_{accept} と q_{reject} を抜いているのは，これらの状態に遷移したら停止する（停止するので次の遷移先を定義する必要がない）からである．また，q_{accept} や q_{reject} は，それぞれ単に q_A や q_R と書くこともある．次の2つの例で説明するように，チューリング機械は**状態遷移図**として表すことができる．

ところで，カードモデルに基づいた wcw の形の判定の動作の説明では，チェックする記号へのアクセスや記号の一致の判定など，さまざまな操作を前提にした．一方，チューリング機械の5項組は，物質の構成にたとえると原子に相当し，動作を分解していったときの最小単位とみなすことができる．この動作の最小単位にあいまいなところはない．この2つのモデルを比べると，わかりやすさと厳密さの間のトレードオフ（一方を良くすると，他方が悪くなるという二律背反の関係）が見られる．次の例 22.2 では，wcw の形の判定をするチューリング機械を図 22.5 の状態遷移図として与える．しかし，個々の5項組の動きは明瞭であるにもかかわらず，カードモデルに基づいた説明に比べ，状態遷移図から動きはつかみにくい．これは，個々の5項組の動作を組み合わせて何を実行したいのかを読み手が解釈しなければならないからである．

例 22.2　系列 wcw を受理する TM M_1 をつくる．ここに，$w \in \{a, b\}^*$．その動きを説明するため，wcw を $u_1 u_2 \cdots u_n c v_1 v_2 \cdots v_n$ と表す．ここで，M_1 は記号 u_i や v_i のサフィックス i を識別できるわけではなく，このサフィックスは動作を説明するためのものである．u_i は，この記号が置かれたマスやそのマスに置かれた a や b の記号を表すとする．v_i も同様である．図 22.4 は wcw の判定の手順をフローチャートとして表したものであり，図 22.5 はそれに対応する M_1 の状態遷移図である．

wcw の判定の手順は図 22.1 で示したものと同じ考えでつくられている．図 22.1 では一致の判定が済んだ記号に $\sqrt{}$ 印のチェックを入れたのに対し，図 22.4 の手順ではその記号を X に書き換えている．そのため，$u_i = v_i$ のチェックの前と後ではテープの内容は図 22.6 のように変わる．この $u_i = v_i$ のチェックは図 22.4 の手順では $A \rightarrow B \rightarrow C \rightarrow A$ のサイクルで実行され，$A \rightarrow B \rightarrow C$ の実行で図 22.6 の上の系列が下の系列に変換される．A の条件判定は，まだチェックすべき u_i が残っているかどうかの判定である．B の「初めての u_i」や「初めての v_i」は X から $\{a, b\}$ の

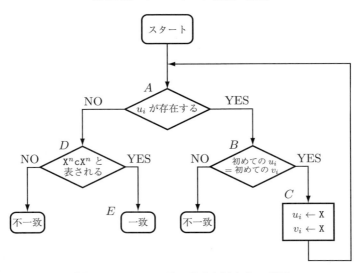

図 22.4　wcw の形の系列を判定する手順

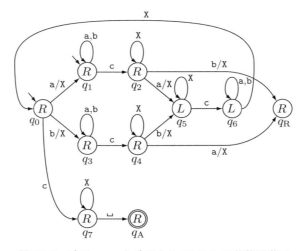

図 22.5　系列 wcw を受理する TMM_1 の状態遷移図

$$XX \cdots Xu_iu_{i+1} \cdots u_ncXX \cdots Xv_iv_{i+1} \cdots v_n$$

$$\Downarrow *$$

$$XX \cdots XXu_{i+1} \cdots u_ncXX \cdots XXv_{i+1} \cdots v_n$$

図 22.6　$u_i = v_i$ の判定の前と後のテープの内容

記号に変わる境界にある記号である（ヘッドがこの境界を左から右へ通過するのでこのように表す）．そして，$u_i = v_i$ の場合，C でこれらの記号を X に置き換える．$u_i = v_i$ がすべての $1 \le i \le n$ で成立したら，u_i が（すべて X に置き換えられて）存在しないので，A の条件判定で NO の出口に出て，最後に後半部にチェックされずに残っている $\{a, b\}$ の記号が存在するかをチェックし，存在しなければ wcw の形と判定する．

次に状態遷移図の読み方，特に，状態遷移の枝のラベルの読み方と遷移の枝のラベルの省略について説明する．まず，M_1 の入力アルファベット Σ とテープアルファベット Γ は，$\Sigma = \{a, b, c\}$，$\Gamma = \{a, b, c, X, \sqcup\}$ である．たとえば，$\delta(q_0, a) = (q_1, X, R)$ の場合，遷移の枝を $q_0 \xrightarrow{a/X, R} q_1$ と表す．この本では，これを方向を省略して $q_0 \xrightarrow{a/X} q_1$ と表す．ヘッドの移動の向きは遷移先の状態によって決まるような TM を扱うので，方向を省略しても差し支えないからである．実際この例では，遷移先の状態 q_1 にヘッドの移動方向の R が書き込まれている．このように移動の方向は遷移先の状態の中に書き込まれる．このほかにも，遷移の枝のラベルはいろいろ省略して表示する．元の記号と同じ記号に置き換える場合，たとえば $q_1 \xrightarrow{c/c} q_2$ を $q_1 \xrightarrow{c} q_2$ のように表す．また，$q_1 \xrightarrow{a, b} q_1$ は，$q_1 \xrightarrow{a/a} q_1$ と $q_1 \xrightarrow{b/b} q_1$ をまとめて表したものである．さらに，一般に記号を書き換えない**自己ループ**（$q \xrightarrow{u/u} q$ や $q \xrightarrow{u} q$ など）の遷移の枝は省略してもよいとする．したがって，一般に，状態 q に自己ループがなく，他の状態への遷移が $q \xrightarrow{u_1} q_1, \ldots, q \xrightarrow{u_i} q_i$ のときは，状態 q ではヘッドが $u_1, \ldots, u_i$ の記号を読むまで，q に割り当てられた $D \in \{L, R\}$ 方向へのヘッドの移動を繰り返し，$u_1, \ldots, u_i$ の記号を読み込んだところでそれぞれの遷移を行う．このような省略を許すことにするので，たとえば，図 22.5 の $q_1 \xrightarrow{a, b} q_1$ や $q_2 \xrightarrow{X} q_2$ の枝を省略してもこの状態遷移の動作は変わらない．

次に，図 22.5 の状態遷移図 M_1 の動きをたどる．図 22.4 のフローチャートの $A \to B \to C \to A$ のサイクルは，状態遷移図では $q_0 \to q_1 \to q_2 \to q_5 \to q_6 \to q_0$ か，または，$q_0 \to q_3 \to q_4 \to q_5 \to q_6 \to q_0$ のサイクルに対応する．これらのサイクルを一巡すると，$u_i = v_i$ となることが確認されて図 22.6 の上のテープの内容が下のテープの内容に変換される．$u_i = v_i$ のチェックは，$q_0 \xrightarrow{a/X} q_1$ または $q_0 \xrightarrow{b/X} q_3$ の遷移で u_i の記号（a または b）が状態（q_1 または q_3）として覚えられ，覚えられた記号が v_i と同じことが，状態遷移 $q_2 \xrightarrow{a/X} q_5$ または $q_4 \xrightarrow{b/X} q_5$ で確かめられる．$u_i \ne v_i$ のときは，$\{q_2, q_4\}$ の状態から状態 q_R に遷移する．このように右移動を繰り返しながら，状態 q_0 で u_i を状態として覚え，その後は状態 q_1 や q_3 でそれに続く a や b を読み飛ばし，中央の記号 c により，u_i と v_i が等しいかどうかをチェック

する状態 q_2 や q_4 に遷移する．したがって，$\{q_2, q_4\}$ は図 22.4 のフローチャートの B の条件判定に対応し，YES の出口は状態 q_5 への遷移に相当し，一方，NO の出口は状態 q_R への遷移に相当する．

さて，入力が wcw の形の場合は図 22.6 の変換が繰り返され，テープの内容は最後は X$\cdots$XcX$\cdots$X となる．このとき，u_1, ..., u_n はすべて X に書き換えられているので，a や b は残っておらず，状態 q_0 でヘッドは記号 c を見ることになり，状態 q_7 に遷移する．さらに，c より右には a や b が残っていないことを確認できれば wcw の形と判定してよい．これが状態 q_A への遷移に相当する．（すなわち，入力が，$m > n$ に対して $u_1 u_2 \cdots u_n c v_1 v_2 \cdots v_m$　$(u_1 = v_1, \ldots, u_n = v_n$ とする$)$ と表されるものではないことが，$q_7 \overset{*}{\Rightarrow} q_A$ の遷移で確認される）．

ところで，図 22.5 の状態遷移図では，受理するための遷移の枝はすべて現れているが，図の枝が煩雑にならないようにするために，それ以外の受理に寄与しない枝は省略しているものが多い．たとえば，図 22.4 のフローチャートの D の判定が NO となるのは，c より右に a または b が残っているため wcw の形にはならない場合である．この NO の判定に対応するものは，図 22.5 の状態遷移図では省略されている．省略しないで表すためには，$q_7 \overset{a,b}{\longrightarrow} q_R$ の状態遷移を加えればよい．状態 q から記号 u による遷移が省略されている場合は，$q \overset{u/u}{\longrightarrow} q_R$ の枝を加えておけば受理される系列が変わることはない．　　　　　■

例 22.3　正しいカッコの系列を受理する TM M_2 をつくる．図 22.7 は M_2 の受理の動きを説明するものである．対応する左カッコと右カッコに順次チェックを入れていき，すべてのカッコがチェックされたら正しいカッコの系列を判定する．問題は，対応する左カッコと右カッコをどのように見つけ出すかということである．この図の例からわかるように，最も内側の左カッコと右カッコの対を対応するカッコとみなす．このとき，既にチェックが入っているカッコは無視する．図 22.7 のステップ 1 では，系列の左端から右方向に移動を繰り返し，初めての右カッコとその 1 つ前の（左隣りの）左カッコを対とみなし，チェックを入れる．これらのカッコをそれぞれ

ステップ

0	((( )) ( ))	
1	(((̌)̌) ( ))	
2	((̌ (̌)̌)̌ ( ))	
3	((̌ (̌)̌)̌ (̌)̌)	図 22.7
4	(̌ (̌ (̌)̌)̌ (̌)̌)̌	正しいカッコの系列の判定の例

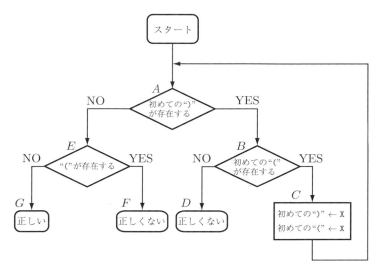

図 22.8　正しいカッコの系列を判定する手順

「初めての "")""」と「初めての ""(""」と呼ぶことにする．左端から右方向に移動した
ときの初めての "")" と，そこから左方向へ進んだときの初めての ""(" だからこのよ
うに呼ぶことにする．明らかに，次の対の「初めての "")"」を見つけるためには，初
めての ""(" が見つかったところから左端まで戻る必要はなく，そのまま右方向に移
動し，上に述べたことを繰り返せばよい．

　図 22.8 は，上に述べた考えに基づいて正しいカッコの系列を判定する手順をフロー
チャートとして表したものである．初めての "")" と初めての ""(" にチェックを入れ
ることを繰り返し，すべてのカッコがチェックされたら正しいカッコの系列と判定
し，そうではないとき正しくないと判定している．ただし，このフローチャートで
はチェックを入れる代わりに，カッコの記号を X に置き換えている．

　入力の左端からスタートしてこの動作を繰り返す過程で，A の条件判定が NO の
ときは，右カッコはすべて X に置き換えられ，対応する左カッコも X に置き換えら
れている．したがって，E の条件判定が NO のときは左カッコが残っておらず入力
は正しいカッコの系列であり，E の条件判定が YES のときは右カッコに対応してい
ない左カッコが残っていることになるので，入力は正しいカッコの系列ではない．

　図 22.9 は，図 22.8 のフローチャートに基づいてつくった M_2 の状態遷移図である．
フローチャートの $A \to B \to C \to A$ のサイクルは，この状態遷移図の $q_1 \to q_2 \to q_1$
のサイクルに対応している．ところで，入力が正しいカッコの系列かどうかを判定
するためには，入力の両端を識別する必要がある．入力はテープの左端のマスから

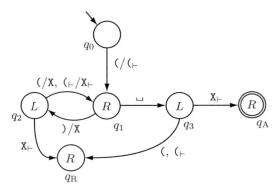

図 22.9 正しいカッコの系列を受理する M_2 の状態遷移図

始まり，入力の最後の記号の右隣りは空白記号となっている．したがって，入力の最後のマスは右隣りが空白記号となることにより識別できる．一方，入力の最初のマスは，開始時に開始状態 q_0 でヘッドは左端のマスに置かれているという事実を利用して，最初の状態遷移を $q_0 \xrightarrow{(/(_\vdash} q_1$ と指定し，左端のマスに置かれる記号に左端を表す記号 $\vdash$ をサフィックスとしてつけることにより識別できるようにする．その後，この $(_\vdash$ が別の記号に書き換えられる場合でもサフィックス $\vdash$ はつけることにする．この例では $q_2 \xrightarrow{(_\vdash / X_\vdash} q_1$ としてサフィックス $\vdash$ を継承している．

状態 q_1 は右移動を繰り返しながら右カッコを探す状態であるが，入力の右端まで移動すると空白記号を見ることになる（$q_1 \overset{\sqcup}{\to} q_3$）．これは図 22.8 のフローチャートで A の条件判定が NO であったことに対応する．この NO の出口は，入力の右カッコはすべて X に書き換えられたことを意味する．したがって，このとき左カッコもすべて X に書き換えられているのであれば，正しいカッコの系列と判定することになる．これは図 22.8 のフローチャートでは条件判定 E の NO の出口に対応し，図22.9 の状態遷移図では $q_3 \xrightarrow{X_\vdash} q_A$ の遷移に対応する．

ところで，図 22.9 の状態遷移図では，例 22.2 で説明したように遷移のラベルを省略している．実際，状態 q_1 では X を読み飛ばして右移動を繰り返すので，$q_1 \xrightarrow{X/X} q_1$ の遷移の枝（自己ループ）が必要となるのであるが，これを省略している．　■

上の 2 つの例では具体的な TM を取り上げ，それが受理する系列について説明した．厳密な受理の定義に立ち入らなくても TM が受理する系列は普通に思い描けたからである．しかし，一般的には，たとえば TM が永久に状態遷移を繰り返すときの受理の定義をどうするのかとかということもあり，受理の定義を避けて通るわけにはいかない．

22.2　チューリング機械の受理の定義

　TM の受理を定義するためには，様相という概念が必要となる．**様相**（configuration）とは動作中の TM に関するすべての情報からなるものである．TM の計算を途中で止めたとしても，様相が与えられれば計算を再スタートできる．具体的には，様相は

(1)　制御部の状態

(2)　テープの内容

(3)　テープ上のヘッドの位置

の 3 つからなる．図 22.3 の場合，2 つの様相は $10q0111$ や $101q'111$ と表される．一般的には，$u, v \in \Gamma^*$，$q \in Q$ とするとき，様相は uqv と表される．この uqv は，状態は q で，テープの内容は uv で，ヘッドは系列 v の左端の記号のマスに置かれていることを表す．ここで，テープ内容 uv の v に続く記号は空白記号␣だけである．様相の遷移は $\Rightarrow$ で表され，図 22.3 の遷移は，$10q0111 \Rightarrow 101q'111$ と表される．$a, b, b' \in \Gamma$，$u, v \in \Gamma^*$ で $q, q' \in Q$ とするとき，一般に，様相の遷移は次のように定められる．

$$\delta(q, b) = (q', b', L) \text{ のとき，} uaqbv \Rightarrow uq'ab'v, \tag{1}$$

$$\delta(q, b) = (q', b', R) \text{ のとき，} uaqbv \Rightarrow uab'q'v. \tag{2}$$

この様相の遷移の定義で注意しなければならないのは，テープに置かれた系列の端のマスにヘッドがあるときの $\Rightarrow$ の関係である．まず，ヘッドがテープの左端のマスに置かれ，様相が qbv と表されるとき，$\delta(q, b) = (q', b', L)$ ならば，$qbv \Rightarrow q'b'v$ と定義する．このようにヘッドが左端のマスに置かれ，状態遷移で左移動が指定されていて，ヘッドがテープから飛び出そうとしているときは，ヘッドはそのまま左端のマスに留まると定義する．一方，$\Gamma - \{␣\}$ の記号（a とする）が置かれた最右端のマスの右隣りのマス（␣が置かれている）にヘッドが置かれている場合を取り上げよう．この様相が uaq と表されているとし，状態遷移で右移動が指定されているときは，この様相を $uaq␣$ と表せば上の定義 (2) に従って遷移するとすればよい．たとえば，$\delta(q, ␣) = (q', b', R)$ のときは，$uaq␣ \Rightarrow uab'q'$ となる．

　このように様相の遷移の関係 $\Rightarrow$ を定義すると，系列の受理は次のように定義される．入力が $w \in \Sigma^*$ のときの**開始様相**を q_0w と定義する．また，**受理様相**とは状態が受理状態であるような様相であり，**非受理様相**とは状態が非受理状態であるよう

な様相である．TM M が系列 $w \in \Sigma^*$ を受理するとは，次の (1), (2), (3) を満たす様相 C_1, ..., C_m が存在することである．

(1) C_1 は $q_0 w$ と表される開始様相である．

(2) $1 \leq i < m$ に対して，$C_i \Rightarrow C_{i+1}$．

(3) C_m は受理様相である．

なお，受理状態や非受理状態に遷移すると，TM は停止し，それから先の遷移は定義されていないことに注意してほしい．TM M が受理する系列の集合を M が**受理する言語**，または，M が**認識する言語**と呼び，$L(M)$ と表す．ところで，テープに入力を置いて TM が計算を開始したとするとき，TM は最終的にどのような状況となるのであろうか．3 つの可能性があり，受理状態に遷移して計算を停止するか，非受理状態に遷移して計算を停止するか，永久に状態遷移を繰り返すかである．初めのケースは入力を受理し，残りの 2 つのケースは受理しない．これら 3 つのケースのうちの状態遷移が永久に繰り返されるケースは，受理/非受理を判定しようとする立場からするとやっかいである．いくら時間をかけても非受理と判定することはできない．いつまでたっても次のステップで受理と判定される可能性が残るからである．そこで，任意の入力に対していずれは受理状態か非受理状態に遷移して停止する（永久に状態遷移を繰り返すことはない）TM を導入し，これを**停止性チューリング機械**と呼ぶ．入力を $w \in \Sigma^*$ とする．停止性 TM M は，$w \in L(M)$ のときは受理状態で停止し，$w \notin L(M)$ のときは非受理状態で停止する．停止性チューリング機械 M は受理する言語 $L(M)$ を**決定**すると呼ぶ．なお，TM で認識される言語を**帰納的列挙可能言語**（recursively enumerable language）と呼び，TM で決定される言語を**帰納的言語**（recursive language）と呼ぶこともある．

これまでは，TM の働きは入力の受理/非受理の判定を下すものとみなした．これを一般化して，関数 f を計算することを，入力 w で計算をスタートし，$f(w)$ をテープ上に残して停止することと定義する．

定義 22.4 チューリング機械 M が関数 $f : \Sigma^* \to \Sigma^*$ を計算するとは，M が入力 $w \in \Sigma^*$ をテープ上に左端からのマスに置き，ヘッドを左端のマスに置き計算を開始したとき，系列 $f(w)$ を左端からのマスに置き停止することである． ■

例 22.5 関数を計算する TM として掛け算を実行する M_3 を取り上げる．M_3 が計算する関数 f を，$f(\mathsf{a}^i \mathsf{b}^j) = \mathsf{c}^{i \times j}$ と定義することにする．ここに，$i, j \geq 1$ とする．このように整数は系列の長さで表すとする．M_3 は，入力として $\mathsf{a}^i \mathsf{b}^j$ が左端のマス

から $(i+j)$ 個のマスに置かれたとき，左端のマスから $i \times j$ 個のマスに $c^{i \times j}$ を置いて停止する．

TMM_3 は簡単な動きでこの関数 f を計算する．まず，系列 b^j の長さ j と同じ長さの c^j を ␣ のマスからなる領域に（左端から詰めて）置く．実際の動きは，系列 b^j の各 b を B に置き換えた後に ␣ のマスの領域に c を 1 個置くことを，ヘッドを左右に往復させながら j 回繰り返す．b を B に置き換えるのは処理済の記号を区別するためである．この動作を，a^i の長さに相当する i 回繰り返す．このようにして関数 f を計算する．

この計算の手順をフローチャートとして表したものが，図 22.10 である．このフローチャートの「初めての a」はテープを左端のマスから右方向に移動したとき，"初めて現れる記号 a のマス"を意味する．この a を A に書き換え，この a は処理済であることを表す．「初めての b」に関しても同様である．$C \rightarrow D \rightarrow C$ のサイクルを j 回回ると c^j が ␣ のマスの領域に置かれる．c^j がつくられると，b^j は B^j に置き換えられ b は残っていないので，C の条件判定では NO の出口から出ることになり，E でこの B^j を b^j に書き換え，次のサイクルに備える．この c^j をつくる j 回のサイクルが，

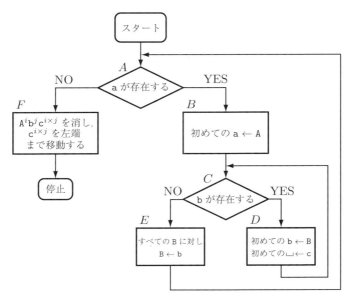

図 22.10　関数 $f(a^i b^j) = c^{i \times j}$ の計算の手順

$$A \to B \to (C \to D)^j (C \to E) \to A$$

のサイクルであり，このサイクルが i 回繰り返され，$c^{i \times j}$ がつくられる．このように
してテープの内容は $A^i b^j c^{i \times j}$ となるが，F でこの $c^{i \times j}$ を左端のマスまで移動さ
せる．(この $c^{i \times j}$ の移動も記号 1 個ずつの移動となるが，その詳細は省略する)．図
22.10 の手順に対応する状態遷移図は省略する．　　　　　　　　　　　　　　　■

22.3　チャーチ・チューリングの提唱

　チューリング機械は，機械的に実行できる手順を定義する計算モデルとして導入
された．図 22.11 に，チューリング機械で実行できる問題と，機械的な手順で計算
できる問題との間の関係を表している．前者のクラスが後者のクラスに包含されて
いるが，チャーチ・チューリングの提唱はこの 2 つのクラスは一致するということ
にしようという提唱である．

　機械的な実行手順という概念は直観的なものであって，厳密に定義された概念で
はない．そのため厳密に定義されたチューリング機械と直観的な概念である機械的
な手順は，そもそも比べようがない．2 つのクラスが一致することが証明できるの
は，その 2 つのクラスが厳密に定義されているときだけだ．そこで，この 2 つのク
ラスは一致すると認めてしまおうというのが，**チャーチ・チューリングの提唱**であ
る．別の言い方をすると，機械的な手順で計算されるということを，チューリング
機械で計算されることと定義するといってもよい．すなわち，チャーチ・チューリン
グの提唱とは

　　　機械的な手順で計算される　⇔　チューリング機械で計算される

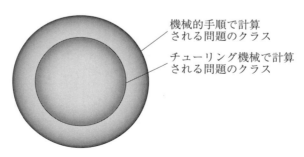

機械的手順で計算
される問題のクラス

チューリング機械で計算
される問題のクラス

図 22.11　チャーチ・チューリングの提唱は，図の 2 つのクラスが一致すると主張.

という主張で，チャーチとチューリングにより提唱されたものである．この主張の
⇐ の方向は成立するとみなしてよい．チューリング機械の計算は機械的な手順の計
算であると，直観的に受け入れられるからである．問題は ⇒ の向きである．この向
きは，チューリング機械で計算できることは，機械的な手順で計算できることをすべ
て尽くしているということ（図 22.11 の 2 つのクラスの間にギャップがないこと）を
意味し，これを認めてしまおうというのが，チャーチ・チューリングの提唱である．

　原理的に証明することはできないことではあるが，チャーチ・チューリングの提
唱は広く認められているものである．これが広く定着している 1 つの理由に，機械
的な手順を定式化したものにチューリング機械の他にもさまざまな数学的に定義さ
れたものがあるが，それらがすべて互いに等価な概念であることが証明されている
という事実がある．このようなこともあって，チャーチ・チューリングの提唱はこの
分野の研究者から広く受け入れられている．

■■■■■■■■ 問　　題 ■■■■■■■■

22.1 図 22.4 のフローチャートにおける $B \to C$，$A \to D \to E$ の動きにそれぞれ対応す
る図 22.5 の状態遷移を示せ．

22.2 図 22.8 のフローチャートにおける $B \to D$，$E \to F$，$E \to G$ の動きにそれぞれ対
応する図 22.9 の状態遷移を示せ．

22.3♦ 言語 $\{ww^R \mid w \in \{a, b\}^*\}$ を受理する TM の状態遷移図を与えよ．ここに，長さ
n の $w = w_1 w_2 \cdots w_n$ に対して $w^R = w_n \cdots w_2 w_1$．

22.4♦ 言語 $\{a^n b^n c^n \mid n \geq 1\}$ を受理する TM の状態遷移図を与えよ．

23講 多テープチューリング機械

多テープチューリング機械とは，複数のテープをもつ TM で，テープの本数以外は定義 22.1 で定義した通りの TM である．テープの本数が増えると計算能力は高まる可能性があるが，実際のところは計算能力は変わらないことを導く．

多テープ TM の各テープにはヘッドが 1 つずつあり，計算の開始時に，第 1 テープに入力を置き，他のテープにはすべて空白記号を置く．また，ヘッドはすべてテープの左端のマスに置く．各テープのヘッドは読み書きができ，状態遷移関数に従って左右に移動する．多テープ TM の状態遷移関数 δ は

$$\delta : (Q - \{q_{accept}, q_{reject}\}) \times \Gamma^k \to Q \times \Gamma^k \times \{L, R\}^k$$

と表される．ここに，k はテープの本数である．状態遷移関数が

$$\delta(q, a_1, \ldots, a_k) = (q', a_1', \ldots, a_k', D_1, \ldots, D_k) \tag{1}$$

と指定されているとする．これは，状態 q で k 本のテープのヘッドがそれぞれ記号 a_1，…，a_k を見ているとき，これらの記号をそれぞれ a_1'，…，a_k' に書き換えて，k 個のヘッドをそれぞれ $D_1, \ldots, D_k \in \{L, R\}$ の方向に動かし，状態 q' へ遷移することを意味する．

次の定理は多テープ TM と 1 テープ TM は同じ計算能力をもつこと，すなわち，TM のテープの本数の違いでは計算能力は変わらないということを主張するものである．これは TM の**ロバスト性**（頑健性）の一端を示している．

> **定理 23.1** 任意の多テープチューリング機械に対して，これと等価な 1 テープチューリング機械が存在する．

【証明】 テープの本数 k を $k = 3$ として証明する．テープの本数を一般化しても同じように証明される．

任意の 3 テープ TM M_3 が与えられたとして，これを模倣する 1 テープ TM M_1 を構成する．M_3 が図 23.1 のような 1 ステップの動きをしたとき，これを模倣する M_1

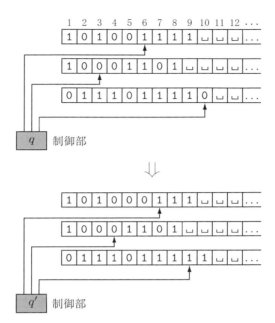

図 23.1　3 テープ TM M_3 の 1 ステップの遷移，数字は左端からのコマの番号

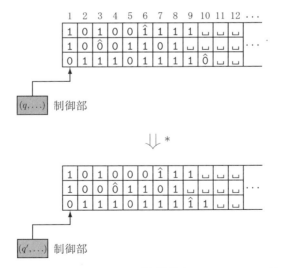

図 23.2　3 テープ TM M_3 の 1 ステップを模倣する TM M_1 の一連のステップ，数字は左端からのコマの番号

は一連のステップで図 23.2 に示すような動きをする．これらの図が示すように，M_3 には 3 個のヘッドがあるのに対し，M_1 には 1 個のヘッドしかない．模倣のポイントは，図 23.2 に示すように M_1 の 1 本のテープを 3 本のトラックに分けてそれぞれ M_3 の 3 本のテープを表すようにすることである．その上で，各トラックで M_3 の 3 個のヘッドが見ている記号には ^ のマークをつけておく．

　M_3 の 1 ステップの遷移を M_1 は次の 3 つのステージ **1**，**2**，**3** の一連のステップで模倣する．テープのマスをカードとみなし，各ステージの動作を 22.1 節で述べたカードモデルに基づいて説明する．

- **1.**　（ヘッドの見ている記号の収集）：テープの左端から右移動を繰り返し，^ のマークのついた記号 a_1，a_2，a_3 をメモ用紙に書き込む．

- **2.**　（M_3 の状態遷移関数 δ_3 に基づいたメモ内容の書き換え）：メモ用紙に M_3 の状態 q を書き込み，$\delta_3(q, a_1, a_2, a_3) = (q', a_1', a_2', a_3', D_1, D_2, D_3)$ の $(q', a_1', a_2', a_3', D_1, D_2, D_3)$ に注目する（メモ用紙には，あらかじめ M_3 の状態遷移関数 δ_3 が状態遷移表として記入されているとする）．ここに，δ_3 は M_3 の状態遷移関数である．

- **3.**　（テープ内容の更新）：左端まで左移動を繰り返しながら戻り，$(q', a_1', a_2', a_3', D_1, D_2, D_3)$ に従って記号を書き換え，マーク ^ をつけるポジションを更新する．特に，$D_i = R$ のときは 1 マス右方向にいったん戻りマーク ^ をつける．

この **1**，**2**，**3** の動きで図 23.2 のようにテープ内容が更新されることは明らかであろう．

　次に，図 23.2 の例について，3 つのステージの動作を M_1 の状態遷移として表す．M_3 の状態集合を Q として，M_1 の状態集合を

$$(Q_L \cup Q_R) \times (\Gamma \cup \{\sharp\})^3 \times \{L, R, \sharp\}^3$$

とする．ここに，$Q_L = \{q_L \mid q \in Q\}$，$Q_R = \{q_R \mid q \in Q\}$．$Q_R$ のサフィックス R のついた状態は，ステージ **1** で現れる右移動を繰り返す状態であり，Q_L のサフィックス L のついた状態は，ステージ **3** で現れる左移動を繰り返す状態である（ステージ **3** で説明したように，$D_i = R$ のときはいったん右隣りのマスに戻った後に，左移動を繰り返す）．この M_1 の状態はカードモデルにおいてメモ用紙に書き込む内容に対応している．なお，状態の第 1 要素を Q ではなく $Q_L \cup Q_R$ とする理由については問題 23.2 を参照してもらいたい．

　ステージ **1**：模倣されている M_3 の状態を q とする．状態 $(q_R, \sharp, \sharp, \sharp, \sharp, \sharp, \sharp)$ で左

端の（1番の）マスにヘッドを置いてスタートして，右移動を繰り返しながら，マーク ^ のついた記号を状態に取り込む．次の 3 つは図 23.2 の $\overset{*}{\Rightarrow}$ の遷移の初めの 3 ステップの状態遷移である．3 番目の遷移で，トラック 2 の $\hat{0}$ の記号が収集される．

$$(q_R, \sharp, \sharp, \sharp, \sharp, \sharp, \sharp) \xrightarrow{(1,1,0),R} (q_R, \sharp, \sharp, \sharp, \sharp, \sharp, \sharp)$$
$$\xrightarrow{(0,0,1),R} (q_R, \sharp, \sharp, \sharp, \sharp, \sharp, \sharp)$$
$$\xrightarrow{(1,\hat{0},1),R} (q_R, \sharp, 0, \sharp, \sharp, \sharp, \sharp)$$

最後は，次の状態遷移ですべてのトラックの ^ のついた記号を収集する．

$$(q_R, 1, 0, \sharp, \sharp, \sharp) \xrightarrow{(\sqcup,\sqcup,\hat{0}),R} (q_R, 1, 0, 0, \sharp, \sharp)$$

このように，$\sharp$ はまだ処理が済んでいないことを意味する記号である．

　ステージ 2：ステージ 1 の最後の状態 $(q_R, 1, 0, 0, \sharp, \sharp, \sharp)$ で 3 つのトラックの記号がすべて取り込まれるので，状態遷移関数 δ_3 に基づいて状態遷移する．この場合，$\delta_3(q, 1, 0, 0) = (q', 0, 0, 1, R, R, L)$ なので

$$(q_R, 1, 0, 0, \sharp, \sharp, \sharp) \xrightarrow{(\sqcup,\sqcup,\sqcup),L} (q'_L, 0, 0, 1, R, R, L)$$

と状態遷移した後，左移動する．

　ステージ 3：左移動を繰り返し，状態として書き込まれた内容に従ってテープ内容を更新するステージである．このステージでは，左移動を繰り返しながら，^ のついた記号が現われるたびに更新するので，トラック 3，トラック 1，トラック 2 の順に更新する．トラック 3 の更新が済んだ後，6 番目のコマまで移動したとする．トラック 1 の更新は次の 2 ステップの状態遷移で行われる．

$$(q'_L, 0, 0, \sharp, R, R, \sharp) \xrightarrow{(\hat{1},1,1)/(0,1,1),R} (q'_L, \sharp, 0, \sharp, R, R, \sharp)$$
$$\xrightarrow{(1,0,1)/(\hat{1},0,1),L} (q'_L, \sharp, 0, \sharp, \sharp, R, \sharp)$$

状態 $(q'_L, \sharp, 0, \sharp, R, R, \sharp)$ におけるトラック 1，2，3 に関する記号はそれぞれ $(\sharp, R)$，$(0, R)$，$(\sharp, \sharp)$ である．トラック 1 に関してのみ処理済の $\sharp$ と未処理の R が混在しているので，トラック 1 の 1 にマーク ^ をつける．

　上に説明したように M_1 はテープの左端のマスを識別できることを前提としている．説明は省略したが，左端のマスを識別するには例 22.3 で説明した左端のマスに置かれる記号にサフィックス ι をつける方法を用いればよい．また，M_1 の状態を $(Q_L \cup Q_R) \times (\Gamma \cup \{\sharp\})^3 \times \{L, R, \sharp\}^3$ の要素で表したのは説明をしやすくするためである．9.2 節でも説明したように，M_1 の状態を通し番号をつけた $\{q_0, q_1, q_2, \ldots\}$

で表してもよいし，これまでの説明で用いたものと同じものを使ってもよい．なお，M_1 のテープアルファベットについては問題 23.3 を参考にしてもらいたい．　　　　　　　　■

23.1◆　チューリング機械の定義を一般化して，ヘッドの移動する方向を $\{L, R\}$ に代り $\{L, R, S\}$ とする．ここで，S はヘッドを動かさないで，現在のマスに留まることを表す．このように一般化した TM は，この一般化をしない TM で模倣されることを導け．

23.2◆　定理 23.1 の証明では，3 テープ TMM_3 の状態集合を Q とするとき，これを模倣する 1 テープ TMM_1 の状態集合を $(Q_L \cup Q_R) \times (\Gamma \cup \{\sharp\})^3 \times \{L, R, \sharp\}^3$ としている．この設定で，$Q_L \cup Q_R$ を単に Q とすることがなぜできないのかを説明せよ．

23.3　定理 23.1 の証明の M_3 のテープアルファベットを Γ とするとき，M_1 のテープアルファベットを与えよ．

決定性チューリング機械と非決定性チューリング機械の等価性

　非決定性チューリング機械を導入し，非決定性 TM から等価な決定性 TM がつくられることを導く．

　非決定性 TM の状態遷移関数 δ は

$$\delta : (Q - \{q_{accept}, q_{reject}\}) \times \Gamma \to \mathcal{P}(Q \times \Gamma \times \{L, R\})$$

と与えられる．したがって，非決定性 TM の場合

$$\delta(q, a) = \{(p_1, a_1, D_1), \ldots, (p_m, a_m, D_m)\} \tag{1}$$

のように次の動作として一般に複数通り（m 通り）の可能性がある．非決定性 TM が入力 w を受理するのは，開始の状況からスタートして計算の各ステップで次の動作をうまく選ぶと受理状態に遷移できるときであり，受理しないのは，次の動作をどのように選んでも受理状態に遷移できないときである．計算の進行を計算木として表すと，受理の定義のイメージがはっきりしてくる．**計算木**とは非決定性 TM とその入力 w の 2 つが与えられたとき定まるものである．計算木の例を図 24.1 に模式的に描いている．この計算木の点は◯で表され，様相を対応させている（様相については 22.2 節参照）．計算木の根の C_0 は**開始様相**で $q_0 w$ と表される．様相 $q_0 w$ は，開始状態 q_0 でヘッドは入力 $w = w_1 \cdots w_n$ の左端の記号 w_1 の上に置かれていることを表す．この例の場合，$\delta(q_0, w_1)$ が指定する次の動作として 2 つの可能性がある（(1) の m が 2）．その 2 つの可能性が，$C_0 \Rightarrow C_1$ と $C_0 \Rightarrow C_2$ の様相の遷移を引き起こす．受理状態が現れる**受理様相**は◎で表され，非受理状態が現れる**非受理様相**は $\otimes$ で表される．入力 w は計算木に受理様相が現れるとき受理され，現れないとき受理されない．この場合の計算木は入力が受理される例である．

　次の定理 24.1 は，非決定性 TM N に対して等価な決定性 TM D がつくられることを主張するものである．すなわち，受理/非受理の判定が N と同じになる D がつくれる．この D の動きは，N の計算木を思い浮かべるとわかりやすい．D は，N の計算木全体を決定性の動作でたどり，受理様相が現れるかどうかで受理/非受理の判定をする．同じ計算木をベースにしているのに，N は非決定性となり，D は決定

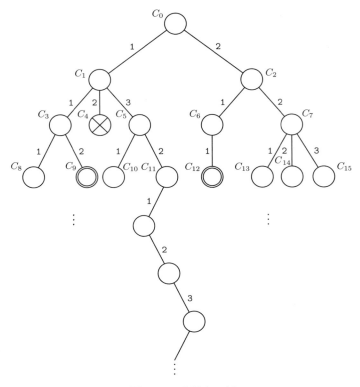

図 **24.1**　計算木の例

性となる．計算木に枝分れがあると N はそれだけで非決定性とみなされる（(1) の m が $m \geq 2$ となる）．一方，D は自分自身で計算木の上を受理様相を探して動き回り，見つかったら受理と判定する．このときの動き回る動作が決定性であるため，D は決定性 TM となる．ただし，ここで注意してもらいたいポイントがある．計算木にはどこまでも続くパスが存在し得るので，このパスをたどり続けると，そのパス以外のどこかに受理様相が現れていても，そこに到達できないことになり，受理の判定が下せないことになる．これを避けるようにどうたどるかに注意しながら定理の証明を追ってもらいたい．

> **定理 24.1** 任意の非決定性チューリング機械に対して等価な決定性チューリング機械が存在する.

【証明】 非決定性 TM N に対して,等価な決定性 TM D を構成する.

決定性 TM D は受理様相を探して N の計算木の上を動き回る.そのために系列 $u \in \{1, \ldots, b\}^*$ をつくり,根からスタートして各記号(数字)を見て分岐した枝の中の 1 本を選択して進む.ここで,b は (1) の m の最大値である.そこで,$\{1, \ldots, b\}^*$ の系列 u と計算木の点の間の対応関係を説明する.まず,図 24.1 のように分岐する各枝には,1,2,3 の数字を割り当てる.たとえば,$u = 132$ は図 24.1 の C_{11} が割り当てられた点を表す.根からスタートして 1 の枝,3 の枝,2 の枝をたどると C_{11} にたどり着くからである.この例は最大分岐数が $b = 3$ の場合のものである.このように,$\{1, \ldots, b\}^*$ の系列で計算木の点が表されるが,たとえば,$213 \in \{1, 2, 3\}^*$ のように対応する点が計算木上に存在しない系列もある.

決定性 TM D は,受理様相を探して,$\{1, \ldots, b\}^*$ の系列 u を順次生成して,各 u が表す点の様相をチェックすることを繰り返す.このときのたどる順番を

$$\varepsilon, 1, 2, 3, 11, 12, 13, 21, 22, 23, 31, 32, 33, 111, \ldots$$

とする.ただし,$b = 3$ とする.このような順序で根から近い点からたどれば,図 24.1 の計算木にある $132123\cdots$ の無限に続くパスに沿ってたどり続け,C_9 や C_{15} のような受理様相が存在するにもかかわらずそこにたどり着けないというような事態は起らない.このようにたどる順番を決める系列 u を一般にどのように定めるかは問題 24.3 で扱う.

決定性 TM D は図 24.2 に示すように 3 テープ TM として構成される.第 23 講の定理 23.1 より,決定性 3 テープ TM に対して等価な決定性 1 テープ TM を構成できることを初めに注意しておく.3 本のテープの働きは以下の通りである.テープ 1 には入力 w を置き,この w は計算の過程を通して変えない.テープ 2 は模倣する TM N のテープ用として使う.テープ 3 で $\{1, \ldots, b\}^*$ の系列 u を順次生成する.

次に,3 テープ TM D の動作をまとめる.

1. 入力 w をテープ 1 に置き,テープ 2 と 3 には空系列を置き計算を開始する.
2. テープ 1 の入力 w をテープ 2 にコピーする.
3. 入力 w が置かれているテープ 2 を使って,テープ 3 の系列 u に従って N の計算を模倣する.この模倣では,根からスタートして系列 u の記号(数字)に従って分岐の枝を選択して進む.系列 u のすべての記号を読み切ったり,u の

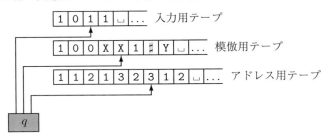

図 24.2　非決定性 TMN を模倣する決定性 TMD

　記号に対応する枝がなかったり，あるいは，N の非受理状態に遷移したら **4** へ
ジャンプし，u の次の系列に従った模倣に移る．また，N の受理状態に遷移し
たら，入力を受理し，計算を停止する．

　4.　テープ 3 の系列 u を次の系列に書き換え，この新しい系列に従って N を模
　　　倣するために，**2** へジャンプする.

ここで注意してもらいたいのは，計算木に受理様相が存在せず計算が停止しない場
合は，決定性 TMD は永久に受理様相を探して動き続けるということである．この
場合，TM の受理の定義より，入力は受理されない（非受理）．なお，系列 u に従っ
て N を模倣するためには次の前提が必要となることを注意しておく．系列 u の長さ
を k とし，$u = u_1 \cdots u_k$ とする．i 番目の u_i による模倣を実行する時点で，N の状
態が q で模倣用のテープ 2 のヘッドは記号 a を見ているとするとき，N の状態遷移
関数の

$$\delta(q, a) = \{(p_1, a_1, D_1), \ldots, (p_m, a_m, D_m)\}$$

を参照し（図 24.1 の例の場合は $m \leq 3$），このリストの u_i 番目の $(p_{u_i}, a_{u_i}, D_{u_i})$ に
従って，状態とテープ 2 の内容とヘッドポジションを更新する．必要となる前提と
は，この m 個のリストに 1 番から m 番までの順番が定められているということで
ある．この前提により，リストの u_i 番目と指定されると，$(p_{u_i}, a_{u_i}, D_{u_i})$ が決まる.

24.1 非決定性 **TM** のカードモデルは，決定性 TM のカードモデルの各ステップの次の動作として複数個を許すとしたモデルである．言語 L を

$$L = \{uvu \mid u \in \{0,1\}^* - \{\varepsilon\},\ v \in \{0,1\}^*\}$$

と定める．次の図は，非決定性のカードモデルで L を受理する手順を与えるものである．ただし，この図で指示される条件のカードや記号が存在しない場合は，カードや記号に関わる操作は実行されない．また，この図の A でカードに ♯ と書き込んだ際，このカードの 0 または 1 はそのまま保持される．

(1) 系列 101011110101 は uvu の形の系列であるが，その場合の u となり得る系列をすべて挙げよ．

(2) この図の手順で非決定的な動作をする箇所を示せ．

(3) この図の手順の動作のあらましを説明せよ．

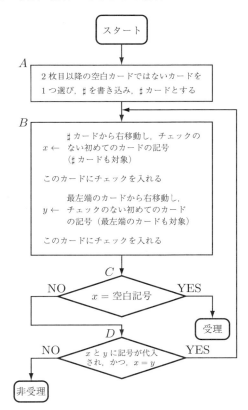

24.2　一般に決定性チューリング機械の計算木はどのような形となるかを説明せよ.

24.3◆　次の図は $\{1,2,3\}^3$ の系列 u に順番をつける 1 つの方法を表している. これを一般
化し, $\{1,2,\ldots,\mathrm{b}\}^k$ の系列 u に $11\cdots1$ で始まり, $\mathrm{bb}\cdots\mathrm{b}$ で終る順番をつけるため,
$u \in \{1,2,\ldots,\mathrm{b}\}^k$ の次の系列を表す関数 $f_{next}(u)$ を定義せよ. ここに, $u \neq \mathrm{bb}\cdots\mathrm{b}$.
長さの短いものから長いものへの順番とし, また, 同じ長さなら f_{next} で決まる順番
をつけると, $\{1,2,\ldots,\mathrm{b}\}^*$ の系列の順番が決まる.

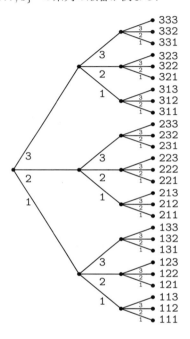

25講 万能チューリング機械

　万能チューリング機械（Universal Turing Machine）は任意のチューリング機械を模倣する TM である．万能 TM を U と表し，模倣される TM を M と表す．U はそのテープ上に M の5項組のリストと入力 w を置いて計算を開始し，適用すべき5項組をリストの中から見つけてはその5項組を適用してテープの内容を更新することを繰り返す．すなわち，万能 TM U は，任意の TM M に対してその状態遷移を表すリストがテープ上に与えられると，あたかも M のように動く．この講では，このように動作する万能 TM を組み立て，その動作を説明する．万能 TM の組み立てとその動きをつかむと，現代のコンピュータの動作原理—プログラム内蔵方式—のエッセンスを感覚的に捉えられるようになる．

　万能 TM U の模倣のイメージをつかんでもらうため，図 25.1 に U のテープ内容の例を示してある．U のテープは，現況部，記述部，テープ部の3つに分かれている．記述部には，模倣される M の状態遷移を表す5項組のリストが並べられている（簡単のため，M の状態遷移は3個の5項組で表されるとしている）．また，テープ部には M のテープの内容が置かれている．実際には，$\boxed{q_2}$ などの記号が現れているわけではなく，この記号が指すマスにはヘッドポジションを表す記号 H が置かれている．記号 H のマスに置かれている記号（ヘッドが見ている記号）1 は，現況部に，現在の状態 q_2 とともに $(q_2, 1)$ と置かれる．図 25.1 は，記述部の $(q_2, 1, q_3, 0, R)$ を適用したときの M の1ステップの遷移を表している．この M の1ステップの遷移を U は何ステップもかけて模倣する．図 25.1 は，記述部に特定の TM M を与え，テープ部に特定のテープ内容 $w = 01110$ を与えたとき，万能 TM U はどのように M の1ステップを模倣するかを表したものである．一般に，万能 TM U は，M の各ステップをこのようにして模倣し続ける．

　ところで，万能 TM U は，任意の TM M を模倣しなければならない．一方，任意の M の状態集合やテープアルファベットの要素の個数は任意である．このように状態や記号が任意に与えられる（したがって，その種類はいくらでも多くなる可能性のある）M を，特定の TM の1つである U は固定した状態集合やテープアルファベットを用いて表す必要がある．状態集合については，決まった長さの2進系列（0

現況部　　　　　　　　　　　記述部　　　　　　　　　　　テープ部

$(q_2, 1)$　　$(q_0, 1, q_1, 1, L)$　$(q_2, 1, q_3, 0, R)$　$(q_0, 0, q_3, 1, L)$　　0 1 1 1 0
　　　　　　　　　　　　　　　　　　　　　　　　　　　　　　　　$\boxed{q_2}$

$$\Downarrow *$$

$(q_3, 1)$　　$(q_0, 1, q_1, 1, L)$　$(q_2, 1, q_3, 0, R)$　$(q_0, 0, q_3, 1, L)$　　0 0 1 1 0
　　　　　　　　　　　　　　　　　　　　　　　　　　　　　　　　$\boxed{q_3}$

図 25.1　万能 TMU の記述部の $(q_2, 1, q_3, 0, R)$ によるテープ内容の推移

⊢ 1 0 1 X 0 0 1 0 1 1 0 X 1 0 1 1 1 0 1 X 0 0 0 1 1 1 0 Y 0 H 1 1 0 0

$$\Downarrow *$$

⊢ 1 1 1 X 0 0 1 0 1 1 0 X 1 0 1 1 1 0 1 X 0 0 0 1 1 1 0 Y 0 0 H 1 0 0

図 25.2　万能 TMU のテープ内容の推移

と 1 の系列）を使って符号化すればよい．たとえば，q_1 は 001 で表し，q_7 は 111 と
表す．一般に，M の状態数が k のときは，m を $k \le 2^m$ を満たす最小の整数とし，
状態を長さ m の 2 進系列で表す．同様に，M のテープアルファベットについても 2
進系列で符号化すればよい．ただし，テープアルファベットに関しては，空白記号
も含めて，M はテープアルファベットが $\{0, 1\}$ の TM にあらかじめ変換されてい
るものと仮定する（問題 25.1）．

　そこで，$m = 2$ として，状態 q_i を 2 ビットの 2 進系列で表し，また，⊢, X, Y の区
切り記号を適当に挿入することにより，図 25.1 のテープ内容を図 25.2 のように表
す．たとえば，$(q_0, 1, q_1, 1, L)$ は，カッコや "," を削除して，また，q_0 は 00 で，q_1
は 01 で表して，0010110 と表している．ヘッドの移動方向に関しては，

$$L = 0, \quad R = 1$$

と表すことにする．上で述べた記号にこれから説明する記号 $\boxed{0}$, $\boxed{1}$, S, H を加えて，
U のテープアルファベット Γ を

$$\Gamma = \{0, 1, \boxed{0}, \boxed{1}, \mathrm{S}, \mathrm{H}, \vdash, \mathrm{X}, \mathrm{Y}, \sqcup\}$$

とする．また，模倣する M を記述したものは U の入力として与えられる．Γ から
状態遷移の過程で一時的に現れる $\boxed{0}$, $\boxed{1}$ と S（これからの説明で明らかになる）と

空白記号 ␣ を除き，U の入力アルファベット Σ を

$$\Sigma = \Gamma - \{\boxed{0}, \boxed{1}, \mathsf{S}, ␣\}$$

とする．

　以下の説明では，図 25.2 の具体例のように状態 q_i は 2 ビットで表し，記号 a や L や R は 1 ビットで表す．ただ，これから構成する万能 TMU は任意の状態数の M に対して働くようになっている（問題 25.2）．そのため，U の動きを一般的に説明するときは，5 項組を表す系列の長さも一般化する．その場合は，5 項組を表す $qaq'a'D$ は長さ $2m+1$ の系列（q と q' は長さ $m-1$ の 2 進系列，a と a' は 1 ビット，D も 1 ビット）とする．

　万能 TMU の働きは，M の 1 ステップの遷移の模倣を繰り返すことである．M の 1 ステップは，図 25.2 の例では上の系列から下の系列に変換され，U は M の 1 ステップを次の 4 つのステージに分けて実行する．

　　1. 現況部の (q, a) に初めの m ビットが一致する (q, a, q', a', D) を記述部から探す．

　　2. **1** で探した (q', a') を現況部へ書き込み，D を状態として記憶する．

　　3. **1** で探した a' を現在のヘッドポジションに書き込み，D によりヘッドポジションを更新する．

　　4. **3** で更新した新しいヘッドポジションの記号 a'' で現況部 (q', a') の a' を置き換える．

以下，これらのステージの動作を説明する．

　ステージ 1　コンピュータのメモリは TM のテープに相当する．ただ，TM にはメモリの番地に相当するものがテープにはないため i 番目のマスという指定ができない．そのため，i 番目のマスにアクセス（access，そこに "近づく"（approach））するためには i 番目のマスを目指して移動を繰り返し，i 番目とそのまわりのマスの記号のタイプの違いにより，i 番目のマスを識別するようにする．そのために，記号 0 と 1 の他に □ で囲んだ別のタイプの記号 $\boxed{0}$ と $\boxed{1}$ を導入する．そして，アクセスしたいマスが □ で囲んだ記号の領域と囲まない記号の領域の境となるようにしておき，記号のタイプが変わったところにアクセスするようにする．このようなアクセス動作を前提として，動作の説明の便宜のために，系列中の i 番目のマスや i 番目の記号を指定するサフィックス i を用いることにする．

　長さを一般化して，現況部を長さ m の系列 r で表し，記述部は 3 つの 5 項組からなるとして，それらを長さ $2m+1$ の系列 u，x，v で表すことにし，

$$r = r_1 \cdots r_m,$$
$$u = u_1 \cdots \qquad u_{2m+1},$$
$$x = x_1 \cdots \qquad x_{2m+1},$$
$$v = v_1 \cdots \qquad v_{2m+1}$$

とする.

　ステージ **1** では，現況部の m ビット (q, a) に最初の m ビットが一致する (q, a, q', a', D) を記述部から探し出す. 図 25.3 は，この探索を行う手順を表したものである. 現況部の $r_1 \cdots r_m$ と最初の m ビットが一致する記述部の 5 項組を次々とチェックしていく過程で，$x_1 \cdots x_{2m+1}$ は現在検索中の 5 項組を表す変数である. 図 25.4 は，$r_1 \cdots r_m$ と $u_1 \cdots u_m$ が一致しないと判定された後，2 番目の 5 項組を判定中の様子を表しているので，記述部の 2 番目の 5 項組が $x_1 \cdots x_{2m+1}$ と表されている. ただし，5 項組を $u_1 \cdots u_{2m+1}$, $x_1 \cdots x_{2m+1}$, $v_1 \cdots v_{2m+1}$ と表すのは，5 項

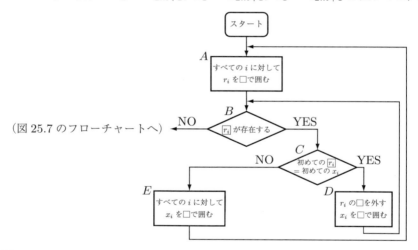

図 25.3　$r_1 \cdots r_m = x_1 \cdots x_m$ となる系列 $x_1 \cdots x_{2m+1}$ を探すステージ **1** の手順

$\vdash \boxed{r_1} \cdots \boxed{r_m} \text{X} \boxed{u_1} \cdots \boxed{u_{2m+1}} \text{X} \, x_1 \cdots \qquad\qquad x_{2m+1} \text{X} \, v_1 \cdots \qquad v_{2m+1} \text{Y} \cdots$

$$\Downarrow *$$

$\vdash r_1 \cdots \quad r_m \text{X} \boxed{u_1} \cdots \quad \boxed{u_{2m+1}} \text{X} \boxed{x_1} \cdots \boxed{x_m} x_{m+1} \cdots \quad x_{2m+1} \text{X} \, v_1 \cdots \quad v_{2m+1} \text{Y} \cdots$

図 25.4　図 25.3 のフローチャートが適用され，$r_1 \cdots r_m \neq u_1 \cdots u_m$ と判定されてから，$r_1 \cdots r_m = x_1 \cdots x_m$ と判定されるまでのテープ内容の推移

$$\vdash r_1 \cdots r_{i-1}\ \boxed{r_i}\ \boxed{r_{i+1}} \cdots \boxed{r_m}\ \mathrm{X}\ \boxed{u_1} \cdots \quad \boxed{u_{2m+1}}\ \mathrm{X}\ \boxed{x_1} \cdots \boxed{x_{i-1}}\ x_i\ x_{i+1} \cdots \quad x_{2m+1}\mathrm{X}v_1 \cdots$$

$$\Downarrow *$$

$$\vdash r_1 \cdots r_{i-1}\ r_i\ \boxed{r_{i+1}} \cdots \boxed{r_m}\ \mathrm{X}\ \boxed{u_1} \cdots \quad \boxed{u_{2m+1}}\ \mathrm{X}\ \boxed{x_1} \cdots \boxed{x_{i-1}}\ \boxed{x_i}\ x_{i+1} \cdots \quad x_{2m+1}\mathrm{X}v_1 \cdots$$

図 25.5　$r_1 \cdots r_m = x_1 \cdots x_m$ の判定をビットごとの一致のチェックで行う

組に解釈を与えて U の動作の説明をわかりやすくするためだけのものである．実際には，記述部に並ぶ 5 項組の間に違いがあるわけではなく，いずれも長さが $2m+1$ の 2 進系列である．

図 25.4 では，$r_1 \cdots r_m$ と $x_1 \cdots x_m$ が一致するかどうかのチェックの開始時と一致と判定された後のテープ内容を推移 $\overset{*}{\Rightarrow}$ を用いて表している．この判定は，$r_1 \cdots r_m$ からの 1 ビットと $x_1 \cdots x_m$ からの対応する 1 ビットが一致するかどうかのチェックを m 回繰り返すことによってなされる．図 25.5 では，この 1 ビットの判定（$\boxed{r_i}$ と x_i の一致の判定）の開始時と一致すると判定された後のテープの内容を推移 $\overset{*}{\Rightarrow}$ として表している．

これらの系列で判定対象の箇所を見つけるときのポイントは，□ で囲まれた記号や区切り記号の X は読み飛ばすということである．図 25.5 の場合は，左端から右方向に移動していくので，読み飛ばされる領域に入った直後の $\boxed{r_i}$ と，この領域から出た直後の x_i とが比較される．

図 25.3 のフローチャートは，$r_1 \cdots r_m$ と初めの m ビットが一致する 5 項組を探す手順を表している．$r_1 \cdots r_m = x_1 \cdots x_m$ と判定され，この 5 項組を探し出す場合と，$r_1 \cdots r_m \neq u_1 \cdots u_m$ と判定され，その後に，次の 5 項組の探索に移る場合とに分けて説明する．初めの $r_1 \cdots r_m = x_1 \cdots x_m$ と判定されるのは，$\boxed{r_i}$ と x_i が一致するという判定が $i = 1$, ..., m に対して m 回繰り返されるときである．これは図 25.3 の B, C, D, B のサイクルを m 回回って実行される．$\boxed{r_i} = x_i$ かどうかの判定は，C の「初めての $\boxed{r_i}$ = 初めての x_i」という条件判定で行われる．この判定が YES の場合，D で $\boxed{r_i}$ の □ が外され，x_i が □ で囲まれるので，図 25.5 の下の系列のように □ で囲まれた記号の領域は 1 マス分だけ右方向にシフトする．その結果，次の C の条件判定では $\boxed{r_{i+1}}$ と x_{i+1} の一致が判定されることになる．このように，「初めての $\boxed{r_i}$ = 初めての x_i」の "初めて" は，右方向に進むとき最初に遭遇する（すなわち，サフィックスが最小の）記号ということを意味する．以下の説明では，"初めての $\boxed{r_i}$" や "初めての x_i" は上で説明したような意味で解釈することにする．なお，条件判定では，□ で囲まれているかいないかに関係なく，$\boxed{r_i}$ や x_i は 0 や

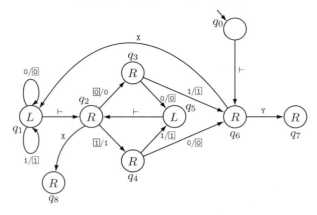

図 25.6 万能 TMU のステージ 1 の状態遷移図

1 の値として一致するかしないかを判定するものとする.

次に, $r_1 \cdots r_m \neq u_1 \cdots u_m$ と判定される場合の説明に移る. 以下の説明では, $r_1 \cdots r_m$ と $u_1 \cdots u_m$ との一致の判定中は, $u_1 \cdots u_{2m+1}$ は $x_1 \cdots x_{2m+1}$ で表されるものとする. 図 25.2 の例のように, $r_1 \cdots r_m = 101$, $x_1 \cdots x_m = 001$ とすると, $\boxed{r_1} \neq x_1$ なので, C の条件判定は NO となり, まず, E で x_1, ..., x_{2m+1} の記号はすべて □ で囲まれ, A で r_1, ..., r_m の記号がすべて □ で囲まれた後, 次の 5 項組 (2 番目の 5 項組で, 図 25.4 で $x_1 \cdots x_{2m+1}$ で表されるもの) との一致の判定に進む. その結果, テープ内容は, 図 25.4 の上の系列となる. 2 番目の 5 項組とは一致すると判定され, そのときのテープ内容は図 25.4 の下の系列となり, r_1, ..., r_m の記号はすべて □ が外されている ($r_1 \cdots r_m$ と $x_1 \cdots x_m$ はすべての記号が一致した) ので, B の条件判定が NO となり, 次のステージの図 25.7 のフローチャートへ移る.

次に, 図 25.3 の手順を実行する状態遷移図について説明する. 図 25.6 は, U の状態遷移図のうちで図 25.3 の手順に相当する部分を抜き出したものである. 図 25.3 のフローチャートのスタートが図 25.6 の開始状態 q_0 に対応し, 条件判定 B の NO の出口が状態遷移 $q_2 \xrightarrow{\mathsf{X}} q_8$ に対応する.

U は開始状態で左端の ⊢ にヘッドを置いて計算を開始し, $q_0 \xrightarrow{\vdash} q_6$ で状態遷移する. 状態 q_6 からは $q_6 \xrightarrow{\mathsf{X}} q_1$ と $q_6 \xrightarrow{\mathsf{Y}} q_7$ の 2 つの枝しか出ていないので記号 X または Y が現れるまで, ヘッドは右移動を繰り返す (q_6 には R が割り当てられているから). このように動くのは, X と Y 以外の任意の記号 z に対して, $q_6 \xrightarrow{z/z} q_6$ が省略されているからである. 状態遷移 $q_6 \xrightarrow{\mathsf{X}} q_1$ の記号 X は $r_1 \cdots r_m$ と $u_1 \cdots u_m$ を区切っている X である. この状態遷移の後, $q_1 \xrightarrow{0/\boxed{0}} q_1$ と $q_1 \xrightarrow{1/\boxed{1}} q_1$ により, $r_1 \cdots r_m$ のすべ

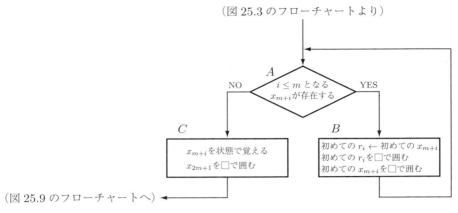

（図 25.3 のフローチャートより）

A
NO | $i \le m$ となる x_{m+i} が存在する | YES

C
x_{m+i} を状態で覚える
x_{2m+1} を□で囲む

B
初めての r_i ← 初めての x_{m+i}
初めての r_i を□で囲む
初めての x_{m+i} を□で囲む

（図 25.9 のフローチャートへ）

図 25.7　系列 $x_{m+1} \cdots x_{2m}$ を現況部の $r_1 \cdots r_m$ にコピーするステージ 2 の手順

ての記号が □ で囲まれる．この動作は図 25.3 の A に相当する．その後 $q_1 \xrightarrow{\vdash} q_2$ により記号 r_1 にヘッドが置かれる．状態 q_2 では，$q_2 \xrightarrow{\boxed{0}/0} q_3$ か $q_2 \xrightarrow{\boxed{1}/1} q_4$ の遷移で初めての $\boxed{r_i}$ の値を状態として記憶する．このように，$\boxed{r_i}$ の値が 0 のときは q_3 に遷移し，1 のときは q_4 に遷移するので，C の条件判定に必要な $\boxed{r_i}$ は状態 q_3 または q_4 として記憶される．状態 q_3 や q_4 からは 0 または 1 の枝しか出ていないので，右方向に移動を繰り返し，初めての 0 か初めての 1 で状態遷移するが，この 0 か 1 は C の条件判定の x_i に相当する．この x_i が記憶した $\boxed{r_i}$ と一致する場合は状態 q_5 へ遷移（C の条件判定の YES に相当）し，一致しない場合は状態 q_6 へ遷移（C の条件判定の NO に相当）する．一致しないという判定で状態 q_6 へ遷移した後は，次の 5 項組の判定に移るため状態 q_6 で右移動を繰り返すが，その結果記号 X ではなく記号 Y が現れたとする．このことは，すべての 5 項組を調べたが一致するものが見つからなかった（次の状態遷移が定義されていないため）ことを意味し，状態遷移 $q_6 \xrightarrow{\text{Y}} q_7$ の後，停止する．

$r_1 \cdots r_m = x_1 \cdots x_m$ が成立し，したがって，$i = 1, \ldots, m$ に対して $r_i = x_i$ となる場合を考えよう．この場合，図 25.6 ではビットごとに $q_2 \to q_3 \to q_5 \to q_2$ か $q_2 \to q_4 \to q_5 \to q_2$ かのサイクルを m 回回ることになる．これは，図 25.3 では $BCDB$ のサイクルを m 回回ることに相当する．いずれの場合もサイクルを m 回回ると $r_1 \cdots r_m = x_1 \cdots x_m$ となる系列 x が探し出されたことになり，探索を終え，ステージ 2 へ進む．これは状態遷移 $q_2 \xrightarrow{\text{X}} q_8$ に相当する．

ステージ 2　このステージでは，ステージ 1 で探し出した 5 項組 x の $x_{m+1} \cdots x_{2m}$（$((q, a, q', a', D)$ の (q', a') に相当）を $r_1 \cdots r_m$ が置かれているマスに 1 ビットずつコピーする．図 25.7 はこのステージ 2 の手順を表したものである．図 25.8 は，こ

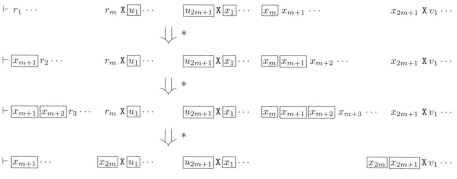

図 25.8　ステージ **2** の手順（図 25.7）による系列 $x_{m+1} \cdots x_{2m}$ を現況部へコピー

（図 25.8 のフローチャートより）

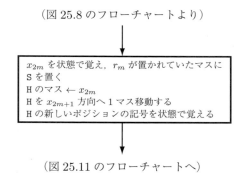

（図 25.11 のフローチャートへ）

図 25.9　ステージ **3** を実行する手順

のように 1 ビットずつコピーしたときのテープ内容の推移を表したものである．図 25.8 の最初の系列は，ステージ 1 で $r_1 \cdots r_m = x_1 \cdots x_m$ の判定をした後の系列（図 25.4 の下の系列）となっている．なお，系列 x の最後のビット x_{2m+1} は状態として記憶して，□ で囲み（x_{2m+1}（$= x_{m+m+1}$）は，$i = m + 1$ となるため A の判定が NO となり，C で状態として記憶されると同時に，□ で囲まれる），その記憶した内容に基づいて図 25.2 のヘッドポジションを表す記号 H を移動する向きを決める．このことについては，この後説明するステージ 3 の手順（図 25.9）で説明する．

　ステージ 3　このステージでは，ステージ 1 で探し出した (q, a, q', a', D) の a' が置かれているマス r_m に記号 S を置き，a' は状態で覚え，覚えたものを H が置かれているマスにコピーする．その後，この H のポジションを 2 で記憶した x_{2m+1} 方向に 1 マス移動するとともに，移動先の新しいポジションの記号を状態として覚える．図 25.1 の例の場合，(q, a, q', a', D) は $(q_2, 1, q_3, 0, R)$ でこれは $\delta(q_2, 1) = (q_3, 0, R)$ を意味するので，具体的には，r_m に相当するマスに S を置いた後，H のポジション

⊢ 1 1 0 X 0 0 1 0 1 1 0 X 1 0 1 1 1 0 1 X 0 0 0 1 1 1 0 Y 0 H 1 1 0 0

⊢ 1 0 1 X 0 0 1 0 1 1 0 X 1 0 1 1 1 0 1 X 0 0 0 1 1 1 0 Y 0 0 H 1 0 0

図 25.10 ステージ 3 の手順によるテープ内容の変換

（図 25.9 のフローチャートより）

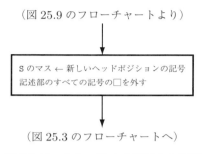

S のマス ← 新しいヘッドポジションの記号
記述部のすべての記号の□を外す

（図 25.3 のフローチャートへ）

図 25.11 ステージ 4 を実行する手順

⊢ 1 1 S X 0 0 1 0 1 1 0 X 1 0 1 1 1 0 1 X 0 0 0 1 1 1 0 Y 0 0 H 1 0 0

⊢ 1 1 1 X 0 0 1 0 1 1 0 X 1 0 1 1 1 0 1 X 0 0 0 1 1 1 0 Y 0 0 H 1 0 0

図 25.12 ステージ 4 の手順によるテープ内容の変換

に 0 を置き，H を右方向に移動し，移動先の記号 1 を状態として覚える．図 25.9 に
このステージ 3 の手順を示し，図 25.10 にこの手順によるテープ内容の推移を示し
ている．

ステージ 4 H の新しいポジションに置かれた記号はステージ 3 で状態として覚
えられているが，この記号を r_m のポジション（記号 S が置かれている）にコピーす
るとともに，記述部のすべての記号の□を外す．図 25.11 にステージ 4 の実行手順
を与え，図 25.12 にこの手順によるテープ内容の推移（図 25.10 に続く推移）を示
している．

以上，万能 TMU の動作を 4 つのステージに分け，それぞれのステージの働きを
説明した．4 つのステージの状態遷移図はそれぞれ図 25.6 と問題 25.3，25.4，25.5
の解答に与えられる．万能 TMU の状態遷移図は図 25.6 の状態遷移図とこれらの状
態遷移図を統合すると得られる（問題 25.6）．

TMM の状態遷移関数は $\delta : (Q - \{q_{accept}, q_{reject}\}) \times \Gamma \to Q \times \Gamma \times \{L, R\}$ で与

えられ，この δ が 5 項組のリストとして表され記述部に置かれる．したがって，受理状態か非受理状態に遷移すると，その先の遷移先は定義されていない．そのため，q が受理状態か非受理状態の場合には (q, a, q', a', D) の形の 5 項組は記述部のリストに現れない．この場合は，図 25.6 の状態遷移図では，$q_6 \xrightarrow{\text{Y}} q_7$ の状態遷移が起り，状態 q_7 で停止する．ここで，Y は記述部のリストの最後の記号である．

■ 問　　題 ■

25.1 M をテープアルファベット Γ が，$\Gamma = \{a_1, a_2, a_3, \sqcup\}$ の TM とする．Γ の記号を

$$a_1 : 01,\quad a_2 : 10,\quad a_3 : 11,\quad \sqcup : 00$$

と 2 進系列で表し，M と等価で，テープアルファベット Γ' が $\Gamma' = \{0, 1\}$ の TM M' を構成することができる．ただし，M' ではテープの隣接する 2 マスを M の 1 マスに対応させる．

    (1)　M の状態遷移 $q \xrightarrow{\sqcup/a_3, R} q'$ と $q \xrightarrow{a_1/a_2, L} q''$ をそれぞれ模倣する M' の一連のステップの動きを図に描いて示せ．ただし，M' のヘッドは，M' の一連のステップ（M の 1 ステップに相当するもの）の最初の時点では，M の 1 マスに対応する隣接するマスのうちの左のマスに置くものとする．

    (2)　M と等価な動きをする M' の状態遷移と状態集合について説明せよ．

25.2

    (1)　万能 TM U の記述部の 5 項組は一般に長さ $2m+1$ の 2 進系列として表す．この 2 進系列には区切りの記号がないので，初めの長さ m の系列と残りの長さ $m+1$ の系列の境をマスに置かれた記号からだけでは判断することはできない．U はこの境をどのようにして識別しているのかを説明せよ．

    (2)　万能 TM U は任意の m に対して正しく働くことを説明せよ．

25.3◆　次の図はステージ **2** の手順（図 25.7）を表す状態遷移図から状態遷移の枝のラベルと状態に割り当てられる方向 (L, R) を除いたものである．これらを書き込んで状態遷移図を完成させよ．

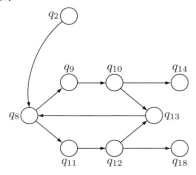

25.4[◆] 問題 25.3 と同様に，次の図をステージ **3** の手順（図 25.9）を表す状態遷移図として完成させよ．

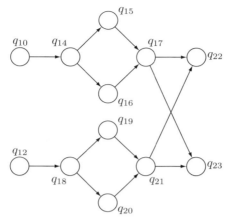

25.5[◆] 問題 25.3 と同様に，次の図をステージ **4** の手順（図 25.11）を表す状態遷移図として完成させよ．

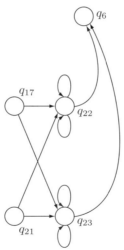

25.6 万能 TMU の 4 つのステージの状態遷移図は，それぞれ図 25.6 と問題 25.3，25.4，25.5 の解答で与えられる．これらの状態遷移図を統合して U の状態遷移図を与えよ．

26講 チューリング機械の停止問題

一般に，ある問題を決定するチューリング機械，すなわち，計算を停止して YES/NO の判定をするチューリング機械が存在しないとき，その問題を**決定不能**という．**停止問題**とは，任意に与えられた TM に対して，それがいずれは停止する（受理状態または非受理状態に遷移する）のか，あるいは，永久に動き続けるのかを問う問題である．停止問題が決定不能であることを導く．

26.1 停止問題の決定不能性

停止問題が決定不能であることの証明は背理法に基づくのであるが，わかりにくい．そこで，証明のポイントを説明するため床屋のたとえ話を取り上げる．ある小さい島で店を開いている床屋が，この島の住人に対して「自分の髭を剃らない人の髭を剃ってやる」と宣言したとする．するとこの宣言をしただけで矛盾が生じるのだ．この矛盾は，背理法で停止問題が決定不能であることを証明するときの矛盾と本質的に同じである．

この宣言から矛盾が導かれることは，表 26.1 を見てもらうと一目瞭然である．この表には縦横に島の全住人を並べ，各行の住人が各列の住人の髭を剃るのか剃らな

表 26.1 住人 i が住人 j の髭を剃るか剃らないかを表す表

剃る人 (住人 i) ＼ 剃られる人 (住人 j)	住人 1	住人 2	住人 3	住人 4	住人 5	$\cdots$	住人 k (床屋)	$\cdots$
住人 1	剃る	剃らない	剃らない	剃る	剃る			
住人 2	剃る	剃る	剃る	剃る	剃らない			
住人 3	剃る	剃る	剃らない	剃らない	剃らない	$\cdots$		
住人 4	剃る	剃らない	剃らない	剃る	剃る			
住人 5	剃らない	剃る	剃る	剃る	剃らない			
$\vdots$			$\vdots$			$\ddots$		
住人 k (床屋)	剃らない	剃らない	剃る	剃らない	剃る		?	
			$\vdots$					$\ddots$

いのかを示している．したがって，対角線には各住人が自分の髭を剃るのか剃らないのかが示されている．床屋は島の住人のひとりでもあるので，住人 k であるとする．表 26.1 に示すように，床屋は住人 5 までは剃る/剃らないに関して宣言通りの行動をとっているが，k 番目の住人，すなわち，自分自身に関しては剃っても剃らなくても矛盾が生じる．床屋としての行動と住人としての行動が相反するからである．

床屋のたとえ話で矛盾を導いた議論を整理すると，そのポイントは次の (1) と (2) にまとめられる．

(1) 自分（床屋）は，集団（島の住人）のメンバーでもある．

(2) 集団のメンバーとしての動きと自分の動きを規定するルール（床屋の宣言）があり，どのように行動してもこのルールに違反する．

停止問題が決定不能であることを導く議論に現れる事柄と床屋のたとえ話に登場する事柄との間には，表 26.2 に表されるような対応関係がある．この対応関係のもとで，上の (1) と (2) のポイントを踏まえて停止問題が決定不能であることを証明する．

表 26.2　チューリング機械と床屋のたとえ話の間の関係

	床屋のたとえ話	チューリング機械
注目するもの	床屋	"停止問題を決定する TM" が存在するとして構成される TM
集団のメンバー	島の住人	TM
ルール	宣言	状態遷移関数
注目する動き	剃る/剃らない	停止する/永久に動く

表 26.3　$M_i(\langle M_j \rangle)$ の halt/loop の表

TM ＼ TM の記述	$\langle M_1 \rangle$	$\langle M_2 \rangle$	$\langle M_3 \rangle$	$\langle M_4 \rangle$	$\langle M_5 \rangle$	$\cdots$	$\langle M_k \rangle$ $(= E)$	$\cdots$
M_1	**halt**	loop	loop	halt	halt			
M_2	halt	**halt**	halt	halt	loop			
M_3	halt	halt	**loop**	loop	loop	$\cdots$		
M_4	halt	loop	loop	**halt**	halt			
M_5	loop	halt	halt	halt	**loop**			
$\vdots$			$\vdots$			$\ddots$		
M_k $(= E)$	**loop**	**loop**	**halt**	**loop**	**halt**	$\cdots$	?	
$\vdots$			$\vdots$					$\ddots$

床屋のたとえ話の表 26.1 に対して，TM の停止問題の場合は，縦横にすべての TM を並べた表 26.3 が対応する．この表の i 行 j 列の要素は，TMM_i に TMM_j をなんらかの方法で表した系列 $\langle M_j \rangle$ を入力したとき，いずれ停止すれば $halt$ と表され，永久に遷移を繰り返せば $loop$ と表されている．

停止問題を決定する TM は存在しないことを次の定理 26.1 としてまとめる．

> **定理 26.1**　停止問題は決定不能である．

【証明】　証明は背理法による．背理法の仮定として停止問題を決定する TMH が存在すると仮定すると矛盾が導かれることを証明する．この H は表 26.3 の $halt/loop$ の各要素を決定する TM である．定理の証明では，床屋に相当する TM を，存在を仮定した TMH を基にして構成し，これを E と表す．TME は，表 26.3 に現れる TMM_1，TMM_2，... のどれかである．表 26.3 にはすべての TM が並んでいるからである．この TMM を k 番目の M_k とすると，床屋の場合と同様に，M_k は対角線上の $halt/loop$ を逆転した動きをするので矛盾が導かれる．これが証明の大雑把な流れである．以下では，この TME を構成する．

表 26.3 の i 行 j 列の要素を $M_i(\langle M_j \rangle)$ と表す．この $M_i(\langle M_j \rangle)$ は TMM_i に TMM_j を系列として表した $\langle M_j \rangle$ を入力すると，いずれは停止するか，それとも動き続けるかを $halt/loop$ で表すものである．背理法では TMH の存在を仮定し，この H は $M_i(\langle M_j \rangle)$ の $halt/loop$ をそれぞれ受理状態と非受理状態で停止して決定する．図 26.4 に TMH を模式的に表している．この図では，開始状態，受理状態，非受理状態以外のものは省略している．以下の図でもこのように省略して表す．次に，TMN を図 26.5 に示すようにこの H を修正してつくる．この図に示すように新しく状態を導入し，H の受理状態との間でループをつくり，いったん受理状態に遷移したら，このループを永久に回り続けるように変更する．この図のラベルが Γ の枝はヘッド

図 26.4　停止問題を決定する TMH．ここで，開始状態，受理状態，
非受理状態以外は省略している．入力は $\langle M, w \rangle$ とする．

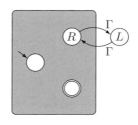

図 26.5　図 26.4 の H を修正した TMN

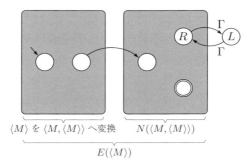

$\langle M \rangle$ を $\langle M, \langle M \rangle \rangle$ へ変換　　$N(\langle M, \langle M \rangle \rangle)$

$E(\langle M \rangle)$

図 26.6　入力 $\langle M \rangle$ を $\langle M, \langle M \rangle \rangle$ に変換したものを TMN に入力する TME

が見ている記号が何であっても遷移することを意味している．このように N をつくると，TMN に系列 $\langle M_i, \langle M_j \rangle \rangle$ を入力したときの *halt/loop* は表 26.3 の *halt/loop* を反転したものとなる．これで矛盾を導く基となるものがつくられた．ここで，系列 $\langle M_j \rangle$ の例としては，第 25 講の図 25.2 の記述部のように M_j の 5 項組のリストを考えればよい．したがって，$\langle M_i, \langle M_j \rangle \rangle$ は $\langle M_i, w \rangle$ の w を TMM_j の 5 項組のリストと現況部で置き換えたものと考えればよい．

　表 26.1 で表されるような床屋のたとえ話と同様に，表 26.3 で表される TM について矛盾を導くためには，TMN をもうひとひねりすることが必要となる．床屋に相当する TM は，入力 $\langle M_j \rangle$ が与えられたとき，対角線上の $\langle M_j, \langle M_j \rangle \rangle$ の *halt/loop* を逆転した振る舞いをするようにしたい．そのためには，入力 $\langle M_j \rangle$ を $\langle M_j, \langle M_j \rangle \rangle$ に変換した上で N に入力すればよい．TMN にこの最後のひとひねりを加えて構成した TME を模式的に表したものが，図 26.6 である．ここに，$\langle M \rangle$ から $\langle M, \langle M \rangle \rangle$ へ変換するには，単に $\langle M \rangle$ をコピーする操作となる．TMN は，$\langle M_i, \langle M_j \rangle \rangle$ を入力して表 26.3 のすべての要素に対して *halt/loop* を逆転した振る舞いをするのに対し，最終的に得られた TME は，$\langle M_j \rangle$ を入力すると対角線上の *halt/loop* を逆転した振る舞いをする．

　背理法の仮定として，停止問題を決定する図 26.4 の TMH が存在するとして，これから図 26.5 の TMN をつくり，最後に TMN から図 26.6 の TME を構成した．このように構成された TME は表 26.3 の TM のリストに現れるので，それを M_k とする．この TME の動作は，次のように定義される．

チューリング機械 E

入力:$\langle M \rangle$

　1. 入力 $\langle M \rangle$ を $\langle M, \langle M \rangle \rangle$ に変換する．

　2. 系列 $\langle M, \langle M \rangle \rangle$ を TMN に入力し，計算する．

　これまでの定義より $E(\langle M_j \rangle) = \overline{M_j(\langle M_j \rangle)}$ が成立する．ここに，‾ は反転を表す記号であり，$\overline{halt} = loop$, $\overline{loop} = halt$ とする．

　そこで，TME にそれ自身の記述 $\langle E \rangle$ を入力してみる．すると，TME に $\langle E \rangle$ を入力したときの結果が，TME の定義から導かれる結果と矛盾する．すなわち，

$$E(\langle E \rangle) = N(\langle E, \langle E \rangle \rangle) \quad (\text{TM}E \text{ の定義より})$$
$$= \overline{E(\langle E \rangle)} \qquad (\text{TM}N \text{ の定義より})$$

となり，矛盾が導かれた． ■

26.2　言語の認識と言語の決定

　停止問題とは任意の TMM とその入力 w に対して $M(w)$ が $halt$ となるか $loop$ となるかを決定する問題である．定理 26.1 は，停止問題を決定する TM は存在しないという事実の主張に留まらず，深淵な数理的な事実を示すものである．すなわち，定義できることと，実際に計算できることとの間には違いがあるという事実である．チューリング機械 M に系列 w を入力すると，その計算の結果は停止するか，永久に動き続けるかのどちらかであるので，停止問題自体は定義できる．したがって，定理 26.1 は，停止問題は定義はできるが，計算（決定）はできないことを主張するものである．このようにこの定理は，定義はできるが，計算はできない関数（停止問題）を具体的に与えている．

　停止問題は，定義と計算の 2 つの観点から捉えられるだけでなく，**認識と決定**という観点からも捉えられる．この節では，停止問題は認識されることを導く．したがって，この問題は認識はできるが，決定はできない問題でもある．

　まず，停止問題に対する言語 $HALT$ を

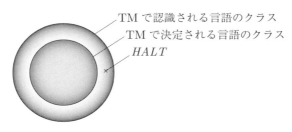

図 26.7　TM で決定される言語のクラスと TM で認識される言語のクラス

$$HALT = \{\langle M, w \rangle \mid M \text{ は TM で，かつ，} M(w) = halt\}$$

と定義する．ここに $\langle M, w \rangle$ は TMM と入力 w を適当な系列として表したものである．第 25 講の万能 TM の記法に従うものとすると，言語 $HALT$ のアルファベットは $\Sigma = \{0, 1, \mathrm{H}, \vdash, \mathrm{X}, \mathrm{Y}\}$ となる．この言語 $HALT$ に対応する関数 $f_{HALT} : \Sigma^* \to \{0, 1\}$ は次のように定義される．

$$f_{HALT}(u) = \begin{cases} 1 & u \in HALT \text{のとき，} \\ 0 & u \notin HALT \text{のとき．} \end{cases}$$

　この本を通して，問題は関数を意味する用語として用いることを思い出してもらいたい．実際，停止問題は，$\langle M, w \rangle$ の形の入力に対して，$M(w) = halt$ となるか，あるいは，$M(w) = loop$ となるかを問う問題である．この 2 つの用語には，関数が数学的な概念であるのに対し，問題はこれを計算することを意図した文脈で用いられるという程度の違いしかない．

　認識という用語は，問題（この場合は，停止問題）に対してよりも，言語に対して使われることが多い．図 26.7 は，言語 $HALT$ は TM で決定される言語のクラスには属さないことと，TM で認識される言語のクラスに属していることを示している．したがって，前者のクラスは後者のクラスよりも狭いクラスとなる．このように言語 $HALT$ は，TM で認識されることと，TM で決定されることとの間には違いがあることを示す言語にもなっている．

　次に，$HALT$ を認識する TM の動作を説明する．この TM は第 25 講の万能 TMU を修正してつくるので U' と表す．

　万能 TMU は，現在の状態 q とヘッドが見ている記号 a から記述部のリストの中から (q, a, q', a', D) となる 5 項組を探し，q'，a'，D に従ってテープの内容を更新することを繰り返す．万能 TMU を修正した U' は，単に入力が $\langle M, w \rangle$ の形の系列であることをチェックした後に，U を働かせるような TM である．図 26.8 はこの U'

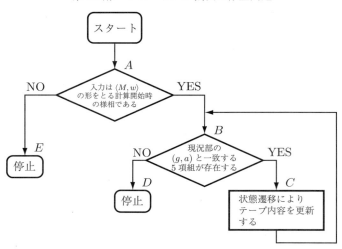

図 26.8　TMU′ が *HALT* を認識する手順

の動作を表している．この図の A の条件判定では，$\langle M, w \rangle$ の形であるかのチェックを行うが，まずこれについて説明する．$\langle M, w \rangle$ の形のチェックは，第 25 講で述べた万能 TMU を例にとって説明する．$\langle M, w \rangle$ の形をとるという条件は，次の (1) と(2) で表される．

$$u = \vdash v_0 \mathsf{X} v_1 \mathsf{X} v_2 \cdots \mathsf{X} v_k \mathsf{Y} w \tag{1}$$

と表され，ここに，適当な $k \geq 1$ と $m \geq 2$ に対して

$$\left. \begin{array}{l} v_0, v_1, \ldots, v_k, w \in \{0, 1\}^*, \\ |v_0| = m, \ |v_1| = \cdots = |v_k| = 2m + 1. \end{array} \right\} \tag{2}$$

ここで，v_1, …, v_k の各 v_i は 5 項組 (q, a, q', a', D) を表す長さ $2m + 1$ の系列 $qaq'a'D \in \{0, 1\}^{2m+1}$ である．ここに，q と q' の長さは $m-1$ で，a と a' と D の長さは 1 である．同様に，v_0 は現況部で現在の状態 q とヘッドが見ている記号 a を並べた $qa \in \{0, 1\}^m$ で，その長さは m である．

　さらに，計算開始時の様相とは次の条件を満たすものである．第 25 講の万能 TMU では，テープ部の系列 w のヘッドポジションには記号 H が置かれる．TMU′ では，この前提が満たされるように，U の計算の開始時にはテープ部の w の左端の記号 a を記号 H に書き換え，この記号 a を現況部の長さ k の系列 $v_0 = qa$ に置いている．

　図 26.8 のフローチャートの動作は明らかであろう．A の条件判定で $\langle M, w \rangle$ の形の計算開始時の様相であるかどうかを判定し，NO の場合は停止する．一方，YES の場合は，A の条件判定の YES の出口から出た後，初めの 2 項が現況部の (q, a) と

一致する 5 項組が存在する（B の条件判定で YES）限りその 5 項組に従ってテープ内容の更新を繰り返す．一方，存在しない場合は停止する（問題 26.5）．

図 26.8 から明らかなように，入力が $\langle M, w \rangle$ の形の計算開始時の様相のとき，TMU′ の計算は最終的には 2 通りの場合があって，D で停止するか，$B \to C \to B$ のループを回り続けるかである．このように TMU′ は，$M(w) = halt$ の場合はいずれは停止と答えるが，$M(w) = loop$ の場合は永久に答えを返してくれない．したがって，TMU′ は $HALT$ を認識はするが，決定はしない．

<hr />

問　　題

26.1♦ 表と裏に次のような文が書かれている 1 枚のカードが与えられたとする．

表：裏面の文は真である．
裏：裏面の文は偽である．

このカードに書かれていることから矛盾が導かれることを示せ．

26.2 床屋のたとえ話で，床屋が住人の髭を剃ってやることを 1 で表し，剃ってやらないことを 0 で表し，この床屋の行為の 1，0 を a で表す．同様に，住人が自分の髭を剃ることを 1 で表し，剃らないことを 0 で表し，この住人の行為の 1，0 を b で表す．

    (1)　「自分の髭を剃らない人の髭を剃ってやる」という床屋の主張を，(a, b) に関する条件として与えよ．

    (2)　島の住人でもある床屋の行為を，(a, b) に関する条件として与えよ．

    (3)　上の (1) と (2) から矛盾が導かれることを示せ．

26.3 $\{0, 1\}$ 上の否定（反転と解釈する）の演算 $\neg$ は，$\neg 1 = 0$，$\neg 0 = 1$ と定義される．右の図はこの否定の演算のゲートの出力を入力につないでできる回路を表している．この回路の入力 a と出力 b にどのように信号が現れても矛盾することを次の (1) と (2) より導け．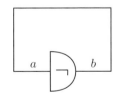

    (1)　問題 26.2 と同様に，回路に関わる 2 つの条件を与え，それらを (a, b) に関する条件として与えよ．ここに，2 つの条件とは，ゲートの演算に関する条件と入力 a と出力 b は線でつながっているという条件である．

    (2)　(1) より矛盾が導かれることを示せ．

26.4 図 26.8 の手順の計算が D で終るのは，M が受理状態か非受理状態で停止する場合であることを説明せよ．

26.5 TMU′ の動きを表す手順（図 26.8）において，B の条件判定が NO となるのは，万能 TMU のステージ 1 の状態遷移図（図 25.6）のどの状態に相当するかを示せ．

27講 ポストの対応問題の決定不能性

　第 26 講では停止問題が決定不能であることを導いた．この講では，これに加えて**ポストの対応問題**と呼ばれる問題（Post Correspondence Problem, **PCP** と略記）を導入し，この問題も決定不能であることを証明する．

　PCP が決定不能であることを証明するのに，1 つの問題を別の問題に**帰着**するという考え方を使う．この帰着の考え方は日常のさまざまな場面で無意識のうちに使われている．たとえば，カーナビを使って運転する場合は，ドライバーは目的地までのルートを探す問題をカーナビに帰着させているのだ．カーナビを使い始めると道を覚えられなくなるのは，カーナビに帰着させてしまうからと考えることもできる．このように帰着には 2 つの問題 A と B が関わり，問題 A を B に帰着させるという形をとり，これを $A \le B$ と表す．PCP が決定不能であることを導くのに，A を停止問題とし，B を PCP とした上で，A は B に帰着できることを証明する．すると，もし B の PCP が決定可能だとすると，A の停止問題も決定可能となってしまう．この場合，PCP の計算結果の YES/NO を停止問題の YES/NO とすることができるからである．これは矛盾であるので，PCP は決定不能と結論づけることができる．これが PCP が決定不能であることを導く論理の流れのあらましである．この証明を 27.1 節で与え，帰着については，27.2 節で定義を与えてきちんと説明する．なお，上の証明の流れは直感的には次のように捉えることもできる．$A \le B$ を「B は A より難しい」（あるいは，「問題 A が問題 B に埋め込まれている」）ことを意味するとみなし，A が決定不能なので，より難しい B も決定不能となるという解釈である．

27.1　ポストの対応問題の決定不能性

　PCP は停止問題に比べ，問題自体を説明するのははるかに簡単である．PCP のインスタンスは

$$P = \left\{ \left[\frac{\text{b}}{\text{ca}} \right], \left[\frac{\text{a}}{\text{ab}} \right], \left[\frac{\text{ca}}{\text{a}} \right], \left[\frac{\text{abc}}{\text{c}} \right] \right\}$$

図 27.1　マッチの系列の例

のような**タイル**と呼ばれるもののリストである．各タイルは上段の系列と下段の系列からなる．インスタンスのタイルを適当に並べて（同じタイルを 2 回以上使っても，使わないタイルがあってもよい）

$$\left[\frac{\text{a}}{\text{ab}}\right] \left[\frac{\text{b}}{\text{ca}}\right] \left[\frac{\text{ca}}{\text{a}}\right] \left[\frac{\text{a}}{\text{ab}}\right] \left[\frac{\text{abc}}{\text{c}}\right]$$

のように，上段をつないだ系列と下段をつないだ系列が一致するとき，その系列を**マッチの系列**と呼ぶ．PCP は，インスタンスにマッチの系列が存在するかどうかを判定する問題である．マッチの系列は図 27.1 のように表すとわかりやすい．インスタンスによっては

$$\left\{\left[\frac{\text{bc}}{\text{ab}}\right], \left[\frac{\text{abc}}{\text{ac}}\right], \left[\frac{\text{ca}}{\text{cba}}\right], \left[\frac{\text{b}}{\text{c}}\right]\right\}$$

のようにマッチの系列が存在しないこと（どのタイルも最初のタイルになり得ないから）や

$$\left\{\left[\frac{\text{bc}}{\text{ca}}\right], \left[\frac{\text{a}}{\text{ab}}\right], \left[\frac{\text{abc}}{\text{c}}\right]\right\}$$

のようにマッチの系列が存在する（問題 27.1）ことが簡単にわかる例もある．

　PCP を言語として一般的に定義しておく．**PCP のインスタンス**とはタイルのリスト P で

$$P = \left\{\left[\frac{u_1}{v_1}\right], \left[\frac{u_2}{v_2}\right], \ldots, \left[\frac{u_m}{v_m}\right]\right\}$$

と表され，その**マッチの系列**とは

$$u_{i_1} u_{i_2} \cdots u_{i_j} = v_{i_1} v_{i_2} \cdots u_{i_j}$$

となる系列 $u_{i_1} \cdots u_{i_j} (= v_{i_1} \cdots v_{i_j})$ である．また，そのときのサフィックスの系列 $i_1 i_2 \cdots i_j$ を**マッチ**と呼ぶ．**PCP** とはマッチの系列が存在するかどうかを決定する問題で，これを言語として表すと

$$PCP = \{\langle P \rangle \mid P はマッチの系列が存在する PCP のインスタンス\}$$

となる.

言語 $ACCEPT$ を

$$ACCEPT = \{\langle M, w \rangle \mid M \text{ は TM で}, \ M \text{ は入力 } w \text{ を受理する}\}$$

と定義する. この言語 $ACCEPT$ が決定不能であること (定理 27.1) を証明した後に, この事実を使って PCP が決定不能であること (定理 27.2) を証明する. $ACCEPT$ の $\langle M, w \rangle$ は TM M と入力 w を適当な形式に従って系列として表したものである. 第 25 講の万能 TM の計算の開始時にテープに置かれる系列はこの表し方の 1 つの例である. PCP の $\langle P \rangle$ についても同様である. 一般に, $\langle X \rangle$ は, TM の入力となるように X を何らかの形式に従って表した系列を表すとする.

定理 27.1　$ACCEPT$ は決定不能である.

【証明】　背理法で証明する. 一般に, TM の計算は最終的に, (i) 受理状態で停止, (ii) 非受理状態で停止, (iii) 永久に状態遷移を繰り返す, の 3 通りのうちのどれかとなる. 停止問題とは, (i) または (ii) となる (停止する) か, あるいは (iii) となる (停止しない) かを判定する問題である. 一方, $ACCEPT$ に対応する受理問題とは, (i) となる (受理する) か, あるいは, (ii) または (iii) となる (受理しない) かを判定する問題である. そこで, M における $q \xrightarrow{a/a', D} q_{reject}$ と表される状態遷移をすべて $q \xrightarrow{a/a', D} q_{accept}$ に置き換えた TM を M' と表す (M' では q_{reject} への状態遷移は起らない). M' は, M における (ii) のケースを (i) のケースに組み入れた TM である. このとき,

$$\langle M, w \rangle \in HALT \quad \Leftrightarrow \quad \langle M', w \rangle \in ACCEPT$$

となるので, もし $ACCEPT$ が TM で決定できる言語であれば, TM M を M' に変換した後で, $\langle M', w \rangle \in ACCEPT$ を判定することにより, $\langle M, w \rangle \in HALT$ が成立するかしないかが決定できることになる. これは, $HALT$ が TM で決定できないという事実に矛盾する.　　　　■

定理 27.2　ポスト対応問題は決定不能である.

【証明】　背理法により証明する. この証明では TM M とその入力 w から PCP のインスタンス P をつくり

$$M \text{ が } w \text{ を受理する} \quad \Leftrightarrow \quad P \text{ のマッチが存在する}$$

となることを導く．もし PCP が決定可能であれば，この等価関係により，M と w より P をつくり，P のマッチが存在するかしないかを決定すれば，M が w を受理するかしないかを決定できることになる．しかし，これは定理 27.1 に矛盾する．したがって，P のマッチが存在するかしないかは決定不能である．すなわち，PCP は決定不能である．以下，この証明では上の等価関係を導く．

初めに，PCP を修正した **MPCP**（Modified PCP）を導入する．これは，PCP にマッチの系列は 1 番目のタイルからスタートするという条件をつけたもので，次のように定義される．

$$MPCP = \{\langle P \rangle \mid \text{最初のタイルから始まるマッチの系列}$$
$$\text{が存在するような，}PCP \text{ のインスタンス } P\}$$

TM M が系列 w を受理するとは，次の (1)，(2)，(3) を満たす様相 C_1, ..., C_m が存在することである．ただし，w の長さを n とし，$w = w_1 \cdots w_n$ とする．

(1)　C_1 は $q_0 w_1 \cdots w_n$ と表される開始様相である．

(2)　$1 \le i < m$ に対して，$C_i \Rightarrow C_{i+1}$．

(3)　C_m は受理様相である．

次に，M が w を受理するとき，その計算の履歴（様相の時系列）が PCP のマッチの系列となるように MPCP のインスタンスを構成する．TM の計算が開始様相からスタートすることに対応して，MPCP のインスタンスの最初のタイルとして開始様相に相当するものをとると，見通しよく構成ができるからである．初めに開始様相に相当するタイルからスタートするという制約つきの MPCP のインスタンス P' を構成し，次に，制約なしでも必然的に開始様相に対応するタイルからスタートするという仕組みを組み込んだ PCP のインスタンス P（P' を P に変換して）を構成するという 2 段階のステップを踏む．

証明の大筋は，TM M と入力 w から MPCP のインスタンス P' をつくり，

$$\left(\begin{array}{l} \text{開始様相から受理様相の系列} \\ C_1, \ldots, C_m \text{ で，} M \text{ は } w \text{ を} \\ \text{受理する} \end{array} \right) \Leftrightarrow \left(\begin{array}{l} \sharp C_1 \sharp \cdots \sharp C_m \sharp C'_{m+1} \sharp \cdots \sharp C'_{m+r} \sharp\sharp \\ \text{が } P' \text{ のマッチの系列である} \end{array} \right)$$

が成立するようにすることである．ここで，様相 C_i は $u, v \in (\Gamma \cup \{\sqcup\})^*$ と $q \in Q$ に対して uqv と表される．このように，TM M が系列 w を受理するときの計算の履歴がインスタンス P' のマッチの系列と一致するようになっている．ただし，正確には，P' のマッチの系列には，M の様相としては現れない C'_{m+1}, ..., C'_{m+r} も現

ステップ 0

$$\sharp$$
$$\sharp \ q_0 \ \text{a} \ \text{b} \ \text{a} \ \text{b} \ \text{a} \ \text{b} \ \sharp$$

ステップ 1

$$\sharp \ q_0 \ \text{a} \ \text{b} \ \text{a} \ \text{b} \ \text{a} \ \text{b} \ \sharp$$
$$\sharp \ q_0 \ \text{a} \ \text{b} \ \text{a} \ \text{b} \ \text{a} \ \text{b} \ \sharp \ \text{c} \ q_1 \ \text{b} \ \text{a} \ \text{b} \ \text{a} \ \text{b} \ \sharp$$

図 27.2　状態遷移 $\delta(q_0, \text{a}) = (q_1, \text{c}, R)$ によるマッチの系列の更新

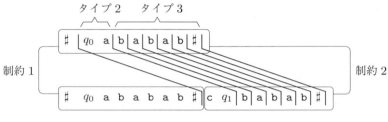

図 27.3　マッチの系列に対する制約 1 と制約 2

れる．これらの様相は，様相もどきのもので**擬似様相**と呼ぶことにする．これについては後で説明する．

TM M は，状態集合が Q で，状態遷移関数は $\delta : (Q - \{q_{accept}, q_{reject}\}) \times \Gamma \to Q \times \Gamma \times \{L, R\}$ と与えられているとする．MPCP のインスタンス P' は以下に述べる 6 つのタイプのタイルから構成される．

タイプ 1　開始様相を設定するタイル

$$\left[\frac{\sharp}{\sharp q_0 w_1 \cdots w_n \sharp} \right] \in P'$$

を 1 番目のタイルとして指定する．MPCP の条件よりこのタイルがマッチの最初に現れるという条件が課せられる．PCP の場合は，マッチの系列に課せられる条件は，上段の系列と下段の系列が一致するということだけであり，このようにマッチの最初のタイルを指定することはできない．

まず，MPCP の更新のステップと TM の計算のステップとの関係に注意してもらいたい．MPCP の更新のステップとは，図 27.3 に示すように，タイルが一つひとつ追加されるステップである．さて，$w = \text{ababab}$ で，$\delta(q_0, \text{a}) = (q_1, \text{c}, R)$ とすると，開始様相は $q_0 \text{ababab} \Rightarrow \text{c} q_1 \text{babab}$ と更新される．図 27.2 には，この様相の更新に対応する MPCP の更新のステップを表している．このように，MPCP の更新

のステップでは下段がTMMの計算の1ステップ分が先行していることがポイントである．このように下段の1ステップ分の先行は，最後の受理様相C_mまで続く．一方，MPCPは，マッチの系列では上段と下段で系列が一致しなければならないので，上段の遅れ分を取り戻すためのものが，先に述べた**擬似様相**C'_{m+1}, $\ldots$, C'_{m+r}である．

MPCPの更新のステップがMの計算のステップを模倣するのは次の2つの制約による．

制約1： 追加するタイルでは，上段の系列が先行する下段の系列に一致
する．

制約2： 追加するタイルでは，上段の系列をTMMの計算のステップ
で更新したものが下段の系列となる．

先に，開始様相に相当するタイプ1のタイルを説明した．このタイルに続き，上で説明したようにMPCPの更新がMの計算を模倣するように，残りのタイプ2, $\ldots$, タイプ6のタイルを次のように定める．

タイプ2 図27.3で表されている状態遷移を表すタイルを一般的に表したものである．次のようにヘッドが左移動か右移動かにより2つのタイプがある．すべての$a, a', b \in \Gamma$, $q \in Q - \{q_{accept}, q_{reject}\}$, $q' \in Q$に対して，$\delta(q, a) = (q', a', R)$なら

$$\left[\frac{qa}{a'q'} \right] \in P',$$

$\delta(q, a) = (q', a', L)$なら

$$\left[\frac{bqa}{q'ba'} \right] \in P'.$$

タイプ3 記号をコピーするタイプのタイルで，すべての$a \in \Gamma \cup \{\sharp\}$に対して

$$\left[\frac{a}{a} \right] \in P'.$$

タイプ4 様相の右端の区切り記号$\sharp$と接する箇所で空白記号␣を生み出すタイルで，

$$\left[\frac{\sharp}{␣\sharp} \right] \in P'.$$

タイプ1のタイルで開始様相を設定後，タイプ2からタイプ4のタイルを繰り返し適用して，マッチの系列がMの様相の遷移を模倣する．この間，上段の系列は下

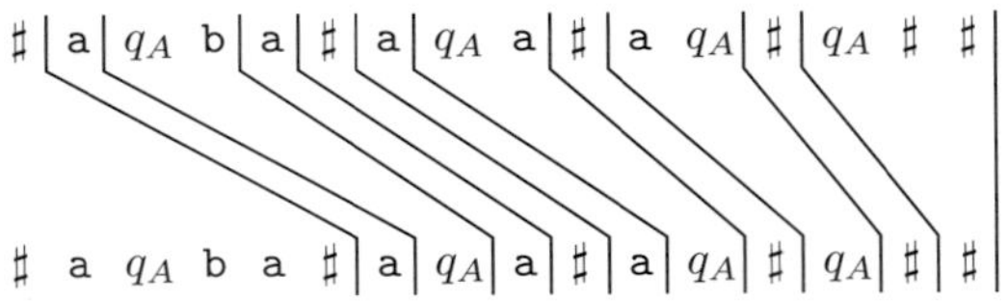

図 27.4　受理状態に接している記号を 1 つずつ消していく過程.
　　　　　ただし，q_A は q_{accept} を表す.

段の系列より 1 ステップ分遅れるが，この遅れを取り戻すのが，次のタイプ 5 と 6 のタイルである.

タイプ 5　受理状態 q_{accept} と接する記号を消去するタイルで，すべての $a \in \Gamma$ に対して，

$$\left[\frac{aq_{accept}}{q_{accept}}\right],\ \left[\frac{q_{accept}a}{q_{accept}}\right] \in P'.$$

タイプ 6　マッチの系列の上段の遅れを取り戻すタイルで，

$$\left[\frac{q_{accept}\sharp\sharp}{\sharp}\right] \in P'.$$

図 27.4 にタイプ 5 とタイプ 6 のタイルを適用して遅れを取り戻す例を示している. この図では，q_{accept} を q_A と表している. タイプ 5 のタイルで受理状態に接している記号が 1 個ずつ消えていき，先行する下段の系列で $\sharp$ で囲まれた様相部分において q_{accept} を残してそれ以外の記号がすべて消えたら，タイプ 6 のタイルが適用されて，一挙に上段が追いつき上段の系列と下段の系列が一致する. この遅れを取り戻す過程で現れる様相（初めて受理状態が現れた様相の次の様相から最後の様相まで）を**擬似様相**と呼ぶことにする.

これまで説明してきた P' に関して，タイプ 1 のタイルを最初に使うという条件は必須である. この条件を外すとタイプ 3 のタイル 1 個でマッチとなる（タイルの一部だけを使ってもマッチになり得る）が，この場合のマッチの系列は M の動きを模倣しない. そこで，MPCP の P' を PCP の P へ変換して，1 番目のタイルを最初に使うという条件を外しても，インスタンス P のマッチの系列ではこの条件を課した場合と実質的に同じマッチの系列が得られるようにする.

そのための仕組みを，まず簡単な例で説明する. MPCP のインスタンス P_1 を

$$P_1 = \left\{\left[\frac{\mathsf{a}}{\mathsf{aa}}\right],\ \left[\frac{\mathsf{a}}{\mathsf{ba}}\right],\ \left[\frac{\mathsf{a}}{\mathsf{ab}}\right],\ \left[\frac{\mathsf{bab}}{\mathsf{b}}\right]\right\}$$

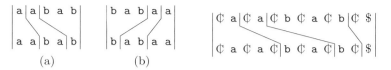

図 27.5　P_1 の 2 つのマッチの系列　　　図 27.6　P_2 のマッチの系列

とする．この P_1 には 1 番目のタイルが最初という条件が課せられているため，マッチの系列は図 27.5 の (a) のようになる．しかし，この条件を外すと，(b) のようなマッチの系列も存在する．問題は，1 番目のタイルから始めるという条件がなくとも，条件を課した P_1 に等価となる P_2 をつくることである．そのような P_2 は次のように与えられる．

$$P_2 \;=\; \left\{ \left[\frac{\text{¢a}}{\text{¢a¢a¢}} \right], \right.$$
$$\left[\frac{\text{¢a}}{\text{a¢a¢}} \right], \left[\frac{\text{¢a}}{\text{b¢a¢}} \right], \left[\frac{\text{¢a}}{\text{a¢b¢}} \right], \left[\frac{\text{¢b¢a¢b}}{\text{b¢}} \right],$$
$$\left. \left[\frac{\text{¢\$}}{\text{\$}} \right] \right\}$$

この P_2 のマッチの系列を図 27.6 に示す．この図からわかるように，マッチの系列では，a と b の記号が ¢ の区切り記号ではさみ込まれるようになっている．タイルの上段と下段で ¢ を差し込むフェーズをずらしており，このズレを利用して 1 番目のタイルがマッチの最初に現れるという条件をつけなくとも，そうなるようにしている．実際，P_2 のタイルの中でマッチの最初のタイルとなり得るのは，1 番目のタイルだけである（他のタイルは上段と下段で最初の記号が異なるため）．そのため 1 番目のタイルは最初に使うという条件がなくても，最初に一度だけ使われる．P_2 の 2 行目の 4 つのタイルは，P_1 の 4 つのタイルにそれぞれ対応しており，これらのタイルでは上段で a や b の各記号の前に ¢ を置き，下段では後に ¢ を置いている．また，P_2 の 3 行目のタイルを最後に置くことによって上段と下段の系列が一致して，マッチを形成するようになっている．

このように，インスタンス P_1 から P_2 への変換は MPCP を PCP に等価変換する 1 つの例である．この変換を一般化して，これまでに説明した MPCP のインスタンス P' に適用すると，最終的に目標の PCP のインスタンス P が得られ，証明は終る．そこで，P_1 から P_2 への変換は一般化できることを説明する．

そのために，次のような記法を導入する．長さ i の系列 $s = s_1 \cdots s_i$ に対して

$$\Cent s = \Cent s_1 \Cent s_2 \cdots \Cent s_i,$$

$$s\Cent = s_1 \Cent s_2 \Cent \cdots s_i \Cent,$$

$$\Cent s\Cent = \Cent s_1 \Cent s_2 \Cent \cdots \Cent s_i \Cent$$

とする．MPCP のインスタンス P' を

$$P' = \left\{ \left[\frac{u_1}{v_1} \right], \ldots, \left[\frac{u_k}{v_k} \right] \right\}$$

とする．このとき，PCP のインスタンス P を

$$P = \left\{ \left[\frac{\Cent u_1}{\Cent v_1 \Cent} \right], \right.$$

$$\left[\frac{\Cent u_1}{v_1 \Cent} \right], \ldots, \left[\frac{\Cent u_k}{v_k \Cent} \right],$$

$$\left. \left[\frac{\Cent \$}{\$} \right] \right\}$$

と定義する．このように変換を一般化し，これまでに定義した MPCP P' を PCP P へ変換すればよい．これで証明を終る． ■

27.2 帰　　着

A と B を問題とする．A の任意のインスタンスに答える代りに，それに対応する B のインスタンスに答えればよいというような関係にあるとき，問題 A は問題 B に帰着されるといい，この関係を $A \leq B$ と表す（正確には定義 27.3 で定義する）．$A \leq B$ と仮定する．決定可能性のような肯定的な命題の場合，B で命題が成立すれば A でも命題が成立する（定理 27.4）．逆に，決定不能性のような否定的な命題の場合，A で命題が成立すれば B でも命題が成立する（定理 27.5）．ここで述べたことを，帰着の定義を与えた上で証明する．

定義 27.3 A と B を YES/NO 問題とする．問題 A が問題 B に**帰着**されるとは，チューリング機械で計算可能な関数 $f : \Sigma^* \to \Sigma^*$ が存在して任意の $w \in \Sigma^*$ に対して

$$A(w) = \text{YES} \quad \Leftrightarrow \quad B(f(w)) = \text{YES}$$

となることである．ここで，関数 f を**帰着関数**と呼ぶ．また，問題 A のインスタンス w の YES/NO を $A(w)$ と表す．$B(f(w))$ についても同様である． ■

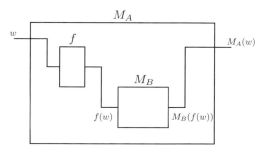

図 27.7 M_A の構成

定義 27.3 の帰着は**写像帰着**と呼ばれる．その他にもさまざまなタイプの帰着があるが，これについては省略する．

定理 27.4 問題 A と B に対して，$A \leq B$ が成立し，かつ，B が決定可能であるとき，A は決定可能である．

【証明】 $A \leq B$ の帰着関数を f と表す．また，B を決定する TM を M_B と表す．すると，A を決定する TMM_A は

$$M_A(w) = M_B(f(w))$$

と与えられる．ここに，w は A のインスタンスである．図 27.7 で $M_A(w)$ を模式的に表す．　　　　　　　　　　　　　　　　　　　　　　　　　　　　　■

定理 27.5 問題 A と B に対して，$A \leq B$ が成立し，かつ，A は決定不能であるとき，B は決定不能である．

【証明】 背理法により証明される．B が決定可能とすると，定理 27.4 より，A が決定可能となり，定理の仮定に矛盾する．　　　　　　　　　　　　　　　　■

定理 27.6 問題 A, B, C に対して，$A \leq B$ と $B \leq C$ が成立するとする．このとき，$A \leq C$ が成立する．

【証明】 $A \leq B$ と $B \leq C$ の帰着関数をそれぞれ f と g とする．このとき

$$A(w) = \text{YES} \quad \Leftrightarrow \quad B(f(w)) = \text{YES} \quad (A \leq B \text{ より})$$

$$\Leftrightarrow \quad C(g(f(w))) = \text{YES} \quad (B \leq C \text{ より})$$

が成立する．ここで，$gf : \Sigma^* \to \Sigma^*$ は TM で計算可能である（問題 27.7）ので，帰着関数 gf のもとで，問題 A は問題 C に帰着される．　　　　　　　　■

問　　　題

27.1 次の PCP のインスタンスのマッチの系列を与えよ．

$$P = \left\{ \left[\frac{\text{a}}{\text{ab}} \right], \left[\frac{\text{bc}}{\text{ca}} \right], \left[\frac{\text{abc}}{\text{c}} \right] \right\}$$

27.2 次の PCP のインスタンスのマッチの系列をもつかどうかを理由をつけて説明せよ．

$$P = \left\{ \left[\frac{1}{111} \right], \left[\frac{10111}{10} \right], \left[\frac{10}{0} \right] \right\}$$

27.3 次の PCP のインスタンスはマッチの系列をもつかどうかを理由をつけて説明せよ．

$$P = \left\{ \left[\frac{10}{101} \right], \left[\frac{011}{11} \right], \left[\frac{101}{011} \right] \right\}$$

27.4♦ 定理 27.2 の証明を，定理 27.1 の代りに定理 26.1（「停止問題は決定不能」と主張）を用いて証明するためには，定理 27.2 の証明をどのように変更すればよいか．

27.5 TMM の状態集合は $\{q_0, q_1, q_{accept}\}$ で，テープアルファベットは $\{0, 1, \sqcup\}$ で，状態遷移関数は次の表で与えられるとする．ただし，q_{accept} は q_A で表している．

状態 ＼ 記号	0	1	$\sqcup$
q_0	$(q_1, 1, R)$	$(q_1, 0, L)$	$(q_1, 1, L)$
q_1	$(q_A, 0, L)$	$(q_0, 0, R)$	$(q_1, 0, R)$

　(1)　入力 w を 01 とし，M と w に対応する MPCP のタイプ 1，…，タイプ 6 のタイルをすべて与えよ．

　(2)　TMM の様相の遷移

$$q_0 01 \Rightarrow 1q_1 1 \Rightarrow 10q_0 \Rightarrow 1q_1 01 \Rightarrow q_A 101$$

　　に対応する MPCP のマッチの系列を与えよ．

27.6♦♦ 言語 PCP は TM で認識できることを導くため，$\langle P \rangle \in PCP$ を YES と判定する手順のあらましを説明せよ．

27.7 関数 f と g がそれぞれ TM で計算可能とするとき，$gf(w) = g(f(w))$ と定義される関数 gf も TM で計算可能であることを示せ．

解　答

1.1

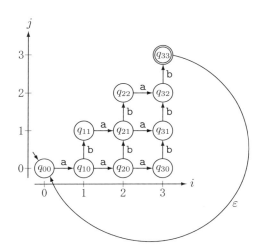

1.2　状態遷移図の枝にラベルとして割り当てられた 9 回の移動を順次実行すればよい.

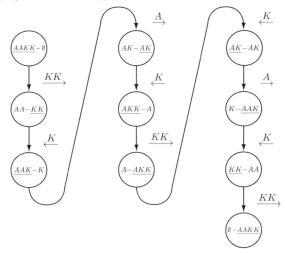

3.1　ベース：$F(0) = 1$
　　　再帰ステップ：$F(n) = F(n-1) \times n$

3.2 次の 5 つの書き換え規則は回文を生成する.

$$S \to a \quad S \to b \quad S \to \varepsilon \quad S \to aSa \quad S \to bSb$$

ただし，この書き換え規則で生成される系列の集合は，例 3.1 の書き換え規則で生成される系列の集合に空系列 ε を加えたものである.

3.3 $T(n)$ は，漸化式 $T(n) = 2T(n-1) + 1$ の解 $T(n) = 2^n - 1$ で与えられる.

3.4 (1)

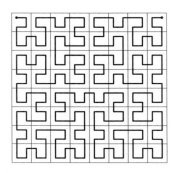

(2)
$$H_{n+1} \to 1/2 \left(\left(\begin{array}{cc} H_n^{\mathrm{L}} & H_n^{\mathrm{R}} \\ H_n & H_n \end{array} \right)^{\mathrm{C}} \right)$$

第 4 講

4.1 2^n

4.2 G_f の点は n 個しか存在しないので，点を $f^1(1)$, $f^2(1)$, $f^3(1)$, ... と並べると，いずれは同じ点が 2 回現れることになる. 初めて同じ点が現れたところで打ち切り，点の系列 $f^1(1)$, $f^2(1)$, ..., $f^j(1)$ が得られたとする. ここに，$1 \le i < j$ が存在して $f^i(1) = f^j(1)$ で，$f^i(1)$ と $f^j(1)$ 以外の点は互いに異なる. すると，$f^i(1)$, $f^{i+1}(1)$, ..., $f^j(1)$ は G_f のシンプルなサイクルとなる. 問題の条件より，$f^i(1) = f^j(1)$ $(= f^{j-i}(f^i(1)))$ のとき，$j - i \ge 3$ となるので，このサイクルは少なくとも 3 点を含み，4.4 節のシンプルなサイクルの定義の条件を満たす.

4.3 命題 F, G, H を次のように定める.

$$F : x \ge 0, \quad G : y \ge 0, \quad H : z \ge 0$$

すると，

$\quad$ 「x, y, z の少なくとも 1 つは 0 以上である」の否定

$\Leftrightarrow$ 「「$x \ge 0$」 $\vee$ 「$y \ge 0$」 $\vee$ 「$z \ge 0$」」の否定

$\Leftrightarrow$ $\overline{F \vee G \vee H}$

$\Leftrightarrow$ $\overline{F} \wedge \overline{G} \wedge \overline{H}$

$\Leftrightarrow$ 「$x < 0$」 $\wedge$ 「$y < 0$」 $\wedge$ 「$z < 0$」

$\Leftrightarrow$ x, y, z はすべて 0 より小さい

となる.

4.4 （1）表 4.15 より，$P \Rightarrow Q \Leftrightarrow D(P \wedge \overline{Q}) = \emptyset$ となる．したがって，一般に，$D(P) = D(P \wedge \overline{Q}) \cup D(P \wedge Q)$（$P$ を満たす要素は，P を満たし，かつ，$\overline{Q}$ を満たす要素と，P を満たし，かつ，Q を満たす要素からなる）となるので，次の一連の等価関係より導かれる．

$$
\begin{aligned}
P \Rightarrow Q &\Leftrightarrow D(P \wedge \overline{Q}) = \emptyset \\
&\Leftrightarrow D(P) = D(P \wedge Q) \\
&\Leftrightarrow D(P) \subseteq D(Q)
\end{aligned}
$$

（2）$D(\overline{P \wedge Q})$ は，図 4.11 の中央の太線の図形の外側の領域である．一方，$D(\overline{P} \vee \overline{Q}) = D(\overline{P}) \cup D(\overline{Q})$ は，P のサークルの外側の領域と Q のサークルの外側の領域を合わせたものなので，中央の太線の図形の外側の領域である．したがって，両者は一致する（$D(\overline{P \wedge Q}) = D(\overline{P} \vee \overline{Q})$）ことより，$\overline{P \wedge Q} = \overline{P} \vee \overline{Q}$ が導かれる．

4.5 $n = 1$ から $n = 2$ への帰納法のステップがうまくいかない．1 人の集団である S と S' から 2 人の集団 $S \cup S'$ をつくっても，S と S' に共通する人がいないので，同じ血液型の 2 人の集団となるとは限らない．

第 5 講

5.1 (a) 長さが奇数で，最後の記号が a の系列

(b) 記号 a が長さ 2 の部分系列 aa としてちょうど 1 回現れる系列

(c) 偶数番目には常に a が現れる系列

(d) 初めの記号と最後の記号が一致する長さが 2 以上の系列

(e) 1 が現れたらその直後に 0 が 1 回以上現れる系列

(f) 0 のつらなりの長さがすべて偶数長であるような系列（つらなりについては問題 8.1(d) を参照）

(g) 010 の部分系列が最後に 1 回だけ現れる系列

5.2 a がちょうど 2 回現れ，b が 2 回以上現れる系列

5.3 系列 $a_0 a_1 \cdots a_{n-1}$ を 10 進数とみなすと，

$$
a_0 a_1 \cdots a_{n-1} \text{が 3 で割り切れる} \quad \Leftrightarrow \quad a_0 + a_1 + \cdots + a_{n-1} \text{が 3 で割り切れる}
$$

が成立する．一方，問題の状態遷移図は $a_0 + a_1 + \cdots + a_{n-1}$ が 3 で割り切れるような系列を受理する．したがって，状態遷移図は入力を 10 進数とみなしたとき，3 で割り切れるようなものを受理する．

5.4 系列が 4 次のデ・ブルーイン系列となる条件は，その系列で状態遷移図をたどると，状態遷移図のすべての枝を 1 回ずつ通るという条件となる．このことは次のようにしてわかる．まず，状態遷移図には $\{0,1\}^3$ の系列がすべて 1 回ずつ状態として現れており，各状態からは 0 と 1 の枝が出ている．また，状態遷移は $abc \xrightarrow{u} bcu$ と定まるので，すべての枝を 1 回ずつ通るということは，長さ 4 の系列がすべて 1 回ずつ現れることになる．

5.5 系列の任意のプレフィックスにおいて，現れる a の個数と b の個数の差が 1 以内の系列．ただし，系列 w' が系列 w のプレフィックスであるとは，w が適当な w'' に対して $w = w'w''$ と表されるときである．

5.6 (1) M_{q_ε}：wa とも wab とも表されず（すなわち，最後が a で終ることも，ab で終ることもなく），abc が部分系列として偶数回（0 回を含む）現れる系列を受理する．ここに，$w \in \{a, b\}^*$．

w については，以下同じ．

　M_{q_a} : wa と表され，w には abc が部分系列として偶数回現れるような系列を受理する．

　$M_{q_{ab}}$: $w$ab と表され，w には abc が部分系列として偶数回現れるような系列を受理する．

　M_{p_ε} : wa とも $w$ab とも表されず，abc が部分系列として奇数回現れるような系列を受理する．

　M_{p_a} : wa と表され，w には abc が部分系列として奇数回現れるような系列を受理する．

　$M_{p_{ab}}$: $w$ab と表され，w には abc が部分系列として奇数回現れるような系列を受理する．

　(2)　M は，abc が部分系列として奇数回現れる系列を受理する．

第 6 講

6.1

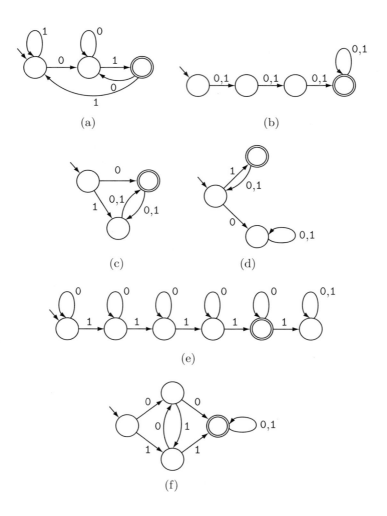

(a)

(b)

(c)

(d)

(e)

(f)

6.2

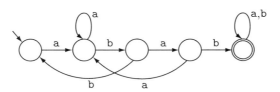

6.3

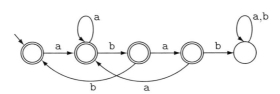

6.4

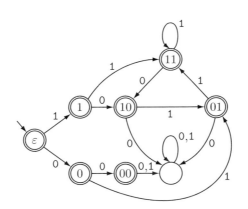

6.5

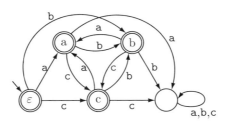

6.6

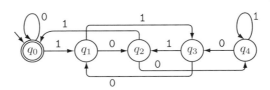

たとえば，状態 q_3 では，これまで入力された 2 進数は 5 で割ると余りが 3 となるので，$5m+3$ と表される．ここで，新しく 1 が入力されたとすると，これまで入力された 2 進数が 1 桁左（上位）にシフトされるので，

$$(5m+3) \times 2$$

と表され，これに入力された 1 が加えられた 2 進数は，

$$(5m+3) \times 2 + 1 = 5(m+1) + 2$$

と表される．したがって，状態遷移 $q_3 \xrightarrow{1} q_2$ となる．他の状態遷移も同様である．

第 7 講

7.1 (1) $(\{q_0, q_1, q_2, q_3, q_4\}, \{a, b\}, \delta, q_0, \{q_2, q_4\})$．ただし，$\delta$ は次のように与えられる．

状態 q	入力 u	$\delta(q, u)$
q_0	a	q_1
q_0	b	q_3
q_1	a	q_1
q_1	b	q_2
q_2	a	q_1
q_2	b	q_2
q_3	a	q_4
q_3	b	q_3
q_4	a	q_4
q_4	b	q_3

(2) M は最初と最後の記号が異なる系列を受理する．M' は M の受理/非受理を反転した判定をするので，M' は最初と最後の記号が同じ系列を受理する．正確には，「最初の記号と最後の記号が異なることはない系列」を受理する．「 」の条件にすると，空系列 ε も受理されることがはっきりしてくる．

第 8 講

8.1

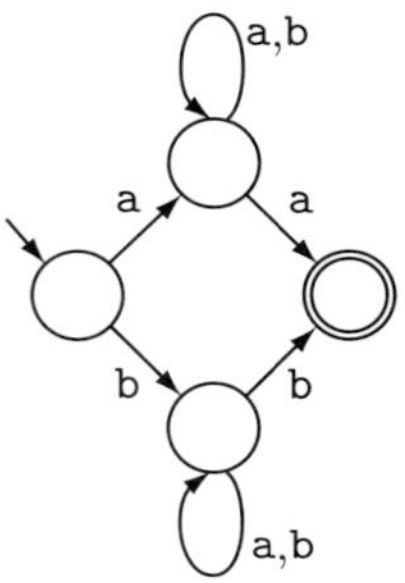

(a) 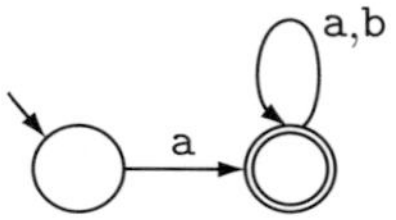　　　　　　　(b)

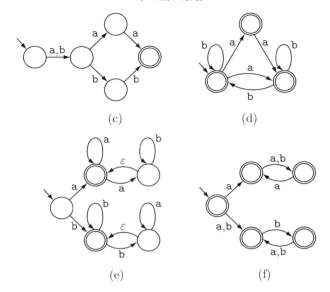

(c)　　　　　　　　　　(d)

(e)　　　　　　　　　　(f)

8.2　(1)

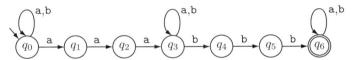

(2)　この場合の系列の受理条件は，□aaa□bbb□　と表され，かつ，最初のボックスには bbb が現れないことなので，状態 q_0，q_1，q_7，q_8 からなる部分で，長さが 3 以上の b のつらなりを通さないようにするフィルターの役割を果すようにしている．

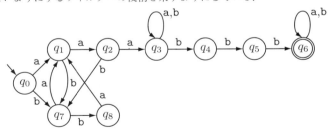

8.3

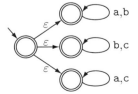

9.1 (a)

NFA				DFA		
状態＼入力	a	b		状態＼入力	a	b
q_0	$\{q_1, q_2\}$	$\{q_1\}$		$\{q_0\}$	$\{q_1, q_2\}$	$\{q_1\}$
q_1	$\{q_0\}$	$\{q_0\}$		$\{q_1, q_2\}$	$\{q_0\}$	$\{q_0\}$
q_2	$\emptyset$	$\emptyset$		$\{q_1\}$	$\{q_0\}$	$\{q_0\}$

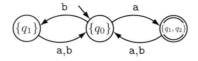

(b)

NFA				DFA		
状態＼入力	a	b		状態＼入力	a	b
q_0	$\{q_1\}$	$\{q_0\}$		$\{q_0\}$	$\{q_1\}$	$\{q_0\}$
q_1	$\{q_2\}$	$\emptyset$		$\{q_1\}$	$\{q_2\}$	$\emptyset$
q_2	$\emptyset$	$\{q_2\}$		$\{q_2\}$	$\emptyset$	$\{q_2\}$
				$\emptyset$	$\emptyset$	$\emptyset$

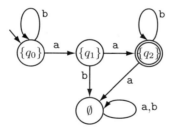

(c)

NFA				DFA		
状態＼入力	a	b		状態＼入力	a	b
q_0	$\{q_1\}$	$\{q_1\}$		$\{q_0\}$	$\{q_1\}$	$\{q_1\}$
q_1	$\{q_0\}$	$\emptyset$		$\{q_1\}$	$\{q_0\}$	$\emptyset$
				$\emptyset$	$\emptyset$	$\emptyset$

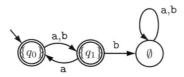

(d)

	NFA	
状態＼入力	a	b
q_0	$\{q_1\}$	$\{q_2\}$
q_1	$\{q_1, q_3\}$	$\{q_1\}$
q_2	$\{q_2\}$	$\{q_2, q_3\}$
q_3	$\emptyset$	$\emptyset$

	DFA	
状態＼入力	a	b
$\{q_0\}$	$\{q_1\}$	$\{q_2\}$
$\{q_1\}$	$\{q_1, q_3\}$	$\{q_1\}$
$\{q_1, q_3\}$	$\{q_1, q_3\}$	$\{q_1\}$
$\{q_2\}$	$\{q_2\}$	$\{q_2, q_3\}$
$\{q_2, q_3\}$	$\{q_2\}$	$\{q_2, q_3\}$

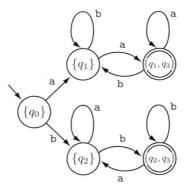

9.2

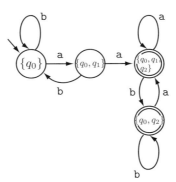

状態 $\{q_0, q_1, q_2\}$ と $\{q_0, q_2\}$ を合併すると，次の等価な状態遷移図が得られる．

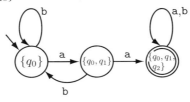

9.3

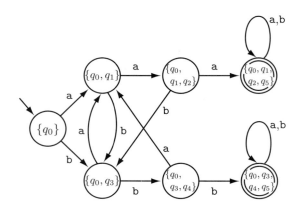

9.4 等価な DFA の開始状態は $E(\{q_0\}) = \{q_0, q_1, q_2, q_3\}$.

NFA

状態 ＼ 入力	a	b	c
q_0	$\emptyset$	$\emptyset$	$\emptyset$
q_1	$\{q_1\}$	$\{q_1\}$	$\emptyset$
q_2	$\emptyset$	$\{q_2\}$	$\{q_2\}$
q_3	$\{q_3\}$	$\emptyset$	$\{q_3\}$

DFA

状態 ＼ 入力	a	b	c
$\{q_0, q_1, q_2, q_3\}$	$\{q_1, q_3\}$	$\{q_1, q_2\}$	$\{q_2, q_3\}$
$\{q_1, q_3\}$	$\{q_1, q_3\}$	$\{q_1\}$	$\{q_3\}$
$\{q_1, q_2\}$	$\{q_1\}$	$\{q_1, q_2\}$	$\{q_2\}$
$\{q_2, q_3\}$	$\{q_3\}$	$\{q_2\}$	$\{q_2, q_3\}$
$\{q_1\}$	$\{q_1\}$	$\{q_1\}$	$\emptyset$
$\{q_2\}$	$\emptyset$	$\{q_2\}$	$\{q_2\}$
$\{q_3\}$	$\{q_3\}$	$\emptyset$	$\{q_3\}$
$\emptyset$	$\emptyset$	$\emptyset$	$\emptyset$

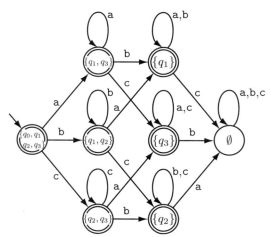

9.5 系列の最後から 3 番目の記号が a である系列

NFA		
入力 状態	1	0
q_0	$\{q_0, q_1\}$	$\{q_0\}$
q_1	$\{q_2\}$	$\{q_2\}$
q_2	$\{q_3\}$	$\{q_3\}$
q_3	$\emptyset$	$\emptyset$

DFA		
入力 状態	1	0
$\{q_0\}$	$\{q_0, q_1\}$	$\{q_0\}$
$\{q_0, q_1\}$	$\{q_0, q_1, q_2\}$	$\{q_0, q_2\}$
$\{q_0, q_1, q_2\}$	$\{q_0, q_1, q_2, q_3\}$	$\{q_0, q_2, q_3\}$
$\{q_0, q_2\}$	$\{q_0, q_1, q_3\}$	$\{q_0, q_3\}$
$\{q_0, q_1, q_2, q_3\}$	$\{q_0, q_1, q_2, q_3\}$	$\{q_0, q_2, q_3\}$
$\{q_0, q_2, q_3\}$	$\{q_0, q_1, q_3\}$	$\{q_0, q_3\}$
$\{q_0, q_1, q_3\}$	$\{q_0, q_1, q_2\}$	$\{q_0, q_2\}$
$\{q_0, q_3\}$	$\{q_0, q_1\}$	$\{q_0\}$

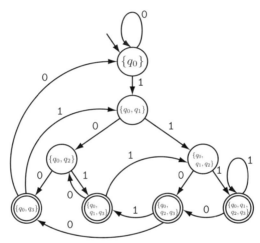

9.6 (1)

NFA		
入力 状態	0	1
q_0	$\{q_1\}$	$\emptyset$
q_1	$\emptyset$	$\{q_1, q_2\}$
q_2	$\{q_3\}$	$\emptyset$
q_3	$\{q_2\}$	$\emptyset$

δ'		
入力 状態	0	1
$\{q_0\}$	$\{q_1\}$	$\emptyset$
$\{q_1\}$	$\emptyset$	$\{q_1, q_2\}$
$\{q_1, q_2\}$	$\{q_3\}$	$\{q_1, q_2\}$
$\{q_3\}$	$\{q_2\}$	$\emptyset$
$\{q_2\}$	$\{q_3\}$	$\emptyset$

δ_D		
入力 状態	0	1
$\{q_0, q_1, q_3\}$	$\{q_1, q_2\}$	$\{q_1, q_2\}$
$\{q_1, q_2\}$	$\{q_1, q_3\}$	$\{q_1, q_2\}$
$\{q_1, q_3\}$	$\{q_2\}$	$\{q_1, q_2\}$
$\{q_2\}$	$\{q_1, q_3\}$	$\emptyset$
$\emptyset$	$\emptyset$	$\emptyset$

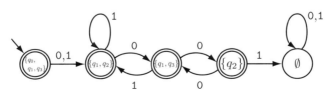

(2) 次の (C1) または (C2) の条件を満たす系列 w を受理する.

(C1) w の長さが 0 または 1.

(C2) $u \in \{0, 1\}$, $w' \in \{0, 1\}^*$ として, $w = uw'$ と表すとき, w' に, 長さが 2 以上の偶数長の 0 のつらなり (run) の次に 1 が現れることがない.

第 10 講

10.1 (a) $(a(a + b) + b(a + b))^*a$

(b) b^*aab^*

(c) $((a + b)a)^*$

(d) $a(b^*aa^*b)^*aa^* + b(a^*bb^*a)^*bb^*$

(e) $(0^*10)^*$

(f) $(00)^* + (00)^*1(1^*00)^*$

(g) $(1^*00^*11)^*00^*10$

10.2 系列全体の長さが奇数の場合は, 部分系列 00 の前後の部分系列の長さのパリティ (偶数か奇数か) が, (偶数, 奇数) と (奇数, 偶数) の 2 通りの場合があるので, 正規表現と対応する状態遷移図は次のようになる.

$$((0 + 1)(0 + 1))^*00((0 + 1)(0 + 1))^*(0 + 1)$$
$$+(0 + 1)((0 + 1)(0 + 1))^*00((0 + 1)(0 + 1))^*$$

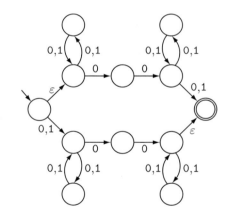

10.3 (1)

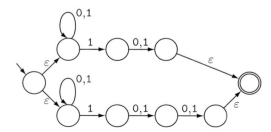

(2)

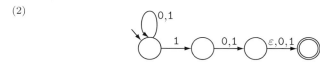

(3)　$(0+1)^*1(0+1)(\varepsilon+0+1)$

10.4　(a)　$(1(01)^*0+1(0(00+11)0)^*1)^*$

　(b)　この状態遷移図は正規表現に対応する階層的な構造をもっているわけではないが，開始状態から受理状態に至るパスがつづる系列をすべて含むように正規表現を構成すればよい．そのような正規表現の 1 つは次のようになる．

$$01^*0+(01^*1+0)0^*1$$

10.5　(1)　部分系列 101 とは，1 と 1 の間の 0 のつらなりの長さが 1 のものであるので明らかである．

　(2)　$0^*(1+000^*)^*0^*$

第 11 講

11.1　(a)　$ab^*a+ba^*bb^*a+ba^*a$

　(b)　$(aaa+bbb+aab+bba)^*$

　(c)　$(aa)^*(b+ab)$

　(d)　$aa(bbaa)^*a+bb(aabb)^*b+aabb(aabb)^*b+bbaa(bbaa)^*a$

11.2　(1)　$(q_0\to q_1,q_1\to q_3)$　$a(ab)^*a$

　　　　　$(q_0\to q_1,q_2\to q_3)$　$a(ab)^*ab$

　　　　　$(q_0\to q_2,q_2\to q_3)$　$b(ba)^*b$

　　　　　$(q_0\to q_2,q_1\to q_3)$　$b(ba)^*ba$

　(2)

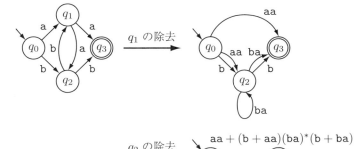

　機械的な等価変換で求められた正規表現を分配則を適用して整理すると，次のように (1) の 4 つの場合にそれぞれ対応する正規表現が得られる．

$aa+(b+aa)(ba)^*(b+ba)$

$=aa+b(ba)^*b+b(ba)^*ba+aa(ba)^*b+aa(ba)^*ba$

$=aa+aa(ba)^*ba+aa(ba)^*b+b(ba)^*b+b(ba)^*ba$

ここに，$aa+aa(ba)^*ba=aa+a(ab)^*aba=a(\varepsilon+(ab)^*ab)a=a(ab)^*a$,　$aa(ba)^*b=a(ab)^*ab$.

11.3

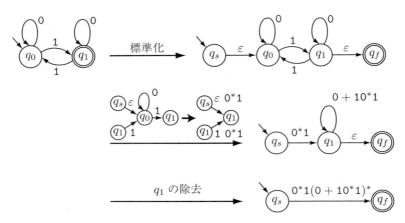

11.4 記号 a を $3k+2$ 個含む系列 $w \in \{\mathrm{a,b}\}^*$ は, 一般に,

$$\mathrm{b}^{i_0}(\mathrm{ab}^{i_1}\mathrm{ab}^{i_2}\mathrm{a})\mathrm{b}^{i_3}\cdots(\mathrm{ab}^{i_3(k-1)+1}\mathrm{ab}^{i_3(k-1)+2}\mathrm{a})\mathrm{b}^{i_3(k-1)+3}(\mathrm{ab}^{i_3k+1}\mathrm{ab}^{i_3k+2})$$

と表される. ここに, $k, i_0, i_1, \ldots, i_{3k+2} \geq 0$ は任意である. また, "(" と ")" のカッコは, 説明のためのもので, 実際に系列に現れるものではない. このように区切ると, この系列は, $\mathrm{ab}^*\mathrm{ab}^*\mathrm{a}$ のタイプの k 個と最後の $\mathrm{ab}^*\mathrm{ab}^*$ タイプの 1 個とこれらのタイプの前や間に入る b のつらなりからなることがわかる. したがって, このタイプの系列は,

$$(\mathrm{ab}^*\mathrm{ab}^*\mathrm{a} + \mathrm{b})^*\mathrm{ab}^*\mathrm{ab}^*$$

の正規表現で表される. ここで, これらのタイプの前や間に入る b のつらなりは, $(\mathrm{ab}^*\mathrm{ab}^*\mathrm{a}+\mathrm{b})^*$ の外側のスター演算の繰返しで, 必要な回数だけ "b" を選択することによりカバーできる. したがって,

$$(\mathrm{ab}^*\mathrm{ab}^*\mathrm{a} + \mathrm{b})^*\mathrm{ab}^*\mathrm{ab}^*$$

は求める系列の集合を表す.

11.5 (1) 次の等価変換により求める正規表現は, $(0 + 11^*0(11^*0)^*0)^*$.

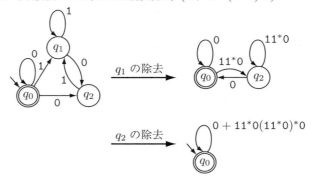

(2) 次の等価変換により求める正規表現は, $(0 + 1(1 + 01)^*00)^*$.

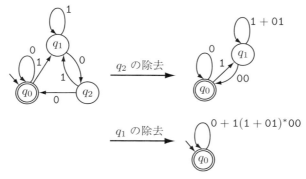

(3) (1) と (2) で求めた正規表現が表す言語が一致することを示し，これらの正規表現は等価であることを導く．正規表現 $(0 + 11^*0(11^*0)^*0)^*$ の $11^*0(11^*0)^*0$ の部分が表す言語の系列の一般形は

$$11^{i_1}011^{i_2}011^{i_3}0\cdots 11^{i_m}00 \tag{1}$$

と表される．ここに，$m \geq 1$，$i_1 \geq 0$，…，$i_m \geq 0$ は任意である．

一方，正規表現 $(0 + 1(1 + 01)^*00)^*$ の $1(1 + 01)^*00$ の部分が表す言語の系列の一般形は，まず，01 を任意の個数並べそれぞれの前後に 1 と 00 を置いた

$$1\ \ 01\ \ 01\ \ 01\ \ \cdots\ \ 01\ \ 00$$

の間に "1" の任意の長さの系列を挿入したものである．この "1" を挿入するポジションを 1 番から m 番とし，挿入する "1" の個数をそれぞれ $i_1,\ldots,i_m$ とすると挿入後の系列は

$$11^{i_1}011^{i_2}011^{i_3}\cdots 11^{i_m}00$$

となり，(1) と同じ形の系列となる．したがって，

$$L((0 + 11^*0(11^*0)^*0)^*) = L((0 + 1(1 + 01)^*00)^*).$$

第 12 講

12.1 (1)

(2) $L_1 = \{0^i1^i \mid i \geq 0\}$, $L_2 = \{0^i1^j \mid i \geq 0, j \geq 0\}$

12.2 反復補題を使って背理法で導く．L を受理する有限オートマトン M が存在すると仮定する．また，m を反復補題の定数とする．系列 0^m1^m に注目すると，0^m1^m は xyz と表され，xy 部分は 0^m でカバーされる．したがって，任意の i に対して xy^iz は M で受理される．しかし，$|y| \geq 1$ であるので，xy^2z は 0^n1^m と表され，$n > m$ となり，M は L に属さない系列 0^n1^m を受理することになり，仮定に矛盾する．

12.3 言語 L を受理する有限オートマトン M が存在すると仮定して矛盾を導く．m を反復補題の

定数とし, $s = m!$ と定める. まず, 系列 $0^m 1^{m+s}$ に注目する. $0^m 1^{m+s}$ を xyz と表したとき, 反復補題の条件 $|xy| \leq m$ より, xy 部分は 0^m でカバーされる. したがって, $xyz, xy^2 z, xy^3 z, \ldots$ の系列をつくると, それぞれ $0^m 1^{m+s}, 0^{m+|y|} 1^{m+s}, 0^{m+2|y|} 1^{m+s}, \ldots$ と表され, 反復補題よりいずれも M で受理される. $s = m!$ と指定しているので, $1 \leq |y| \leq m$ より, 整数 $t = m!/|y|$ が存在して, $s = t|y| \, (= (m!/|y|)|y|)$ となる. したがって, $0^{m+t|y|} 1^{m+s} = 0^{m+s} 1^{m+s}$ が受理されることになり, 矛盾.

12.4 (1) M の状態数を 2^k 未満と仮定し, 矛盾を導く. このとき, 長さ k の系列は 2^k 個存在するので, 異なる系列 $u, v \in \{0,1\}^k$ が存在して, 開始状態からスタートして, これらの系列による遷移先の状態は一致する. すなわち, その状態を q と表すと, $q_0 \xrightarrow{u} q$, $q_0 \xrightarrow{v} q$. これらの系列を $u = u_1 \cdots u_k$, $v = v_1 \cdots v_k$ と表し, i ビット目が異なるとする. すなわち, $u_i \neq v_i$. u と v による遷移先が一致するので, さらに長さ $i-1$ の系列 s で遷移させても遷移先は一致する. すなわち, 状態 q' が存在して, $q_0 \xrightarrow{us} q'$, $q_0 \xrightarrow{vs} q'$ となる. 一方, us と vs の最後から k ビット目はそれぞれ u_i と v_i となるので, 矛盾が生じる. $u_i \neq v_i$ なので, us と vs は一方が受理され, 他方が受理されないのであるが, $q_0 \xrightarrow{us} q'$, $q_0 \xrightarrow{vs} q'$ より, us と vs の受理/非受理は一致するからである.

(2) 次の図は 3 次のデ・ブルーイングラフに対応する状態遷移図で, 最後から 3 ビット目が 1 の系列を受理するものである. なお, それまでの入力の長さが 2 以下の場合は, a は 00a, ab は 0ab というように, 不足するビットを左側から 0 で補って 3 ビットの状態と解釈する.

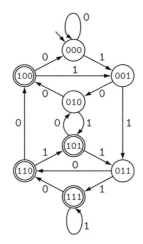

(3) 問題 9.5 で求めた状態遷移図を M と表す. M に系列 $w \in \{0,1\}^*$ を入力すると, 状態 $P \subseteq \{q_0, q_1, q_2, q_3\}$ に遷移するとする. このとき, $1 \leq i \leq 3$ に対して

$$q_i \in P \quad \Leftrightarrow \quad w \text{ の最後から } i \text{ 番目の記号が } 1$$

となる. この等価関係は

$$q_i \in P \quad \Leftrightarrow \quad \begin{pmatrix} \text{問題 9.5 の NFA において } w \text{ をつづる開始状態} \\ \text{から } q_i \text{ に至るパスが存在する.} \end{pmatrix}$$

より成立することがわかる. たとえば, $P = \{q_0, q_2, q_3\}$ のときは, w の最後の 3 ビットは 110 と

なる．一般には，P に q_3, q_2, q_1 が含まれるかいないかにより，P に至る入力 w の最後の 3 ビットが決まる（含まれるとき 1 で，含まれないとき 0）．このことを一般的に表すため，$[\![C]\!]$ は，条件 C が成立するとき $[\![C]\!] = 1$，成立しないとき $[\![C]\!] = 0$ となるものとする．このとき，上に述べた等価関係により，M に長さが 3 以上の系列 w を入力して状態 P に至るとき，w の最後の 3 ビットは，$[\![q_3 \in P]\!]\,[\![q_2 \in P]\!]\,[\![q_1 \in P]\!]$ となる．(2) で求めた 3 次のデ・ブルーイングラフの状態遷移図を M_{DB} と表すと，M_{DB} の状態 $u_3 u_2 u_1 \in \{0,1\}^3$ は，M の

$$[\![q_3 \in P]\!]\,[\![q_2 \in P]\!]\,[\![q_1 \in P]\!] = u_3 u_2 u_1$$

となる状態 P に対応することになる．M_{DB} の状態を M の対応する状態の位置に配置し直した上で，状態遷移の枝を描くと，次の図が得られ，M_{DB} は M に一致することがわかる．

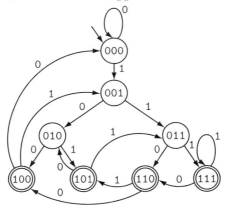

第 13 講

13.1　$M_{L_1 \cup L_2} = (Q_1 \cup Q_2 \cup \{q_0\}, \Sigma, \delta, q_0, F_1 \cup F_2)$，ここで，$q_0$ は $M_{L_1 \cup L_2}$ の開始状態として新しく導入する状態である．また，δ は次のように定義される．

$$\delta(q, a) = \begin{cases} \delta_1(q, a) & q \in Q_1 \text{ のとき} \\ \delta_2(q, a) & q \in Q_2 \text{ のとき} \\ \{q_1, q_2\} & q = q_0 \text{ かつ } a = \varepsilon \text{ のとき} \\ \emptyset & q = q_0 \text{ かつ } a \neq \varepsilon \text{ のとき} \end{cases}$$

13.2　$M_{L_1 \cdot L_2} = (Q_1 \cup Q_2, \Sigma, \delta, q_1, F_2)$，ここで，$\delta$ は次のように定義される．

$$\delta(q, a) = \begin{cases} \delta_1(q, a) & q \in Q_1 \text{ かつ } q \notin F_1 \text{ のとき} \\ \delta_1(q, a) & q \in F_1 \text{ かつ } a \neq \varepsilon \text{ のとき} \\ \delta_1(q, a) \cup \{q_2\} & q \in F_1 \text{ かつ } a = \varepsilon \text{ のとき} \\ \delta_2(q, a) & q \in Q_2 \text{ のとき} \end{cases}$$

13.3　$M_{L_1 *} = (Q_1 \cup \{q_0, q_f\}, \Sigma, \delta, q_0, \{q_f\})$，ここで，$\delta$ は次のように定義される．

$$\delta(q,a) = \begin{cases} \delta_1(q,a) & q \in Q_1 \text{ かつ } q \notin F_1 \\ \delta_1(q,a) & q \in F_1 \text{ かつ } a \neq \varepsilon \\ \delta_1(q,a) \cup \{q_f\} & q \in F_1 \text{ かつ } a = \varepsilon \\ \{q_f\} & q = q_0 \text{ かつ } a = \varepsilon \\ \emptyset & q = q_0 \text{ かつ } a \neq \varepsilon \\ \{q_1\} & q = q_f \text{ かつ } a = \varepsilon \\ \emptyset & q = q_f \text{ かつ } a \neq \varepsilon \end{cases}$$

13.4　$M_{\overline{L}} = (Q, \Sigma, \delta, q_0, Q - F)$

13.5　NFA の 1 つの例が次の (a) で与えられる．この場合，$M_{\overline{L}}$ は (b) のように与えられ，M_L も $M_{\overline{L}}$ も $\{0,1\}^*$ を受理する．

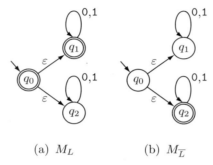

(a) M_L　　　　　　(b) $M_{\overline{L}}$

13.6　　　　　　　$M_{L_1 \cap L_2} = (Q_1 \times Q_2, \Sigma, \delta, (q_1, q_2), F_1 \times F_2)$
ここに，δ は次のように定義される．

$$\delta((q,r),a) = (\delta_1(q,a), \delta_2(q,a))$$

13.7　定理 13.3 を導くということは，「L_1 と L_2 が正規言語であるとき，$L_1 \cap L_2$ は正規言語である」ということを導くことである．一方，ド・モルガンの法則より，$\overline{L_1 \cap L_2} = \overline{L_1} \cup \overline{L_2}$．したがって，補集合演算を 2 回適用すると元に戻ることに注意すると，$L_1 \cap L_2 = \overline{\overline{L_1 \cap L_2}} = \overline{\overline{L_1} \cup \overline{L_2}}$．$L_1$ と L_2 が正規言語であるので，これに $\cup$ や $\overline{}$ の演算を適用して得られる $\overline{L_1}$，$\overline{L_2}$，$\overline{L_1} \cup \overline{L_2}$，$\overline{\overline{L_1} \cup \overline{L_2}}$ はすべて正規言語であり（正規言語のクラスが $\cup$ や $\overline{}$ の演算で閉じているので），したがって，$L_1 \cap L_2$ は正規言語である．

13.8　状態遷移関数 $\delta : (Q_1 \times Q_2) \times \Sigma \to Q_1 \times Q_2$ は解答 13.6 で定義されるものとする．また，受理状態の集合を $F = \{(q, q') \in Q_1 \times Q_2 \mid q \in F_1 \text{ または } q' \in F_2\}$ とおく．すると，言語 $L_1 \cup L_2$ を受理する $M_{L_1 \cup L_2}$ は $(Q_1 \times Q_2, \Sigma, \delta, (q_1, q_2), F)$ で与えられる．

13.9　L を任意の正規言語とし，L を受理する NFA $N = (Q, \Sigma, \delta, q_0, F)$ とする．新しく受理状態 q_f を導入し，F のすべての受理状態から q_f へ ε 遷移させることにより受理状態が 1 個の NFA へ等価変換し，この NFA を新しく $N = (Q, \Sigma, \delta, q_0, \{q_f\})$ とおく．その上で L^R を受理する NFA N_R の状態遷移を

$$q \xrightarrow[N]{a} q' \quad \Leftrightarrow \quad q \xleftarrow[N_R]{a} q'$$

と定める. ここに, $q \xleftarrow[N_R]{a} q'$ は $q' \xrightarrow[N_R]{a} q$ のことである. すなわち, N_R は N の状態遷移図の枝の向きを逆にしたもので, その状態遷移関数 δ_R と表す. また, N の開始状態と受理状態を逆転し, $N_R = (Q, \Sigma, \delta_R, q_f, \{q_0\})$ とする. すると, $w = w_1 w_2 \cdots w_n$ に対して

$$q_0 \xrightarrow[N]{w_1} p_1 \xrightarrow[N]{w_2} p_2 \rightarrow \cdots \rightarrow p_{n-1} \xrightarrow[N]{w_n} q_f$$
$$\Leftrightarrow \quad q_0 \xleftarrow[N_R]{w_1} p_1 \xleftarrow[N_R]{w_2} p_2 \leftarrow \cdots \leftarrow p_{n-1} \xleftarrow[N_R]{w_n} q_f$$

となるので, $w \in L(N) \Leftrightarrow w^R \in L(N_R)$ となる.

13.10　正規言語を次のように定義する. ここに, $L(r)$ は正規表現 r が表す言語である.

$$L \text{ が正規言語} \quad \Leftrightarrow \quad \text{正規表現 } r \text{ が存在して, } L = L(r).$$

L_1 と L_2 を正規言語とすると, 正規表現 r と s が存在して $L_1 = L(r)$, $L_2 = L(s)$. 一方, r と s が正規表現ならば $(r + s)$ は正規表現である (定義 10.1). したがって, $L(r + s)$ は正規言語となり, 定義 10.2 より, $L(r + s) = L(r) \cup L(s) = L_1 \cup L_2$ は正規言語となる. まとめると, L_1 と L_2 が正規言語ならば, $L_1 \cup L_2$ は正規言語となるので, 正規言語のクラスは $\cup$ の演算のもとで閉じている. 他の $\cdot$ や $*$ の演算についても同様に閉包性を導くことができる.

第 14 講

14.1　$\{a^n b^m a^m b^n \mid n \geq 0, m \geq 0\}$

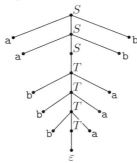

14.2　$(\{S\}, \{a, b\}, \{S \rightarrow aSa \mid bSb \mid \varepsilon\}, S)$

14.3　(1)　$\{xcycz \mid |x| = |z|, x \in \{a, b\}^*, y \in \{a, b\}^*, z \in \{a, b\}^*\}$

(2)　生成される系列の左右対称の対のポジションに, 少なくとも 1 回 a と b, または, b と a が現れるようにしておけばよい.

$$G' = (\{S, T, U\}, \{a, b\}, P', S)$$

ここに,

$$P' = \{S \rightarrow XSX \mid T,$$
$$T \rightarrow aUb \mid bUa,$$
$$U \rightarrow XUX \mid a \mid b \mid \varepsilon,$$
$$X \rightarrow a \mid b\}.$$

なお，P' の 3 番目の行は $U \to XU \mid \varepsilon$ に置き換えてもよい.

第 15 講

15.1　G_1 を書き換え規則が $A \to aB$, $A \to a$, $A \to \varepsilon$ のタイプの正規文法とする. この G_1 から次のように $A \to aB$ と $A \to \varepsilon$ のタイプの書き換え規則からなる正規文法をつくり，それを G_2 と表す. G_2 は，G_1 の $A \to a$ のタイプの書き換え規則を $A \to aX$ に置き換えた上で，$X \to \varepsilon$ を加えた文法とする. すなわち，$G_1 = (\Gamma_1, \Sigma, P_1, S)$ とするとき，$G_2 = (\Gamma_2, \Sigma, P_2, S)$ を次のように定義する.

$$\Gamma_2 = \Gamma_1 \cup \{X\}$$
$$P_2 = (P_1 - \{A \to a \mid A \to a \in P_1\}) \cup \{A \to aX \mid A \to a \in P_1\}$$
$$\cup \{X \to \varepsilon\}$$

次に，G_1 と G_2 は同じ言語を生成する（すなわち，$L(G_1) = L(G_2)$）ことを導く.

$L(G_1) \subseteq L(G_2)$ の証明：$w \in L(G_1)$ の導出 $S \xRightarrow[G_1]{*} w$ に現れる $A \to a$ のタイプを適用するステップを $A \to aX$ に続いて $X \to \varepsilon$ を適用するステップにすべて置き換えることにより（その他のステップは変更しないで）G_2 の導出 $S \xRightarrow[G_2]{*} w$ が得られる.

$L(G_1) \supseteq L(G_2)$ の証明：$w \in L(G_2)$ の導出 $S \xRightarrow[G_2]{*} w$ において，$A \to aX$ のタイプが適用されると，これにより現れる X はいずれは消去される（w には X が現れないから）ので，$X \to \varepsilon$ が適用される. このように $A \to aX$ と $X \to \varepsilon$ のタイプはペアで現れるので，この 2 つのステップを $A \to a$ の適用に置き換えることができる. これをすべてのペアに対して行えば，$S \xRightarrow[G_1]{*} w$.

15.2　右線形文法 $G_R = (P, \Sigma, P_R, S)$ から左線形文法 $G_L = (P \cup \{S_0\}, \Sigma, P_L, S_0)$ を定義する. ここに，$S_0 \notin P$. P_R の書き換え規則から P_L の書き換え規則を次の 3 つのタイプのルールで定める. ただし，P_L の書き換え規則は左辺と右辺を逆にして表す.

タイプ 1：　$X \to aY$　➡　$Xa \leftarrow Y$
タイプ 2：　$\varepsilon \leftarrow S$
タイプ 3：　$X \to aY$, かつ, $Y \to \varepsilon$　➡　$Xa \leftarrow S_0$

ここで，タイプ 3 のルールは，P_R に $X \to aY$ と $Y \to \varepsilon$ のタイプの書き換え規則が存在するとき，P_L に $Xa \leftarrow S_0$ の書き換え規則を加えることを意味する. また，タイプ 2 は，タイプ 1 やタイプ 3 の場合と異なり，無条件に書き換え規則 $\varepsilon \leftarrow S$ を P_L に加えることを意味する. なお，G_L では，S_0 が開始記号で，$S \in P$ は開始記号ではなくなる.

15.3　この問題では $\Rightarrow$ 向きの証明を与えるが，$\Leftarrow$ 向きの証明も同様である. この定理の証明にあるように有限オートマトン $M = (Q, \Sigma, \delta, q, F)$ から正規文法 $G_M = (\{A_q \mid q \in Q\}, \Sigma, P, A_{q_0})$ を定義し，$L(M) \subseteq L(G_M)$ と $L(M) \supseteq L(G_M)$ を示し，$L(M) = L(G_M)$ を導く.

$L(M) \subseteq L(G_M)$ の証明：

$$\begin{pmatrix} 長さ n の w_1 \cdots w_n \in \Sigma^* に対して \\ q_0 \xrightarrow{w_1} p_1 \xrightarrow{w_2} \cdots \xrightarrow{w_n} p_n, \; かつ, \; p_n \in F \end{pmatrix}$$

$$\Rightarrow \begin{pmatrix} 受理状態 p_n \in F に対して，A_{p_n} \to \varepsilon \in P を書き換え規則としているので， \\ A_{q_0} \Rightarrow w_1 A_{p_1} \Rightarrow w_1 w_2 A_{p_2} \Rightarrow \cdots \Rightarrow w_1 \cdots w_n A_{p_n} \Rightarrow w_1 w_2 \cdots w_n \end{pmatrix}$$

$L(M) \supseteq L(G_M)$ の証明：

$$\begin{pmatrix} 長さ\ n\ の\ w_1 \cdots w_n \in \Sigma^*\ に対して \\ A_{q_0} \Rightarrow w_1 A_{p_1} \Rightarrow w_1 w_2 A_{p_2} \Rightarrow \cdots \Rightarrow w_1 \cdots w_n A_{p_n} \Rightarrow w_1 \cdots w_n \end{pmatrix}$$

$$\Rightarrow \begin{pmatrix} G_M\ における導出の最後のステップで\ A_{p_n} \to \varepsilon\ が使われていることより,\ p_n \\ は受理状態であり,\ かつ, \\ q_0 \xrightarrow{w_1} p_1 \xrightarrow{w_2} p_2 \longrightarrow \cdots \xrightarrow{w_n} p_n \end{pmatrix}$$

15.4　導出木 T_1 と T_2 のそれぞれにおいて $x > 0$ と $y > 0$ の条件が成立するかしないかによる場合分けと表示される"1"と"2"との関係は次の図のようになる.

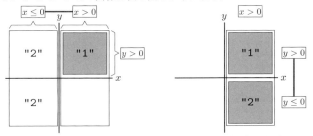

導出木 T_1 の解釈の場合　　　　導出木 T_2 の解釈の場合

15.5　新しく非終端記号 X と Y を導入し, $CB \to BC$ を (3)′ の条件を満たす次の 4 つの書き換え規則で置き換える.

$$CB \to XB \quad XB \to XY \quad XY \to BY \quad BY \to BC$$

たとえば, $CB \to XB$ を $sAt \to srt$ の形とみなすためには, $s = \varepsilon$, $A = C$, $r = X$, $t = B$ とすればよい. ただし, 新しく導入する X と Y は置き換える規則（この場合は $CB \to BC$）ごとに異なるものとする. なお, この手法は簡単に一般化でき, 生成する言語を変えることなしに, (3) の条件を満たす書き換え規則を (3)′ の条件を満たす書き換え規則に置き換えることができる.

15.6

$$G = (\Gamma, \{\mathsf{a}, \mathsf{b}, \mathsf{c}\}, P, S)$$

ここに,

$$\begin{aligned}
\Gamma = \{&S, A, B, C, T_\mathsf{a}, T_\mathsf{b}, T_\mathsf{c}\}, \\
P = \{\ &S \ \to ABBCCCS \mid ABBCCT_\mathsf{c}, \\
&CA \to AC, \\
&BA \to AB, \\
&CB \to BC, \\
&CT_\mathsf{c} \to T_\mathsf{c}\mathsf{c}, \\
&BT_\mathsf{c} \to T_\mathsf{b}\mathsf{c}, \\
&BT_\mathsf{b} \to T_\mathsf{b}\mathsf{b}, \\
&AT_\mathsf{b} \to T_\mathsf{a}\mathsf{b}, \\
&AT_\mathsf{a} \to T_\mathsf{a}\mathsf{a}, \\
&T_\mathsf{a} \ \to \mathsf{a}\ \}.
\end{aligned}$$

15.7　(1)　$L(G_1) = \{w \in \{a, b\}^* \mid |w|$ は奇数$\}$

(2)
$$P_2 = \{S \to aT \mid bT, T \to aS \mid bS \mid \varepsilon\}$$

とすると，正規文法 $G_2 = (\{S, T\}, \{a, b\}, P_2, S)$ は $L(G_1)$ を生成する．

第 16 講

16.1　$\{S \to aSa \mid bSb \mid a \mid b \mid \varepsilon\}$

16.2　$\{S \to S_1C \mid AS_2, S_1 \to aS_1b \mid \varepsilon, S_2 \to bS_2c \mid \varepsilon, C \to cC \mid \varepsilon, A \to aA \mid \varepsilon\}$

16.3　$\{S \to aSb \mid A, A \to BB, B \to bBa \mid \varepsilon\}$

16.4　$\{S \to aSbB \mid \varepsilon, B \to b \mid \varepsilon\}$

16.5　$\{S \to S_1S_2, S_1 \to aS_1b \mid \varepsilon, S_2 \to bS_2c \mid \varepsilon\}$

16.6　$\{S \to TST \mid B\sharp B, T \to BaB, B \to bB \mid \varepsilon\}$

16.7　$\{S \to SS \mid T, T \to aTb \mid \varepsilon\}$

16.8　問題の 2 つの条件が等価なことは，通常，系列 w の長さに関する数学的帰納法で証明されるが，ここでは，等価性を感覚的につかんでもらうために直感的に説明する．以下の証明と正確に対応するわけではないが，図 21.3 を参照しながら読み進めてもらいたい．

⇒：導出木を上下逆転したものを手掛かりにして，導出木に現れる各非終端記号にインターバルと呼ばれるものを対応させると，$N_\langle(w') - N_\rangle(w')$ をプロットするグラフが得られることを導く．

系列 w の導出木に現れる個々の非終端記号 S に対して，次の様に $[(x, y), (x + |w'|, y)]$ と表されるインターバルを割り当てる．ここに，w' は S から導出される系列で w の部分系列である．このインターバルは，w を x 軸上に並べたとき，w' は x から $x + |w'|$ の範囲に渡ることを意味する．ここに，$|\ |$ は系列の長さを表す．

インターバルは導出木の根から葉に向けて再帰的に次のように定義される．ただし，同じ非終端記号 S を区別するため適当に S' や S'' を用いる．

ベース：導出木の根の S に対して，$[(0, 0), (|w|, 0)]$ を割り当てる．

帰納ステップ：

(1)　$S \to (S')$ が適用され，S に $[(x, y), (x + k, y)]$ が割り当てられているならば，S' に $[(x + 1, y + 1), (x + k - 1, y + 1)]$ を割り当てる．

(2)　$S \to S'S''$ が適用され，S に $[(x, y), (x + k, y)]$ が割り当てられているならば，S' に $[(x, y), (x + |w'|, y)]$ を割り当て，S'' に $[(x + k - |w''|, y), (x + k, y)]$ を割り当てる．ここに，この導出木において，$S' \overset{*}{\Rightarrow} w'$, $S'' \overset{*}{\Rightarrow} w''$ とする．

このように定義されたインターバル $[(x, y), (x + k, y)]$ の点 (x, y) と $(x + k, y)$ をプロットすると問題 16.8 の (1) と (2) の条件を満たすグラフが得られる．なお，インターバルの点のプロットでは，帰納ステップの (1) で $(x, y) \to (x + 1, y + 1)$ と $(x + k - 1, y + 1) \to (x + k, y)$ の 2 つのラインが描かれる．

⇐：系列 w に対して $N_\langle(w') - N_\rangle(w')$ をプロットしたグラフ（図 16.1 参照）をつくる．このグラフ上の点で整数 i, j に対して (i, j) と表される点を交点と呼ぶことにする．2 つの交点 (x, y), $(x + k, y)$ が，この 2 点間の交点はすべて上方に存在するという条件を満たすとき，インターバルと呼び $[(x, y), (x + k, y)]$ と表す．すなわち，「任意の交点 (x', y') に対して，$x < x' < x + k \Rightarrow y' > y$」という条件である．また $[(x, y), (x + 2, y)]$ がインターバルで，$(x + 1, y + 1)$ が交点のとき，この交点を頂点と呼ぶ．このようにインターバルと頂点を定義すると，系列 w を生成する書き換え規則は次の (1), (2), (3) により決まる．

(1)　$[(x,y),(x+k,y)]$ と $[(x+1,y+1),(x+k-1,y+1)]$ がインターバルのとき，$S \to (S)$ を適用する．

(2)　$m \geq 2$ に対して，$[(x_0,y),(x_1,y)]$, $[(x_1,y),(x_2,y)]$, ..., $[(x_{m-1},y),(x_m,y)]$ がインターバルであるとき，$S \to SS$ を $m-1$ 回適用する．

(3)　(x,y) が頂点であるとき，$S \to \varepsilon$ を適用する．

グラフからインターバルと頂点を定義した上で，上の (1)，(2)，(3) により決まる書き換え規則を次々と適用すると，系列 w が導出される．

16.9　　　　　　　　　　$(\{S\}, \{\mathsf{a}, \mathsf{b}, \varepsilon, \emptyset, +, \cdot, *, (,)\}, P, S)$

ここに，P は次のように与えられる．

$$P = \{S \to \mathsf{a} \mid \mathsf{b} \mid \varepsilon \mid \emptyset \mid (S+S) \mid (S \cdot S) \mid (S^*)\}$$

16.10　(1)　系列 w に対応するグラフが原点で始まり，x 軸上の点で終る．

(2)　G の書き換え規則を次のように定める．

$$S \to \mathsf{a}BB \mid \mathsf{b}A \mid \varepsilon \quad A \to \mathsf{a}B \mid \mathsf{b}C$$
$$B \to \mathsf{b}S \mid \mathsf{a}BBB \quad C \to \mathsf{a}S \mid \mathsf{b}AC \mid \mathsf{b}CA$$

少しわかり難い $C \to \mathsf{a}S \mid \mathsf{b}AC \mid \mathsf{b}CA$ について説明する．C から導出されるのは $f(w)=2$ となる系列 w である．w の先頭は a または b なので，これらの場合に分けて考える．$w = \mathsf{a}w'$ とおくと，$f(w')=0$ なので，$C \to \mathsf{a}S$ を規則として加える．$w = \mathsf{b}w'$ のときは，$f(w')=3$ となる．$f(w')=3$ となる w' を導出する非終端記号はないので，A と C で w' を導出する．しかし，次の図に示すように w' には CA だけから導出される系列 aab や AC だけから導出される系列 baa が存在するので，$C \to \mathsf{b}AC \mid \mathsf{b}CA$ を規則として加える．

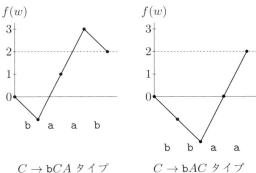

$C \to \mathsf{b}CA$ タイプ　　　　$C \to \mathsf{b}AC$ タイプ

第 17 講 ══════════════════════════════════════

17.1　$A \to uv$ のタイプでチョムスキーの標準形として許されるのは，$u \in \Gamma$ かつ $v \in \Gamma$ となるものだけである．その他の場合は，次のように等価変換すればチョムスキーの標準形となる．

- $\{A \to \mathsf{ab}\}$ ➡ $\{A \to X_\mathsf{a}X_\mathsf{b}, X_\mathsf{a} \to \mathsf{a}, X_\mathsf{b} \to \mathsf{b}\}$
- $\{A \to \mathsf{a}B\}$ ➡ $\{A \to X_\mathsf{a}B, X_\mathsf{a} \to \mathsf{a}\}$
- $\{A \to B\mathsf{a}\}$ ➡ $\{A \to BX_\mathsf{a}, X_\mathsf{a} \to \mathsf{a}\}$

ここに，$\mathsf{a}, \mathsf{b} \in \Sigma$, $A, B, X_\mathsf{a}, X_\mathsf{b} \in \Gamma$．

17.2

(1) S_0 の導入：

$S_0 \to S$

$S \to (S) \mid SS \mid \varepsilon$

(2) $S \to \varepsilon$ の除去（$S \to \varepsilon$ の除去で生じる $S \to \varepsilon$ も除去）：

$S_0 \to S \mid \varepsilon$

$S \to (S) \mid (\,) \mid SS$

(3) $S_0 \to S$ の除去：

$$\begin{array}{cccc} 1 & 2 & 3 & 4 \end{array}$$

$S_0 \to (S) \mid (\,) \mid SS \mid \varepsilon$

$$\begin{array}{ccc} 5 & 6 & 7 \end{array}$$

$S \to (S) \mid (\,) \mid SS$

(4) 長列規則の除去：

1 $S_0 \to X_{(} A_2,\ A_2 \to SX_{)}$

2 $S_0 \to X_{(} X_{)}$

3 $S_0 \to SS$

4 $S_0 \to \varepsilon$

5 $S \to X_{(} B_2,\ B_2 \to SX_{)}$

6 $S \to X_{(} X_{)}$

7 $S \to SS$

8 $X_{(} \to (,\ X_{)} \to)$

17.3　導出の最初は $S \to AB$ のタイプの書き換え規則を適用し，その後 $A \to BC$ のタイプの規則を繰返し適用する．最後に，$A \to a$ のタイプの規則を適用して非終端記号をすべて終端記号に変換する．このような導出で長さ n の系列の導出のステップ数は，n 個の非終端記号を導出するのに $n-1$ ステップかかり，これら n 個の非終端記号を終端記号に変換するのに n ステップかかる．したがって，導出のステップ数は $2n-1$ となる．

第 18 講

18.1　m を反復補題の定数として，L の系列 $\mathsf{a}^m \mathsf{b}^m \mathsf{c}^m$ に注目する．反復補題より $\mathsf{a}^m \mathsf{b}^m \mathsf{c}^m$ は $uvxyz$ と表され，図 18.3 に示すように，$|vxy| \le m$ が $\mathsf{a}^m \mathsf{b}^m$ にカバーされる場合 (a) と，$\mathsf{b}^m \mathsf{c}^m$ にカバーされる場合 (b) に分かれる．(a) の場合は，$uvxyz$ から v と y を抜いて系列 uxz をつくると，$|vy| \ge 1$ より $N_\mathsf{a}(uxz) < m$，または，$N_\mathsf{b}(uxz) < m$ となる．一方，$N_\mathsf{c}(uxz) = m$ なので，これは $uxz \in L$ に矛盾する．(b) の場合も同様に矛盾が導かれる．

18.2　m を反復補題の定数として，L の系列 $\mathsf{a}^m \mathsf{b}^m \mathsf{c}^m$ に注目する．$\mathsf{a}^m \mathsf{b}^m \mathsf{c}^m$ は $uvxyz$ と表され，図 18.3 の (a) と (b) の場合に分かれる．(a) の場合は，$|vy| \ge 1$ より $N_\mathsf{a}(uv^2xy^2z) > m$，または，$N_\mathsf{b}(uv^2xy^2z) > m$ となる．一方，$N_\mathsf{c}(uv^2xy^2z) = m$ なので，これは $uv^2xy^2z \in L$ に矛盾する．また，(b) の場合は，$|vy| \ge 1$ より $N_\mathsf{b}(uxz) < m$，または，$N_\mathsf{c}(uxz) < m$ となる．一方，$N_\mathsf{a}(uxz) = m$ なので，これは $uxz \in L$ に矛盾する．

18.3　m を反復補題の定数として，L の系列 $\mathsf{a}^m \sharp \mathsf{a}^m \sharp \mathsf{a}^m$ に注目する．$\mathsf{a}^m \sharp \mathsf{a}^m \sharp \mathsf{a}^m$ は $uvxyz$ と表され，図 18.3 の (a) と (b) の場合に分かれる（ただし，$\sharp$ で区切られた 3 つの a^m をそれぞれ a^m, b^m, c^m に対応させる）．ここで，$uvxyz$ から v と y を抜いて系列 uxz をつくると，この系列は $\mathsf{a}^i \sharp \mathsf{a}^j \sharp \mathsf{a}^k$ と表される．$uxz \in L$ より，記号 $\sharp$ は削られることはないからである．(a) の場合，$|vy| \ge 1$ より $i < m$，または，$j < m$ となる．しかし，この場合は $k = m$ なので，これは $uxz \in L$

に矛盾する．(b) の場合も同様に矛盾が導かれる．

18.4　　一般に，$A \to BC$ または $A \to \mathsf{a}$ のタイプの書き換え規則のチョムスキーの標準形の文脈自由文法の導出木で，根から葉までのどのパスも長さが h 以下のものが導出し得る終端記号からなる系列の長さは 2^{h-1} を超えることはできない．どのパスにおいても，最後は $A \to \mathsf{a}$ のタイプの書き換えにより葉がつくられるからである．したがって，もし長さが $2^{h-1}+1$ 以上の系列が導出されるとすると，その導出木には長さが $h+1$ 以上のものが存在することになる．ここで，$h = k$ とおくと，その導出木には長さが $k+1$ 以上のパスが存在する（このパスには，非終端記号が $k+1$ 個以上と終端記号が 1 個現れる）．したがって，このパス上には同じ非終端記号が 2 回以上現れることになり，図 18.1 のような状況が起り，$|vy| \geq 1$ の条件より，定理 18.1 の $uv^i xy^i z$ の形の系列が無限に生成されることになる．

第 19 講

19.1　　受理条件が (1)，(2)，(3) の PDA をそれぞれ M_1，M_2，M_3 で表す．受理条件が異なる PDA 間で，一方が他方を模倣することを，次の 3 つのケースについて導く．これにより，(1)，(2)，(3) の受理条件の間に，(1) $\Rightarrow$ (2)，(2) $\Rightarrow$ (3)，(3) $\Rightarrow$ (1) が成立することが導かれる．したがって，任意の $i, j \in \{1, 2, 3\}$ に対して，$(i) \Leftrightarrow (j)$ が成立し，3 つの受理条件が等価であることが示される．

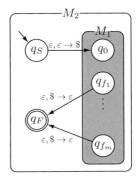

　場合 1　M_1 を M_2 で模倣：M_2 は，M_1 の状態遷移図に状態遷移の枝を右の図のように追加して構成される．M_1 の開始状態は q_0 で，受理状態は q_{f_1}, ..., q_{f_m} である．また，M_2 の開始状態は q_S で，受理状態は q_F である．M_1 が入力を受理するのは，q_0 からスタートして q_{f_1}, ..., q_{f_m} のいずれかの状態に遷移し，かつ，そのときのスタックが空となるときである．これは，M_2 では q_S からスタートして，q_F に遷移したときである．q_{f_1}, ..., q_{f_m} のいずれかから q_F に遷移するのはスタックが空となっている場合に限られるからである．このように，M_1 における (1) の条件は M_2 における (2) の条件と等価となる．

　残りの 2 つのケースも同様に導かれるので，ポイントだけを説明しておく．

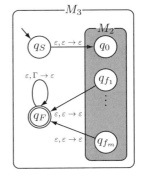

　場合 2　M_2 を M_3 で模倣：右の図のように M_3 を構成すれば，M_2 で受理状態に遷移するとき，M_3 では状態 q_F に遷移し，q_F で $q_F \xrightarrow{\varepsilon, \Gamma \to \varepsilon} q_F$ の状態遷移を繰り返すと（任意のスタック記号をポップして）スタックはいずれは空となる．M_3 の受理状態の集合を $F = \{q_F\}$ としているが，$F = \emptyset$ とし，q_F を受理状態と指定しなくてもよい．なお，他の場合と対比させるため，新たに開始状態 q_S を導入しているが，これを導入せず，q_0 を M_3 の開始状態としてもよい．

場合 3 M_3 を M_1 で模倣：M_1 を右の図のように構成すると、M_3 でスタックが空であるという条件は、M_1 では受理状態で、かつ、スタックは空であるという条件に等価となる。M_3 の状態集合 Q は、$Q = \{q_0, q_1, \ldots, q_m\}$ で、任意の $q \in Q$ に対して $q \xrightarrow{\varepsilon, \$ \to \varepsilon} q_F$ とする。M_1 で $q_S \xrightarrow{\varepsilon, \varepsilon \to \$} q_0$ とプッシュされる $\$$ は M_3 ではポップされることはないという条件が必要となるので、$\$$ は M_3 のスタックアルファベットには含まれない記号とする。

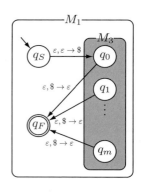

19.2

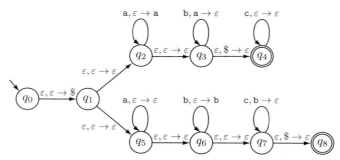

19.3 系列 $a^i b^j$ を受理する PDA の動作の基本は a^i ではプッシュを繰り返し、これを残りの b^j でポップを繰り返すことにより空スタック受理することである。この際、b^j の長さが a^i より $j-i$ だけ長いので、a^i を入力する間に $a^{i+(j-i)}$ だけプッシュされているようにする。そのため $(j-i)$ 回は入力 a で aa をプッシュし、残りの回は入力 a で a をプッシュする。この場合の、aa のプッシュか、a のプッシュかは非決定的に決める。この動作を状態遷移図として表すと次の図のようになる。

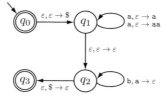

19.4 系列 $a^i b^j c^k$ （ただし、$j = i + k$）を受理する PDA は、a^i を入力する間に X^i をプッシュし、b^j を入力する間にまず初めの b^i で X^i をポップし、残りの b^{j-i} $(= b^k)$ の間に X^{j-i} をプッシュし、この X^{j-i} を残りの c^k を入力する間にポップする。入力する系列に対する条件より、$j-i = k$ となるので、最後にスタックは空となった時点で、空スタック受理する。この動作を状態遷移図として表すと次の図のようになる。

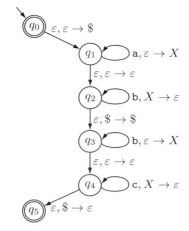

19.5　記号 a に関しては，♯ が入力されるまでは a を入力するたびに X をプッシュし，♯ が入力
された後は a を入力するたびに X をポップし，空スタック受理する．また，記号 b に関しては，ス
タック操作なしで，読み飛ばす．この動作を状態遷移図として表すと次の図のようになる．

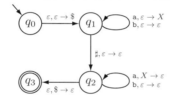

19.6　a^i による i 回のプッシュの後，b^i による i 回のポップで $a^i b^i$ は空スタック受理できるの
で，この動作全体を任意の回数繰り返すようにすればよい．次の図はその状態遷移図である．

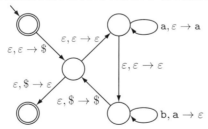

19.7　例 19.3 の PDA を参考にして構成する．この問題の場合は，受理される系列 w は
$N_a(w) \leq N_b(w) \leq 2N_a(w)$ の条件を満たすので，系列 w に現れる b の個数は a の個数より
$N_b(w) - N_a(w)$ だけ多い．そこで，仮想的にカウンターを想定し，次のように各入力記号に対して
カウンターを増減する．
   (1)　$N_b(w) - N_a(w)$ 個分の a に対して，$+2$.
   (2)　残りの $2N_a(w) - N_b(w)$ 個分の a に対して，$+1$.
   (3)　b に対して，-1.
ここに，(1) か (2) かは非決定的に選択する．このようにカウンターの内容を更新することにし，カ

ウンターが 0 のとき入力 w を受理することにすれば，求める PDA は構成できる．ただし，カウンターは 0 に初期設定しておく．

　この仮想的なカウンターは，スタックを用いて実現する．カウンターとして使うスタックの内容は，a だけからなる系列であるか，または，b だけからなる系列である．スタックの内容が a の系列で長さが i の場合は，$+i$ とみなし，b の系列で長さが i の場合は $-i$ とみなす．

　このような考えで構成される PDA の状態遷移図を次に与える．上の (1)，(2)，(3) のカウンターの増減は，それぞれ次のような状態遷移で実現される．

(1)　$q_1 \xrightarrow{\text{a},\varepsilon \to \text{aa}} q_1$，$q_1 \xrightarrow{\text{a},\text{b} \to \text{a}} q_1$，$q_1 \xrightarrow{\text{a},\text{b} \to \varepsilon} q_2 \xrightarrow{\varepsilon,\text{b} \to \text{b}} q_1$

(2)　$q_1 \xrightarrow{\text{a},\varepsilon \to \text{a}} q_1$，$q_1 \xrightarrow{\text{a},\text{b} \to \varepsilon} q_1$

(3)　$q_1 \xrightarrow{\text{b},\varepsilon \to \text{b}} q_1$，$q_1 \xrightarrow{\text{b},\text{a} \to \varepsilon} q_1$

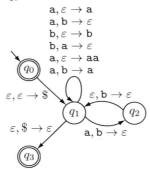

　これらの (1)，(2)，(3) の状態遷移で，スタックが上に述べたようにカウンターとして働かせるには，非決定性動作で下の表のように状態遷移が選べばよい．このように非決定性動作が選ばれると，スタックが空となり系列は受理される．ただし，スタックの内容として底の\$は省略している．

場合 ＼ スタックの内容	$\text{a}^i \ (i \geq 1)$	ε	b	$\text{b}^i \ (i \geq 2)$	
(1)	$q_1 \xrightarrow{\text{a},\varepsilon \to \text{aa}} q_1$	$q_1 \xrightarrow{\text{a},\varepsilon \to \text{aa}} q_1$	$q_1 \xrightarrow{\text{a},\text{b} \to \text{a}} q_1$	$q_1 \xrightarrow{\text{a},\text{b} \to \varepsilon} q_2$	$\xrightarrow{\varepsilon,\text{b} \to \text{b}} q_1$
(2)	$q_1 \xrightarrow{\text{a},\varepsilon \to \text{a}} q_1$	$q_1 \xrightarrow{\text{a},\varepsilon \to \text{a}} q_1$		$q_1 \xrightarrow{\text{a},\text{b} \to \varepsilon} q_1$	
(3)	$q_1 \xrightarrow{\text{b},\text{a} \to \varepsilon} q_1$	$q_1 \xrightarrow{\text{b},\varepsilon \to \text{b}} q_1$		$q_1 \xrightarrow{\text{b},\varepsilon \to \text{b}} q_1$	

　この表のように，非決定性動作で状態遷移が実行されれば，上に説明したようにスタックはカウンターとして働く．この表の状態遷移の選び方のポイントは，スタックの現時点の系列の記号と異なる記号は可能な限りプッシュしないようにすることである（a と b がスタックに蓄えられることのないように）．非決定性の状態遷移にこの表のような制約を課さないと，スタックには a と b の記号が同時に蓄えられることもある．たとえば，入力系列が $\text{a}^{10}\text{b}^{12}$ で，初めの a^2 が (1) として，残りの a^8 が (2) として非決定性動作が選ばれたとしよう．初めの a^2 で $q_1 \xrightarrow{\text{a},\varepsilon \to \text{aa}} q_1$ を 2 回実行した後，残りの a^8 で $q_1 \xrightarrow{\text{a},\varepsilon \to \text{a}} q_1$ を 8 回実行し，最後の b^{12} で $q_1 \xrightarrow{\text{b},\varepsilon \to \text{b}} q_1$ を 12 回実行した（上の表に従うと，b^{12} では $q_1 \xrightarrow{\text{b},\text{a} \to \varepsilon} q_1$ が 12 回実行される）とすると，スタックの内容は $\text{b}^{12}\text{a}^{12}$ となる．この場合のスタックの内容を，a を $+1$ とし，b を -1 としてカウントすると，すべての記号にわたる総和は 0 となる．しかし，スタックは $\text{b}^{12}\text{a}^{12}$ で空ではない．一方，上の表の状態遷移が従うとするとスタックは空となる．

第 20 講 ══════════════════════════════════════

20.1

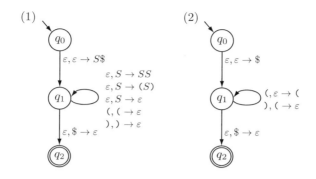

第 21 講 ══════════════════════════════════════

21.1　この場合は，プッシュの状態遷移 $q_0 \xrightarrow{\varepsilon,\varepsilon\to\$} q_1$ とポップの状態遷移 $q_1 \xrightarrow{\varepsilon,\$\to\varepsilon} q_2$ に基づいて，タイプ 1 の書き換え規則 $A_{q_0 q_2} \to A_{q_1 q_1}$ がつくられている．これらの状態遷移で入力記号が読み込まれないので，$A_{q_0 q_2} \to A_{q_1 q_1}$ の右辺に終端記号が現れない．

21.2　状態遷移 $q \xrightarrow{a,b\to c_1 c_2 \cdots c_m} q'$ は，系列 b と $c_1 \cdots c_m$ に注目すると，次の A，B，C，D に場合分けされる．

場合	b	$c_1 c_2 \cdots c_m$
A	$\neq \varepsilon$	$\neq \varepsilon$
B	$= \varepsilon$	$= \varepsilon$
C	$= \varepsilon$	$\neq \varepsilon$
D	$\neq \varepsilon$	$= \varepsilon$

場合 A は，定理 21.1 の証明の場合 1 であり，場合 B は場合 2 である．また，場合 D は $b \in \Gamma$，$c_1 c_2 \cdots c_m = \varepsilon$ であるので，階段化された状態遷移である．したがって，定理 21.1 の証明で残されているのは場合 C で，この場合の状態遷移は $q \xrightarrow{a,\varepsilon\to c_1 c_2 \cdots c_m} q'$ と表される．この状態遷移は，図 21.5 において $q \xrightarrow{a,b\to\varepsilon} r_1$ を取り除き，r_1 を q で置き換えるなどすれば階段化される．

21.3

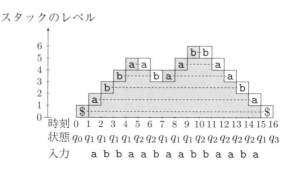

スタックのレベル

Aq_2q_2

Aq_2q_2

b Aq_2q_2 b

b Aq_2q_2 b a Aq_2q_2 a

Aq_1q_1 Aq_1q_2

b Aq_1q_2 b

a Aq_1q_2 a

Aq_1q_1

Aq_0q_3

```
スタックのレベル
6
5
4
3
2
1
0
時刻  0 1 2 3 4 5 6 7 8 9 10 11 12 13 14 15 16
状態  q₀ q₁ q₁ q₁ q₁ q₂ q₂ q₁ q₂ q₂ q₂ q₂ q₂ q₂ q₁ q₃
入力    a b b a a b a a b b a a b a
```

21.4　定理 21.1 の証明のように，PDA M を模倣する CFG を G とする.

　⇒ の証明：この証明の PDA M の遷移のステップ数 k に関する数学的帰納法で証明する.

　ベース：$k = 1$ のとき M は入力を読み込まないので，$p \xrightarrow[\text{emp}]{\varepsilon} p$ の遷移しかない. 一方，$A_{pp} \to \varepsilon$ は書き換え規則として定義されているので，$A_{pp} \Rightarrow \varepsilon$.

　帰納法のステップ：遷移のステップ数が k 以下のとき ⇒ の向きは成立すると仮定して，ステップ数が $k+1$ の遷移で $p \xrightarrow[\text{emp}]{w} q$ と仮定する.

　場合 1　$p \xrightarrow[\text{emp}]{w} q$ の遷移の途中でスタックが空となることはない場合

$r, s \in Q$, $a, a' \in \Sigma_\varepsilon$, $b \in \Gamma$, $w' \in \Gamma^*$ が存在して

$$w = aw'a',$$
$$p \xrightarrow{a,\varepsilon \to b} r \xrightarrow[\text{emp}]{w'} s \xrightarrow{a',b \to \varepsilon} q$$

となる. このとき，$r \xrightarrow[\text{emp}]{w'} s$ は $k-1$ ステップの遷移となるので，帰納法の仮定より，$A_{rs} \overset{*}{\Rightarrow} w'$. また，$p \xrightarrow{a,\varepsilon \to b} r$, $s \xrightarrow{a',b \to \varepsilon} q$ より，$A_{pq} \to aA_{rs}a'$ は G のタイプ 1 の規則である. したがって，$A_{pq} \Rightarrow aA_{rs}a' \overset{*}{\Rightarrow} aw'a' (= w)$.

　場合 2　$p \xrightarrow[\text{emp}]{w} q$ の遷移の途中でスタックが空となる場合

$r \in Q$ と $w = w'w''$ となる $w', w'' \in \Sigma^*$ が存在して

$$p \xrightarrow[\text{emp}]{w'} r, \quad r \xrightarrow[\text{emp}]{w''} q$$

となる. これらの遷移のステップ数はいずれも k 以下であるで，帰納法の仮定より，$A_{pr} \overset{*}{\Rightarrow} w'$, $A_{rq} \overset{*}{\Rightarrow} w''$. したがって，$A_{pq} \to A_{pr}A_{rq}$ はタイプ 2 の書き換え規則であるので，$A_{pq} \Rightarrow A_{pr}A_{rq} \overset{*}{\Rightarrow} w'w'' (= w)$.

　⇐ の証明：導出のステップ数 k に関する数学的帰納法で証明する.

ベース：$k = 1$ のとき，A_{pq} から Σ^* の系列が導出されるのは $A_{pp} \Rightarrow \varepsilon$ の場合のみである．一方，定義より $p \xrightarrow[\text{emp}]{\varepsilon} p$.

帰納法のステップ：導出のステップ数が k 以下のとき $\Leftarrow$ の向きは成立すると仮定して，ステップ数が $k+1$ のときも成立することを導く．$A_{pq} \xRightarrow{(k+1)} w$ と仮定する．ここで，$A_{pq} \xRightarrow{(k+1)} w$ は $k+1$ 回の書き換え規則の適用で w が導出されることを表す．

場合 1　$r, s \in Q$，$a, a' \in \Sigma_\varepsilon$ が存在して，$A_{pq} \Rightarrow a A_{rs} a' \xRightarrow{(k)} w$ のとき

この場合，w は $w = a w' a'$ と表され，$A_{rs} \xRightarrow{(k)} w'$. したがって，帰納法の仮定より $r \xrightarrow[\text{emp}]{w'} s$. 一方，$A \to a A_{rs} a'$ が規則であることより，$b \in \Gamma$ が存在して

$$p \xrightarrow{a, \varepsilon \to b} r, \quad s \xrightarrow{a', b \to \varepsilon} q.$$

よって，

$$p \xrightarrow{a, \varepsilon \to b} r \xrightarrow[\text{emp}]{w'} s \xrightarrow{a', b \to \varepsilon} q.$$

したがって，$w = a w' a'$ より

$$p \xrightarrow[\text{emp}]{w} q.$$

場合 2　$r \in Q$ が存在して，$A_{pq} \Rightarrow A_{pr} A_{rq} \xRightarrow{(k)} w$ のとき

このとき，w は $w = w' w''$ と表され，$A_{pr} \xRightarrow{\leq k} w'$，$A_{rq} \xRightarrow{\leq k} w''$. ここで，$\xRightarrow{\leq k}$ は k より少ない回数の書き換えで導出されることを表す．したがって，帰納法の仮定より，

$$p \xrightarrow[\text{emp}]{w'} r, \quad r \xrightarrow[\text{emp}]{w''} q.$$

したがって，$w = w' w''$ より

$$p \xrightarrow[\text{emp}]{w} q.$$

第 22 講

22.1

図 22.4 のフローチャート	図 22.5 の状態遷移図
$B \to C$	$q_2 \to q_5$ または $q_4 \to q_5$
$A \to D \to E$	$q_0 \to q_7 \to q_A$

22.2

図 22.8 のフローチャート	図 22.9 の状態遷移図
$B \to D$	$q_2 \to q_R$
$E \to F$	$q_3 \to q_R$
$E \to G$	$q_1 \to q_3 \to q_A$

22.3

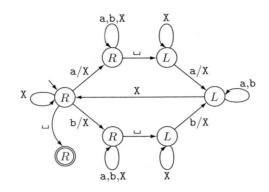

22.4

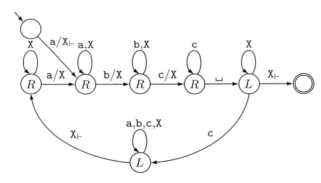

第 23 講

23.1　一般化した TM M を模倣する一般化しない TM を M' と表す. M の状態遷移 $q \xrightarrow{\text{a/a}',S} q'$ を M' は 2 ステップの状態遷移 $q \xrightarrow{\text{a/a}',R} p$ と $p \xrightarrow{\Gamma,L} q'$ で模倣するようにする. この 2 ステップでは, いったん右移動した後左移動するのでヘッドは元のマスに戻り, 初めのステップで記号の書き換えを行い, 2 番目のステップで状態 q' へ遷移を行う. ここで, $p \xrightarrow{\Gamma,L} q'$ は読んだ記号によらず (記号を書き換えることなしに) 左へ移動し, 状態 q' へ遷移することを表す. 中継点となる状態 p は, 置き換える状態遷移 $q \xrightarrow{\text{a/a}',S} q'$ ごとに新しい状態を導入し, それぞれの状態遷移の中継点としてだけ働くようにする. この変更を S が現れる $q \xrightarrow{\text{a/a}',S} q'$ のタイプのすべての状態遷移に対して行えば, 求める TM M' が構成される.

23.2　この定理の模倣では, $Q_L \cup Q_R$ を Q で置き換えることはできない. ステージ 1 とステージ 3 のどちらの場合も, TM の初めの状態は $(q, \sharp, \sharp, \sharp, \sharp, \sharp)$ となり, この状態でヘッドの見ている記号が同じとすると次の動作は同一となり, それぞれのステージに対応する動作を実行できないことになるからである.

23.3　M_1 のテープアルファベットは,

$$(\Gamma \cup \hat{\Gamma})^3 \cup \Gamma$$

となる. ここに, $\hat{\Gamma} = \{\hat{a} \mid a \in \Gamma\}$. このように定めると, たとえば, $(\hat{a_1}, \hat{a_2}, a_3)$ のようにト

ラック 1 とトラック 2 でヘッド位置が同じとなる場合も表される．また，Γ を加えた理由は次の通りである．M_3 では，計算開始時のテープ 1 の内容は一般に $w_1w_2\cdots w_n\square\cdots$ であり，受理されるときの系列は $w_1w_2\cdots w_n$ である．M_3 に等価な M_1 も $w_1w_2\cdots w_n$ を受理しなければならないので，計算開始時のテープの内容は $w_1w_2\cdots w_n\square\square\cdots$ となっている必要がある．そのためには，定理の証明で説明した模倣の動作に入る前に $w_1w_2\cdots w_n\square$ の部分を走査して，これを $(w_1,\square,\square)(w_2,\square,\square)\cdots(w_n,\square,\square)\square$ に変換してから模倣の動作に入るようにすればよい．

第 24 講

24.1　(1)　$u=1$, $u=101$, $u=10101$ の 3 通り．

(2)　記号が書き込まれたカードを C_1, ..., C_n で表すと，C_2, ..., C_n のカードのうちの 1 つを $\sharp$ カードと指定する A の動作が非決定的である．

(3)　$\sharp$ カードは，記号の系列が uvu の形をとるとき，右側の u の最初の記号が書き込まれたカードとして A で非決定的に定められる．B では，$\sharp$ カードから右移動しチェックのない初めてのカードの記号を x に代入し，このカードにチェックを入れる．同様に，最左端のカードに移動した後，右移動しチェックのない初めての記号を y に代入し，このカードにチェックを入れる．そして，$x=y$ が成立するかの判定を，x に空白記号が代入されるまで繰り返す．x に空白記号が代入されるまでこの判定の結果が YES の場合は，受理される．

24.2　決定性 TM の計算木には枝分れが現れない．そのため永久に状態遷移が繰り返される場合は無限に伸びる 1 本のパスとなり，停止する場合は有限の長さのパスとなる．

24.3　$u_k\cdots u_1\in\{1,\ldots,\mathsf{b}\}^k$ の系列の中で b 以外の値の最小桁を i 桁とする．すなわち，

$$u_i\neq\mathsf{b},\qquad u_{i-1}=\cdots=u_1=\mathsf{b}.$$

このとき，

$$f_{next}(u_k\cdots u_1)=u_k\cdots u_{i+1}(u_i+1)1\cdots1$$

と定義する．

第 25 講

25.1　(1)

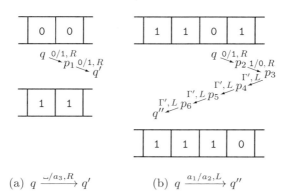

(a)　$q\xrightarrow{\square/a_3,R}q'$　　　　(b)　$q\xrightarrow{a_1/a_2,L}q''$

ただし，(b) の場合，a_1 の左隣りには a_3 が置かれているとしている．

(2)　M のすべての状態遷移 $q\xrightarrow{a/b,D}q'$ に対して，(1) のようにそれを模倣する状態遷移をつく

る. ただし, その際に新しく導入する状態 (p_1, p_2, …, p_6 など) はすべて互いに異なる新しい状態とする. したがって, M' の状態集合は, M の状態集合 Q にこのように新しく導入され状態をすべて加えたものとなる.

25.2 (1) たとえば, ステージ 1 で現況部の $r_1 \cdots r_m$ と初めの m ビットが等しい 5 項組を探す場合, 図 25.4 に示しているように, 現況部と記述部の 5 項組を初めの方から 1 ビットずつ一致するかのチェックを m 回繰り返して, 現況部と記述部を区切っている X にヘッドが到達した時点で, $q_2 \xrightarrow{\text{X}} q_8$ の状態遷移でステージ 2 に進んでいる. このように, 長さ m の現況部を使って, 5 項組の 2 進系列の初めの m ビットと残りの $m+1$ ビットの境を計っている. また, 他のステージでも同様の判断をしている.

(2) (1) のように, 記述部の 5 項組の前半の m ビットと後半の $m+1$ ビットの境を判断しているため, 現況部と記述部が正しい形式に従って表されている限り, 万能 TMU は任意の m に対して正しく働く.

25.3

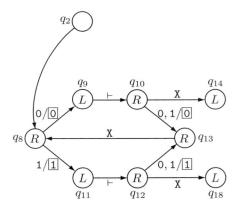

25.4

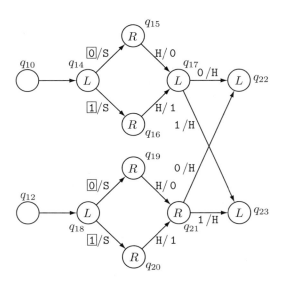

25.5

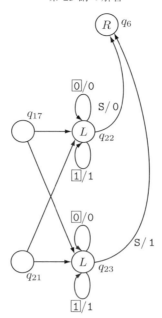

25.6

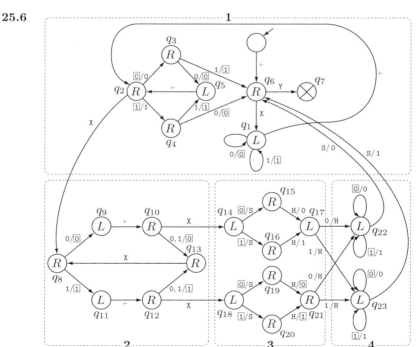

第 26 講

26.1 表の文の真偽と裏の文の真偽を真偽のペアで表すことにする．すると，表の文は (真, 真)，または，(偽, 偽) であることを主張している．たとえば，表の文が偽とすると，「裏面の文は真である」ということが偽であるので，裏の文は偽となり，(偽, 偽) となる．同様にして，裏の文は (真, 偽)，または，(偽, 真) であることを主張している．したがって，表の文の主張と裏の文の主張が両立することはないので，矛盾が導かれる．

26.2 (1) (a, b) は，$(1, 0)$ かまたは $(0, 1)$．

(2) (a, b) は，$(1, 1)$ かまたは $(0, 0)$．

(3) (a, b) に関する (1) と (2) の条件が両立することはないので，矛盾が導かれる．

26.3 (1) 条件 $A : a$ と b は，a に否定演算を施すと b が得られるという関係にある．

$$(a, b) = (1, 0) \text{ または } (a, b) = (0, 1)$$

条件 $B : a$ と b は，同じ線上の信号である．

$$(a, b) = (1, 1) \text{ または } (a, b) = (0, 0)$$

(2) 条件 A と B は両立しないので，矛盾が導かれる．

26.4 M の状態遷移は $\delta : (Q - \{q_{accept}, q_{reject}\}) \times \Gamma \to Q \times \Gamma \times \{L, R\}$ と定義されている．したがって，q が受理状態や非受理状態以外の状態の場合は，任意の $a \in \Gamma$ に対して $\delta(q, a)$ が定義されているので，次の動作が実行される．ただ 1 つの例外として，ヘッドが左端のマスから左移動でテープから飛び出し，その結果，次の記号 a が定められない場合がある．しかし，この場合は，22.2 節で説明したようにヘッドは左端のマスに留まると定義したので，この場合でもヘッドが見ている記号 a（左端のマスの記号）が決まるので，次のステップは $\delta(q, a)$ に従って実行される．したがって，受理状態や非受理状態に遷移しない限り，図 26.8 の BCB のループを回り続ける．一方，受理状態や非受理状態に遷移すると，次の遷移先が定義されていないため，B の判定は NO となる．

26.5 状態遷移 $q_6 \overset{Y}{\to} q_7$ に相当する．これは万能 TMU の現況部の系列 qa とプレフィックスが等しい 5 項組 $qaq'a'D$ が記述部に存在しなかったため，5 項組のリストのすべてを探索し，記述部とテープ部を区切る記号 Y の上まで来たときの状態遷移である．

第 27 講

27.1

27.2 次のマッチの系列をもつ．

27.3 マッチの系列は存在しない．問題のインスタンスを $\left\{ \left[\dfrac{u_1}{v_1} \right], \left[\dfrac{u_2}{v_2} \right], \left[\dfrac{u_3}{v_3} \right] \right\}$ と表し，マッチが存在する場合のマッチを $i_1 i_2 \cdots i_m$ とする．i_1 については，$i_1 = 1$ の可能性しかない．

次は $i_2 = 3$ の可能性しかないので,

$$\begin{vmatrix} 1 & 0 & 1 & 0 & 1 \\ 1 & 0 & 1 & 0 & 1 & 1 \end{vmatrix}$$

となる. この先は同じ議論が繰り返されるので, $i_3 = 3$, $i_4 = 3$, ... となり, 系列は伸び続け, マッチとなることはない (マッチは有限長).

27.4　タイルの系列の記号 q_{reject} も記号 q_{accept} と同じように, タイプ $5'$ とタイプ $6'$ として次のタイルを追加すればよい.

タイプ $5'$　$a \in \Gamma$ に対して,

$$\left[\frac{aq_{reject}}{q_{reject}} \right], \left[\frac{q_{reject}a}{q_{reject}} \right] \in P'$$

タイプ $6'$

$$\left[\frac{q_{reject}\sharp\sharp}{\sharp} \right] \in P'$$

27.5　(1)

タイプ 1：$\left[\dfrac{\sharp}{\sharp q_0 01 \sharp} \right]$

タイプ 2：$\left[\dfrac{q_0 0}{1 q_1} \right]$, $\left[\dfrac{0 q_0 1}{q_1 00} \right]$, $\left[\dfrac{1 q_0 1}{q_1 10} \right]$, $\left[\dfrac{0 q_0 \sqcup}{q_1 01} \right]$, $\left[\dfrac{1 q_0 \sqcup}{q_1 11} \right]$,

$\left[\dfrac{0 q_1 0}{q_A 00} \right]$, $\left[\dfrac{1 q_1 0}{q_A 10} \right]$, $\left[\dfrac{q_1 1}{0 q_0} \right]$, $\left[\dfrac{q_1 \sqcup}{0 q_1} \right]$

タイプ 3：$\left[\dfrac{0}{0} \right]$, $\left[\dfrac{1}{1} \right]$, $\left[\dfrac{\sqcup}{\sqcup} \right]$, $\left[\dfrac{\sharp}{\sharp} \right]$

タイプ 4：$\left[\dfrac{\sharp}{\sqcup \sharp} \right]$

タイプ 5：$\left[\dfrac{0 q_A}{q_A} \right]$, $\left[\dfrac{1 q_A}{q_A} \right]$, $\left[\dfrac{q_A 0}{q_A} \right]$, $\left[\dfrac{q_A 1}{q_A} \right]$, $\left[\dfrac{\sqcup q_A}{q_A} \right]$, $\left[\dfrac{q_A \sqcup}{q_A} \right]$

タイプ 6：$\left[\dfrac{q_A \sharp\sharp}{\sharp} \right]$

(2)

27.6　PCP のインスタンスを $\left\{\left[\dfrac{u_1}{v_1}\right],\ldots,\left[\dfrac{u_m}{v_m}\right]\right\}$ とする．マッチとなる可能性のある系列 $i_1 i_2 \cdots i_n$ を長さ n の短い方から長い方へ向けて次々と生成しては $u_{i_1} u_{i_2} \cdots u_{i_n} = v_{i_1} v_{i_2} \cdots v_{i_n}$ が成立するかをチェックする．成立すればその時点で YES と判定し，成立しないときは次の系列に対して同様のチェックを行う．したがって，YES と判定されるものが存在すれば判定された時点で手順は停止するが，存在しなければチェックが永久に繰り返される．これは PCP を認識する手順となる．ここで，系列を生成する順番は，$1, 2, \ldots, m, 11, \ldots, 1m, \ldots, mm, 111, 112, \ldots$ とする．この系列の生成については問題 24.3 を参照．

27.7　関数 f と g を計算する TM をそれぞれ M_f と M_g で表すとすると，次のように動作する TMM_{gf} は関数 $gf(w)$ を計算する．

　1.　M_f に系列 w を入力し，その出力 $f(w)$ をテープに置く．

　2.　M_g に系列 $f(w)$ を入力し，$g(f(w))$ を出力する．

文　　献

(a)　初めて計算理論を学ぶために

ほぼ同じテーマをコンパクトにまとめているが，両書とも証明は無い．

[1] 富田悦次，横森貴，オートマトン・言語理論，森北出版，2013.

[2] 米田政明，広瀬貞樹，大星延康，大川知，オートマトン・言語理論の基礎，近代科学社，2003.

(b)　もっと計算理論を学ぶために

専門書には，問題の複雑さ（答えを出力するのに要する計算時間で評価）までをテーマとしてカバーするものが多く，コンパクトにまとめられたものから，[10] [11] など本格的なものまで幅広い．

[3] 丸岡章，計算理論とオートマトン言語理論［第 2 版］—コンピュータの原理を明かす—，サイエンス社，2021.

[4] 岩間一雄，オートマトン・言語と計算理論，コロナ社，2003.

[5] 小林孝二郎，計算論，コロナ社，2008.

[6] 守屋悦朗，チューリングマシンと計算量の理論，培風館，1997.

[7] M. Sipser，太田和夫，田中圭介 監訳，計算理論の基礎　原著第 2 版，共立出版，2006.

[8] J. Hopcroft, R. Motwani, and J. Ullman，野崎昭弘，高橋正子，町田元，山崎秀記 訳，オートマトン 言語理論 計算論 I,II ［第 2 版］，サイエンス社，2003.

[9] A. Maruoka, Concise guide to Computation Theory, Springer, 2011.

[10] S. Arora, B. Barak, Computational Complexity, Cambridge University Press, 2010.

[11] C. Papadimitriou, Computational Complexity, Addison-Wesley, 1994.

(c)　計算理論を学ぶ前に，一般読み物として

計算理論を含む情報科学の話題を新書としてまとめた [12] は読みやすい斬新なタイプの教科書．[13] は計算理論の世界をチューリング機械をめぐる冒険物語としてまとめた異色の書．

[12] 渡辺治，コンピュータサイエンス —計算を通して世界を観る—，丸善出版，2015.

[13] 川添愛，精霊の箱 —チューリングマシンをめぐる冒険— 上，下，東京大学出版，2016.

(d)　この本で参考にしたもの

第 25 講の万能チューリング機械は [14] の構成を基本にしている．2.1 節の計算理論の発展の歴史をまとめる際には [15] [16] [17] [18] [19] [20] [21] などを参考にした．また，問題をつくるのに参考にしたものとしては，上に挙げた (b) の専門書の他に，[22] [23] [24] [25] などがある．

[14] M. Minsky，金山裕 訳，計算機の数学的理論，近代科学社，1970.

[15] A. M. Turing, On Computable Numbers, with an Application to the Entscheidungsproblem, Proceedings of the London Mathematical Society, Ser. 2, 42(1936), 230–265.

[16] M. Davis (ed.), The Undecidable: Basic Papers on Undecidable Propositions, Unsolvable Problems and Computable Functions, Dover Publications, 2004.

[17] R. J. Lipton, The P=NP Question and Gödel's Lost Letter, Springer, 2010.

[18] Y. Matiyasevich, Hilbert's Tenth Problem, MIT press, 1993.

[19] J. von Neumann, 高橋秀俊 監訳，自己増殖オートマトンの理論，岩波書店，1975.

[20] B. Poonen, Undecidability in Number Theory, Notices of the American Mathematical Society, Volume 55, Number 3 (2008), 344–350.

[21] L. Valiant, Probably Approximately Correct —Nature's Algorithms for Learning and Prospering in a Complex World—, Basic Books, 2013.

[22] D. I. A. Cohen, Introduction to Computer Theory, John Wiley & Sons, Inc. 1997.

[23] D. Du and K. Ko, Problem Solving in Automata, Languages, and Complexity, John Wiley & Sons, 2001.

[24] H. R. Lewis, C. H. Papadimitriou, Elements of the Theory of Computation, Prentice-Hall, 1998.

[25] 丸岡章，情報トレーニング，朝倉書店，2014.

謝　　辞

　出版までにはいろいろの方々にお世話になりました．会津大学名誉教授の大川知さんには原稿を丁寧に読んでいただき，論理の運びを見通しのよいものにするためのご指摘をいただきました．山形大学准教授の内澤啓さんには初学者が学びやすいものにするためのご指摘をいただきました．九州大学教授の瀧本英二さんには原稿のとりまとめに当たりさまざま援助をしてもらいました．瀧本和子さんには大量の原稿を懇切丁寧に浄書してもらいました．また，サイエンス社編集部長の田島伸彦さんにはさまざまなご配慮をいただき，執筆中に余儀なく長期入院となった折には，仙台までお見舞いに来ていただき，励ましていただきました．同じサイエンス社の鈴木綾子さんには注意深く原稿を修正していただきました．これらの方々のご協力なしにはこの本は完成しませんでした．ありがとうございました．

　最後に，執筆を支えてくれた妻麗子，いつも原稿の執筆を気にかけてくれた二人の子供達，淳と玉枝，ありがとう．淳には，この本の図をつくってもらいました．

索　引

著者略歴

丸 岡　　章
まる　おか　　あきら

1965 年　東北大学工学部通信工学科卒業
1971 年　東北大学大学院博士課程修了
1985 年　東北大学教授
2006 年　石巻専修大学教授
現　　在　東北大学名誉教授　工学博士

主要著書

「計算理論とオートマトン言語理論 [第 2 版]」(サイエンス社, 2021 年)

Information & Computing = 117

やさしい 計算理論
—有限オートマトンからチューリング機械まで—

| 2017 年 12 月 10 日 © | 初　版　発　行 |
| 2024 年　9 月 10 日 | 初版第 3 刷発行 |

著　者　丸　岡　　章	発行者　森 平 敏 孝
	印刷者　篠倉奈緒美
	製本者　小 西 惠 介

発行所　　株式会社 サ イ エ ン ス 社

〒 151–0051　東京都渋谷区千駄ヶ谷 1 丁目 3 番 25 号
営業 ☎ (03) 5474–8500 (代)　振替 00170–7–2387
編集 ☎ (03) 5474–8600 (代)
FAX ☎ (03) 5474–8900

印刷　(株) ディグ　　製本　(株) ブックアート

《検印省略》

ISBN978-4-7819-1413-8

PRINTED IN JAPAN

サイエンス社のホームページのご案内
http://www.saiensu.co.jp
ご意見・ご要望は
rikei@saiensu.co.jp　まで.